遥感监测方法与应用

◎ 李卫国 著

中国农业科学技术出版社

图书在版编目(CIP)数据

农作物遥感监测方法与应用／李卫国著．—北京：中国农业科学技术出版社，2012.12

ISBN 978－7－5116－1181－9

Ⅰ.①农… Ⅱ.①李… Ⅲ.①遥感技术－应用－作物－监测 Ⅳ.①S127

中国版本图书馆CIP数据核字（2012）第305789号

责任编辑 朱 绯
责任校对 贾晓红 郭苗苗

出 版 者 中国农业科学技术出版社
北京市中关村南大街12号 邮编：100081
电 话 (010)82106626(编辑室)(010)82109704(发行部)
(010)82109709(读者服务部)
传 真 (010)82109707
网 址 http://www.castp.cn
经 销 者 各地新华书店
印 刷 者 北京富泰印刷有限责任公司
开 本 787mm×1 092mm 1/16
印 张 17.25 彩页 8
字 数 265千字
版 次 2013年2月第1版 2013年6月第2次印刷
定 价 50.00元

前　言

作为农作物种植大国，及时、准确、大范围获取农作物种植类型、长势及其分布状况，对于农业生产管理和政府粮食政策制定意义极其重大。卫星遥感技术以其快速、准确、信息量大以及省工省时等优势，为解决上述问题提供了十分有效的手段，也逐渐得到各级政府部门的认可和重视。由于农作物的渍涝、干旱、病虫草害、热冷冻害等是影响农作物产量丰歉的主要原因，并具有连续性、突发性以及扩展性强等特点，给实时、大面积的农作物监测增加了难度，遥感监测技术自然也就成为客观获取这类农情信息的必然选择。随着搭载多功能传感器卫星发射升空，基于多源卫星遥感的农作物监测研究也将成为农业遥感领域研究的重点和热点。因此，利用多源卫星遥感数据，从农作物监测的范围、精度、预报时效性、模型机理性和实用化角度综合研究，形成较为完善的农作物遥感监测基本方法与应用模式，可最大限度为农业生产管理和防灾减灾提供技术支持。

《农作物遥感监测方法与应用》是在国家 863 计划项目“基于模型和 3S 技术的稻麦产量监测预报系统”（2008AA10Z214）、国家自然科学基金项目“遥感信息与生长模型协同的小麦估产方法研究”（41171336）、农业部公益性行业专项课题“江苏中弱筋小麦遥感监测关键技术”（200803037-2）、江苏省农业科技自主创新项目“利用多源遥感进行小麦主要病虫害监测关键技术研究”（CX11-2043）、“主要农田植被信息遥感监测关键技术研究”（CX12-3054）、江苏省自然科学基金项目“冬小麦主要病害光谱特征与遥感识别研究”（BK2011684）和江苏省农业科学院（人才）科研基金项目“稻麦生长过程遥感监测模式与方法研究”

（6510805）等多个科研项目的支持下，以冬小麦和水稻两大主要农作物为研究对象，围绕种植面积、长势、产量、籽粒品质、病虫害以及气候环境因素遥感监测等方面进行多年研究取得的科研成果。多名研究生直接参与书中的部分科学研究，付出了辛勤的劳动，他们是李正金、李花、蒋楠、赵丽花、付书雷、丁锦锋、熊世伟、庄东英、丁银芳、王旭、韩剑、刘龙等。在本书撰写中，全国著名农业信息领域专家赵春江研究员和曹卫星教授、农业遥感领域专家王纪华研究员和黄文江研究员给予了悉心指导和真挚帮助。本书中大量科研成果的取得，还得益于江苏省农业科学院科研管理部门对农业遥感学科发展的高度重视，特别得益于常有宏副院长等院所领导的深切关注与大力支持。

本书共设 10 章，第 1 章在概述以遥感为主的“3S”技术与作物模型概念的基础上，详述了农作物遥感监测研究进展及其存在问题；第 2 章叙述了农作物监测中的遥感数据处理方法，包括数据特征分析、数据融合和薄云雾去除的模型与方法；第 3 章叙述了农作物气候与环境遥感监测的模型与方法；第 4 章到第 7 章分别叙述了农作物长势、产量、籽粒品质以及病虫害监测的模型与方法；第 8 章叙述了农作物种植面积遥感监测方法；第 9 章叙述了多元化的农作物遥感监测信息系统的功能、设计及实现等方法；第 10 章介绍了农作物遥感监测应用的实地工作场景、技术交流、培训与成果推广的实例。

应用遥感信息技术改造传统农业是当代发达与发展中国家发展农业的共同选择，也是未来农业发展的必然趋势。由于农业生产过程及其与气候环境间的关系较为复杂，农业遥感监测方法及其理论仍在摸索或探究之中。本书虽是在结合多年研究成果基础上形成，但其理论性和实践性仍需深加诠释。期望本书的问世，能引起学术界更多关注，激发领域同仁的深厚兴趣与交互，联袂推动农业遥感科学更好更快地发展。

江苏省农业科学院　研究员

李卫国

2012 年 11 月 28 日

目　录

第1章 农作物遥感监测概述

近年来，遥感信息技术的研究与应用对我国农作科技和生产管理产生深刻广泛的影响，很大程度上推动了传统农业向信息农业的转变。特别是以遥感为主的“3S”技术与作物模型在农作物生长、气候以及环境监测等方面的应用，显著地提高了区域农业生产的动态预测性和管理决策的科学水平，取得了较好的经济、社会和生态效益。经过多年的发展，围绕农作物种植面积提取、长势监测、产量与品质预测以及气候环境因素监测，在机理解释、方法研究和技术应用等方面取得了很大的进展，但同时还存在许多问题。本章在简要概述农作物遥感监测方法与机理的基础上，总结了农作物遥感监测的研究进展，指出其中存在的主要问题，并提出一些今后的研究设想。

1.1 农作物遥感监测原理

遥感（Remote Sensing，RS）是指远离地物，通过搭载在某种平台（本书指航天卫星）上的传感器获取地物光谱特征信息，根据地物的波谱反射和辐射特性，识别地物类型和状态的一种信息技术。

对农作物遥感监测的原理是建立在农作物光谱特征（图1－1）基础之上的，即农作物在可见光部分（被叶绿素吸收）有明显的吸收谷，近红外波段（受叶子内部构造影响）有较高的反射率，形成突峰，这些敏感波段及其组合（通常称为植被指数）可以反射农作物生长的空间信息。常用的植被指数有归一化植被指数、差值植被指数、比值植被指数和垂直植被指数等（表1－1）。

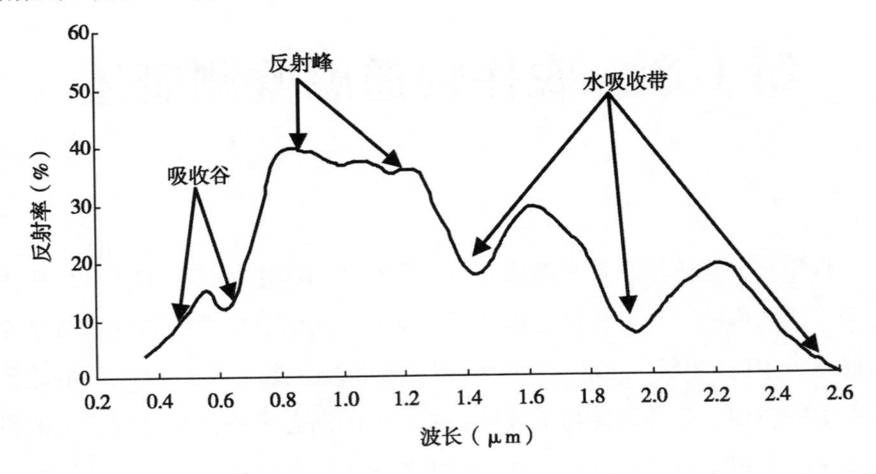

图1－1　农作物光谱反射特征

表1－1　农作物监测常用植被指数类型

名　称	计 算 式	用　途	说　明
比值植被指数（Ratio vegetation index，RVI）	$RVI = Rir/Red$	不受土壤含水量的影响，对大气影响敏感，当植被覆盖小于50%时，分辨率较弱	*Rir*：近红外波段的反射率； *Red*：红光波段的反射率
归一化差值植被指数（Normalized difference vegetation index，NDVI）	$NDVI = \frac{Rir - Red}{Rir + Red}$	对绿色（叶绿素）植被响应能力强，对土壤背景变化敏感。当植被覆盖率大于15%并小于80%时，监测性能较好	
差值植被指数（Differential vegetation index，DVI）	$DVI = Rir - Red$	能消除大气效应和土壤的影响	

（续表）

名　称	计　算　式	用　途	说　明
垂直植被指数（Perpendicular vegetation index，PVI）	$PVI = \cos\alpha \times Rir - \sin\alpha \times Red + C$	受土壤亮度和大气的影响较小	$\cos\alpha = 0.69$；$\sin\alpha = 0.72$；$C = 4.56$
土壤调节植被指数（Soil adjusted vegetation index，SAVI）	$SAVI = \frac{Rir - Red}{Rir + Red + L} \times (1 + L)$	受土壤和植被冠层背景的干扰小	$L = 0.5 \sim 1$
增强植被指数 Enhanced vegetation index	$EVI = \frac{Rir - Red}{Rir + C_1 \times Red - C_2 \times Blue + L} \times (1 + L)$	可以减少因大气水气吸收而引起的噪音。对冠层（如LAI、冠层类型等）变化敏感	$C_1 = 6$ $C_2 = 7.5$ $L = 0.5 \sim 1$

雷达遥感与可见光、近红外遥感不同，不必依靠太阳光的能量，并且微波能够穿透云雾、雨雪，甚至对土壤、植被也能穿透一定厚度。这些优越性使得微波遥感不再局限于在晴天条件下进行，具有全天时、全天候工作的能力，能够提供光学遥感所不能提供的某些信息。不同地物有不同的电磁波反射、辐射特性，对于雷达而言，地物的波谱特性主要表现为地物对某一波长或某几个波长（包括不同的极化特征）的雷达波束的不同散射特征。经过雷达图像定标，可以提取地物目标的后向散射系数。后向散射系数 σ^0 为：

$$\sigma^0 = \frac{DN^2}{K}\sin(\alpha)$$

其中，DN 为图像像元灰度值，K 为定标系数，α 为入射角。

农作物后向散射系数主要受到物候期、波段、极化方式、自身入射角等多种因素的影响。另外，雷达影像的斑点噪声、纹理特征，田间的人为因素、地形、土壤（粗糙度、含水量等条件）、农作物品种等客观因素，也会造成后向散射系数的变化。

1.2 遥感信息数据

遥感信息数据是由目标物所反射或发射电磁波信息的集合体。遥感信息数据依据标准的不同分类各异，如依据获取高程的不同，可分为卫星遥感数据（如气象卫星、陆地卫星、海洋卫星），航空遥感数据（飞机、气球）和地面遥感（≤100M）。常用的卫星遥感数据有 NOAA/AVHRR、Landsat/TM、SPOT/CCD、CBERS/CCD、HJ/CCD、EOS-MODIS、Radarsat/SAR、IKONOS/CCD、QUICKBIRD/CCD、IRS/LISS、ERS/SAR 等。

NOAA/AVHRR 是美国的气象卫星遥感数据，一般有 5 个谱段，空间分辨率为 1.1km，扫描带宽度 2 800km，主要用于大面积种植估算；Landsat/TM 是美国的陆地卫星遥感数据，有 6 个谱段，空间分辨率为 15 ~ 30m，扫描带宽度 185km，主要用于确定作物类型和长势状况；SPOT/HRV 是法国的卫星遥感数据，有 3 个谱段，空间分辨率为 10 ~ 20m，扫描带宽度 60km，可以用于确定作物类型和长势状况；CBERS/CCD 是中国和巴西共同研制的中巴地球资源卫星的遥感影像数据，空间分辨率为 20m，扫描带宽度 113km；HJ 为我国环境减灾卫星，包括 A 星和 B 星，其轨道高度为 650km。CCD 相机 4d 对全球覆盖一次（HJ-1A 与 HJ-1B 卫星组网后重访周期为 2d），有 4 个谱段，空间分辨率为 30m，单台 CCD 相机的幅宽为 360km（两台幅宽为 710km），主要用于长势与面积种植监测；EOS-MODIS 是美国中分辨率卫星（TERRA 星和 AQUA 星）遥感数据，有 36 个谱段，空间分辨率为 250 ~ 1 000m，扫描带宽度 2 300km，主要用于大面积种植估算；Radarsat/SAR 是加拿大的雷达遥感卫星影像数据，有 3 个谱段，空间分辨率为 3 ~ 5m，扫描带宽度 50 ~ 100km，可用于作物估产与生长监测；IKONOS/CCD 是美国第一颗高分辨率遥感卫星的遥感数据，扫描带宽度 11km，空间分辨率为 1m，其波谱范围与 TM 相似；QUICKBIRD/CCD 是美国的陆地卫星遥感数据，空间分辨率为 1 ~ 4m。可以用于确定单个作物的品种类型和营养状况；IRS/LISS 是印度的卫星遥感数据，有 4 个谱段，空间分辨率为 23 ~ 146m，扫描带宽度 70 ~ 148km，可用于作物估产与生长监测；ERS/SAR 是欧洲空间局的星载合成孔径雷达遥感影像，具有全天时、全天候对地球表面进行观测的能力。空间分辨率为 18 ~ 30m，扫描带宽度 75 ~ 100km，目前在作物长势监测上应用不多。受我国遥感卫星及地面设施整体发展水平的影响，我国各个领域使用的卫星遥感数据 90% 以上来自美、法等国，虽然中巴资源卫星已经发射成功，但其提供标准遥感数据能力仍较有限。航空遥感资料为航空相片，地面遥感资料多为作物光谱特征离散数据，有关航空遥感数据和地面遥感数据已有许多报道，不再赘述。目前主要的遥感图像处理软件有 Ilwis、PCI、ERMapper、ENVI 和 ERDAS 等。

1.3　地理信息系统

地理信息系统（Geographic Information System，GIS）是利用计算机及其外部设备可对地球表面与空间信息进行输入、存储、编辑、分析、查询、显示、输出等操作的数据库管理系统。它具有数据采集、数据库管理、空间数据分析和数据输出四大功能，其核心是对空间属性数据的综合处理和分析。国际上地理信息系统的发展起始于 20 世纪 60 年代，当时加拿大首先开发了用于自然资源管理和土地规划的地理信息系统（CGIS）。该系统被认为是世界上第一个使用的地理信息系统。70 年代，随着计算机和数据库技术的快速发展，地理信息系统得到迅速发展，如美国用来管理全国范围的土地利用的 GIRAS 地理信息系统等。目前常用的地理信息系统软件有 ARC/INFO、MAP/INFO、MAP/GIS 和 ARCVIW 等。

1.4 全球定位系统

全球定位系统（Global Positional System，GPS）是接收人造卫星的电波，准确确定接收机自身空间位置的无线电导航系统。它是美国国防部在海军导航系统（Navy Navigation Satellites System，NNSS）基础上开发而成的。1970 年始建，早期有 21 颗卫星，1988 年增至 24 颗，1993 年 24 颗工作卫星与 3 颗备用卫星全部进入轨道运行。GPS 由卫星、地面控制系统、用户接收机三部分组成，其信号分为民用定位服务（SPS，Standard Positioning Service）和军用精确定位服务（PPS，Precise Positioning Service）两类。工作卫星均匀分布在太空 6 个夹角为 60°的近似圆的轨道平面上，平均高度为 2.02 万 km，运行周期为 12h，地球上任一地方任一时刻可收到 4 颗以上卫星信号，精度可达 15m。地面控制系统是整个 GPS 系统的中枢，负责对卫星的监测、采集数据、处理信息以及传输数据等工作。用户接收机的功能是全天候、实时、连续、高精度地接收 GPS 卫星信号，处理并向用户提供定位导航的空间数据信息。

GLONASS 是俄罗斯的全球定位系统，由 24 颗卫星构成，分布在高度为 1.9 万 km 的 3 个轨道面上，全球任一点在任一时刻可以收到 5 ~ 10 颗卫星，精度可达 24m。欧盟 1999 年初正式推出“伽利略”计划，部署新一代定位卫星。该方案由 27 颗运行卫星和 3 颗预备卫星组成，可以覆盖全球，位置精度达几米，亦可与美国的 GPS 系统兼容，该计划预计于 2010 年投入运行。

另外，中国还独立研制了一个区域性的卫星定位系统——北斗导航系统。该系统的覆盖范围限于中国及周边地区，不能在全球范围提供服务，主要用于军事。

1.5　作物模型

作物模型（又称作物生长模型）是将作物、环境和栽培措施作为一个整体系统，应用系统分析的原理和方法，对作物的物候发育、光合生产、器官形成、同化物积累与分配以及产量与品质形成等生理过程及其与环境的关系加以综合概括和量化分析，建立的动态数学模型，如 MARCOS（Moduls for annual crop simulation，英）、CERES（Crop-Environment-Resources Synthetic System，美）、ORYZA（荷）、O' Lerry（澳）、SIMRIW（日）、RCSODS（Rice Cultivation Simulation Optimization Decision-making System，中）、WheatGrowth（中）等模型。作物模型的研究促进了对作物生长规律由定性描述向定量分析的转化过程；通过建立主要驱动变量及其与状态变量的动态关系，可对作物生长发育态提供可靠而准确的预测。

利用作物模型可对不同气象、土壤、时间和品种条件下的作物阶段发育、器官形成、干物质物积累、产量和品质形成、土壤水分和养分动态进行预测。作物模型主要是被集成于决策支持系统（或信息管理系统）之中而应用的，如美国夏威夷大学利用 CERES-Wheat 模型，在输入运行模型所需灌溉、肥料、土壤、气象等资料后，可以对小麦的干物质积累、叶片、茎秆、根的生长和产量的形成进行预测，帮助决策者或生产者估算小麦的产量；荷兰的瓦赫宁根农业大学与菲律宾国际水稻所 IRRI 合作组建了水稻综合性模拟系统（ORYZA2000），可以模拟水稻叶、茎、根、粒的干物质生产过程；日本的 Horie 等人研制出 SIMRIW 模型，结合气象信息系统评估日本不同地区的水稻潜在生产力和全球气候变化对各地区水稻生长和产量的影响，在预测水稻生育期、结实率及产量的影响等方面有一定特色；江苏省农业科学院利用作物栽培计算机模拟优化决策系统（RCSODS），可以预测不同类型稻麦品种在各地的生育期、光合生产、产量结构的变化，确定其相应最适栽培季节、基本苗、群体、穗粒结构等调控指标。南京农业大学提出“作物光反应与发育进程的模拟模型系统”，量化了作物的生长发育与产量形成规律，而且为大田作物生长的监测与定量栽培提供了科学指导。

1.6 “3S”信息技术在农作物监测中的综合应用

1.6.1 “3S”技术在作物面积与产量估测中的应用

“3S”技术在农作物面积与产量监测中的应用，最早源于美国。1974年，美国农业部、国家海洋大气管理局、宇航局和商业部联合开展了“大面积作物估产试验”（Large Area Crop Inventory and Experiment），当时主要是对美国的小麦面积和产量进行估算，后来发展到对加拿大和苏联等国的小麦种植情况的全面监测。20世纪90年代初GPS技术的民用化，推动了“3S”在作物面积与产量估测中的广范应用，为众多国家取得了巨大的经济和社会效益。“3S”技术在进行作物面积与产量估测中的应用模式如图1－2所示，RS被作为及时获取农情信息的主要手段，如利用RS影像提取作物种植面积、反演LIA以及冠层温度等。GPS作为精确定位工具，可以精确获取农田间信息，在对RS的解译信息提供纠正的同时，还可以获取RS影像无法获取的农情数据，比如栽培技术、经济情况、粮食行情、耕作措施等。GIS则作为RS空间农情信息管理与分析的平台，利用其处理、分析、显示、存储等功能，可为政府管理部门和农业生产者提供及时准确的作物种植面积和产量信息数据。目前绝大多数国家在农作物面积与产量监测中“3S”技术的应用是基于这一模式的。

1.6.2 “3S”技术在精细农作中的应用

“3S”技术在精细农业中的应用模式如图1－3所示，即利用RS影像

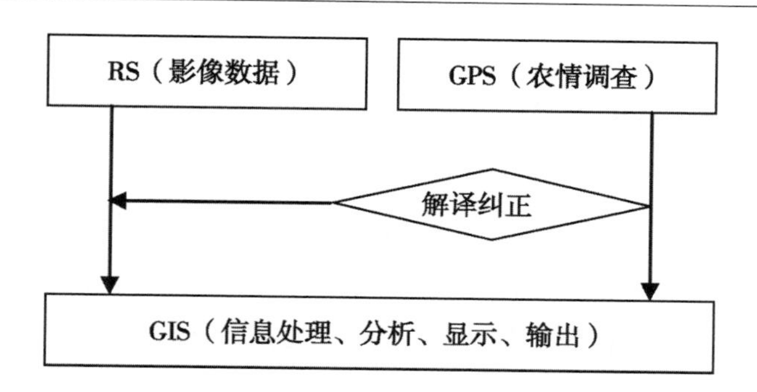

图1－2　“3S”技术在农作物监测中的应用模式

和GPS精确提取作物种类、面积数据、产量数据、长势情况等，在此基础上利用GIS进行数据处理与长势分析，并结合气象、土壤、社会经济等基础数据库，及时查找作物生长中存在的问题，提炼出针对所存在问题的田间管理综合方案，再通过GPS和智能机械实现精细农作的目的。

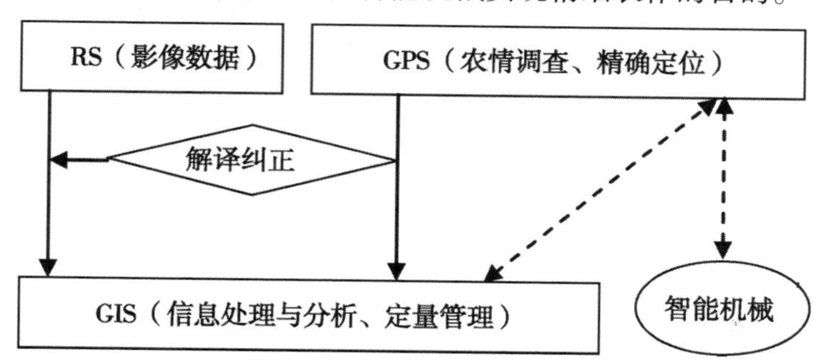

图1－3　“3S”技术在精细农业中的应用模式

目前，“3S”在精细农业中的应用主要体现在施肥和喷洒农药上，我国仍处在研究阶段，国外有一些成功的事例。如美国生产有一种智能联合收割机，在其上安装GPS系统和GIS系统，通过自动测产、田块面积量算以及基础土壤数据量测等流程，基本可以实现肥料的准确使用和农药的定量喷洒，既提高了作物产量和管理水平，又降低了肥料和农药的消耗。

1.6.3 “3S”技术在农作管理决策中的应用

农作系统（也称“作物生产系统”）是以农作物、环境和社会经济为基础的一个复杂系统，它包括作物、气象、土壤、耕作措施和经济等多个子系统。“3S”技术在农作管理信息平台中的应用模式如图 1 – 4 所示。

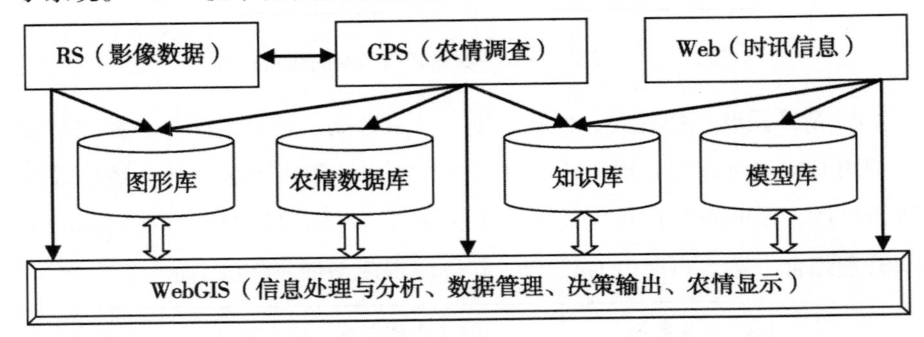

图 1 – 4 “3S”技术在农作管理信息平台中的应用

农作管理与决策是一个复杂的过程，主要包括作物布局、品种选择、播期确定、因苗施肥、合理密植、精量灌溉、适时收获、加工储藏等，不论哪一个环节出现纰漏，都会造成作物的减产或绝产。因此，建立及时、准确的可进行农情信息查询、长势分析与产量预测、咨询与决策支持、政策与产品信息向导的农作管理信息平台是保证粮食安全生产和农业可持续发展的前提与关键。农作管理信息平台的搭建是当今信息农业研究的重点领域，也是未来数字农业发展的必然趋势。

RS 主要作为及时、准确的农情空间信息获取的主要途径，GPS 作为农情空间信息获取的补充手段和农情基础信息获取的主要方式，网络 GIS 则成为信息处理与分析、数据管理、决策输出、农情显示的农作管理信息平台。当然，在该农作管理信息平台中需要有强大的作物、气象、土壤、社会经济数据库、知识库和模型作为支撑。最初的农作管理信息平台主要以专家系统为主，如美国依利诺斯大学的大豆病害诊断专家系统（PLANT/ds）。20 世纪 80 年代末，开始以作物模型为基础，结合专家系统研制的农业决策支持系统，如美国夏威夷大学的IBSNAT推出的DSSAT系统。近年来，随着“3S”技术的广泛应用，农作管理信息平台的研制向更深层次的方向发展。如美国Florida大学将DSSAT3.0结合GIS（Arc View）集成了农业环境地理信息系统的决策支持系统（AEGIS），中国台湾逢甲大学周天颖等人利用GIS、遥感技术（RS）和CERES-RICE模型建立了台中市水稻生产的农业土地使用决策支持系统。这些决策支持系统的涌现促进了农业生产管理决策的信息化和现代化进程。农作管理信息平台的搭建是一项庞大的系统工程，真正用于农业生产实践还得有一个较长的过程。

1.7　农作物遥感监测研究进展

长期以来，作物长势遥感监测和面积估算一直是农情遥感监测的重点研究领域，同时相应的遥感监测技术和理论体系也得到了进一步发展。

1.7.1　农作物种植面积遥感监测

美国是开展作物面积遥感估算最早的国家，1974年美国农业部、国家海洋大气管理局、宇航局和商业部联合开展了“大面积作物估产试验”，应用landsat/MSS遥感影像（有4个谱段，空间分辨率为80m）对农作物的种植面积和总产进行估算，估测精度达90%。后来估测范围扩展到加拿大、苏联等多个国家，作物涵盖小麦、玉米、大豆、水稻等作物。1986年，又开始了“农业和资源的空间遥感调查计划”（AGRISTARS，Agriculture and Resources Inventory Surveys through Aerospace Remote Sensing）项目，进行多种粮食作物的面积估算。1987年欧盟开始农业遥感监测研究，提出了MARS计划（Monitoring Agriculture with Remote Sensing），应用SPOT/HRV影像对有较大市场的农作物面积调查和总产预报。1988年美国利用 NOAA/AVHRR 影像数据对农作物面积进行估算。

20 世纪 80 年代中期，在国家经委的支持下，国家气象局为主组织开展了北方 11 省市冬小麦的 NOAA/AVHRR 卫星遥感估产研究，建立了遥感影像面积测算方法，也是我国首次开展大规模农作物种植面积遥感监测。1991～1995 年在科技部的组织下，中国科学院等单位采用 Landsat/TM 和 NOAA/AVHRR 影像数据对重点产粮区小麦、水稻和玉米种植面积情况进行估算，小麦在河北、山东、河南、北京和天津进行，水稻在湖北和江苏进行，玉米在吉林进行，估算精度小麦达 90%，水稻和玉米达 85% 以上，基本掌握了利用遥感数据对作物种植面积估测的主要技术和实现途径。1998 年开始，国家农业资源区划办为了解全国农作物长势情况，组织农业部遥感中心南京、太原、成都、哈尔滨分中心、安徽省计委区划所和河南省农业科学院等单位，实施了“全国农作物业务遥感估产”项目，采用 SPOT 和 Landsat/TM 影像对全国冬小麦、玉米、棉花、水稻和大豆等作物种植面积进行估算。该项目的实施能为农业部及时了解作物种植面积提供比较准确的信息平台。此期间，在利用卫星遥感数据进行作物面积估算的技术体系和理论方法方面已较为成熟。

1.7.2 农作物长势遥感监测

由于农田的洪涝、干旱、病虫草害、土壤肥力、冻害等是影响作物产量丰歉的主要原因，遥感影像能实时和大范围监测作物的长势状况，可以为农业部门决策者和田间管理人员提供及时的农情信息，便于采取各种“促、调和控”措施，以达到减轻灾害、增收增效的目的。

早期的作物长势遥感监测重点在作物面积估算和产量估测，20 世纪 80 年代后期，开始注重对作物生长过程的状况和趋势的遥感监测应用研究。美国在 80 年代已有利用遥感影像监测作物长势状况的报道，但当时以动态预测产量为主。“七五”期间，国家气象局等单位利用 NOAA/AVHRR 卫星遥感影像开展了冬小麦长势检测的方法和技术研究。“八五”

期间，中国科学院等单位以冬小麦、水稻和玉米为对象，研究探讨了利用遥感影像数据对作物长势进行监测的理论和方法。杨邦杰等就农作物长势的定义与遥感监测作了研究，提出了基于植被指数与植被表面温度的小麦长势遥感监测的评估模型与诊断模型。申广荣等利用 NOAA-AVHRR 影像数据进行作物缺水指数监测旱情方法研究。吴炳方等利用 NOAA 和 SPOT/VGT 数据，在作物生长期采用 NDVI 的对比方法，实现了全国农作物长势的监测。傅玮东等利用 NOAA-AVHRR 资料，基于比值植被指数和归一化植被指数的关系，建立了冬小麦生物量的遥感监测模型。李银枝等利用河南间作套种冬小麦的卫星遥感和大田观测资料，建立了 G3 绿度等级与叶面指数、生物量等农学参数的关系模式。李卫国利用遥感数据分析了小麦多个生长期植被指数的变化规律，对小麦叶面积指数、生物量以及叶片氮素含量进行了遥感监测，达到预期效果。杨邦杰等根据植被指数 NDVI 的变化特征，同时考虑作物的生育期，提出了冬小麦遥感冻害监测方法。王纪华等将 GIS、GPS 和 NOAA 遥感影像数据相结合，以冬小麦为监测对象，通过对相邻年份 NDVI 对比，实现了大面积农作物长势的监测。这些研究探讨了利用遥感数据对农作物长势进行宏观监测的理论和方法。虽然农作物长势动态监测还未成为农业生产管理决策的客观依据，但在苗情监测与信息通报方面，也起到了举足轻重的作用。

农作物长势遥感监测信息系统，是为对农作物的整个生长过程进行系统监测和管理，利用程序语言工具，将遥感数据、地形数据、气象数据、作物资源数据和社会经济数据进行综合集成，可以实现数据管理、信息查询、作物长势监测、过程分析以及决策服务等功能的计算机信息管理系统。近年来，在遥感监测信息系统研制与开发方面取得一些进展，但不太成熟。“八五”期间，中国科学院联合多个单位，在开展小麦、水稻和玉米稻面积遥感估产试验的基础上，建成了大面积“遥感估产试验运行系统”。1997 年浙江大学沈掌泉等将作物气候模型（YLDMOD）与 TM 影响结合，进行遥感监测系统研究，取得较好的效果。2004 年吴炳方等开发出农作物长势遥感监测系统，实现了作物长势监测、过程分析和结果输出的综合监测过程。霍成福等采用引进和自行开发相结合的方法，结合山西特殊的地理位置和气候背景，基于遥感数据，构建了山西省气象卫星遥感监测信息系统，实现了作物苗情监测服务。准确、迅速、全面的信息交流将是数字农业发展的必然趋势。国外对监测作物长势、种植面积、农作物产量估计、灾害发生等采用遥感技术和计算机技术集成，也取得了进展。欧州及美国也建立了以遥感等高新技术为基础的农情监测系统，监测农作物生产的全过程，以期及时地提供农情信息。

1.7.3 农作物产量遥感监测

农作物遥感估产是基于农作物特有的波谱反射特征，利用遥感手段对作物产量进行监测预报的一种技术。利用遥感传感器获得的光谱信息可以反演作物的生长信息（如 LAI、生物量），通过建立生长信息与产量间的关联模型（可结合一些农学模型和气象模型），便可获得作物产量信息。

早在 1974 年，美国开展作物大面积遥感估产，开展了“LACIE”计划，应用 Landsat/MSS 影像，对美国农作物产量进行估算。后来对加拿大和前苏联地区农作物产量进行估算，估产精度达 90% 以上；1986 年，又实施“AGRISTARS”项目，进行多种粮食作物单产和总产预报。欧共体用 10 年的时间（从 1983 年开始），建成用于农业的遥感应用系统，1995 年在欧共体 15 个国家用 SPOT 影像，结合 NOAA 影像进行了作物估产，可精确到地块和作物种类。1987 年，欧盟开始农业遥感监测研究，提出了 MARS 计划，应用 SPOT 卫星 HRV 影像对有较大市场的农作物进行产量估算。2002 年美国航空航天局与美国农业部合作在贝兹维尔、马里兰用 MODIS 数据代替 NOAA/AVHRR 进行遥感估产，在遥感估产数据源上取得了很大的突破和进步。

20 世纪 80 年代中期，国家气象局组织开展北方 11 省市冬小麦的 NOAA/AVHRR 卫星遥感估产研究，初步建立了遥感影像估产方法，也是我国首次开展大规模遥感估产。经过几十年的努力，我国农作物遥感估产研究取得了很大发展，从冬小麦单一作物发展到小麦、水稻、玉米等多种作物，从小区域发展到大区域，从单一信息源发展到多种遥感信息源的综合应用，监测精度不断提高。政府的大力支持以及遥感估产技术本身的优点和潜力，激发了众多专家学者在这一领域的深入研究，出现了多种估产模式。归纳起来，主要有以下几个类型。

类型一，基于“光谱信息—植被指数—长势信息—产量”的遥感估产模式。主要就是利用遥感影像的光谱信息，通过植被指数反演得到长势信息，建立长势信息与产量间相关模型，并结合样点数据进行校正，得到最终的产量信息。如池宏康改进了“植被指数（VI）与产量组建估产模型（VI—产量模型）”，提出了一种新 VI 的动态—产量模型，即 LAD—产量模型；黄敬峰等综合新疆 1991 ~ 1994 年冬小麦地面光谱观测资料，建立了密度与生物量的光谱监测模型，进而建立了北疆试验区各层冬小麦种植面积估算和产量预报卫星遥感模型；任建强等采用经过 Savitzky-Golay 滤波技术平滑处理的 MODIS-NDVI 遥感数据对冬小麦产量进行预测，该方法有效地去除 NDVI 数据中的缺失、云及异常值的影响，NDVI 时序数据经过滤波平滑后，能更好地反映作物长势变化，为提高估产精度奠定了基础。

类型二，融入了农学机理和物理学基础于一体“光谱—水分与氮素—产量”遥感估产模式。改进了前一种模式中有些模型缺乏农学机理，或者涉及参数过多，导致预测精度差，反演性不稳定等缺点。如刘良云等基于水分吸收特征波段构建光谱参数建立了小麦分时期遥感估产模型；徐希孺等通过可控样地实验，提出了一个包括遥感光谱参数、土壤含水量、日照、有效分蘖系数等有关参数在内的估产方法；王纪华等根据“特征光谱参数—叶片氮素营养—籽粒产量”这一技术路径，以叶片氮素营养为交接点将模型链接，建立了基于灌浆前期光谱参数的小麦籽粒产量预测模型等。

类型三，基于“光谱信息—植被指数—长势信息—作物模型—产量”的遥感估产模式。充分发挥遥感技术的及时性和广域性以及作物生长模型的机理性和预测性，将二者结合应用于农作物的遥感估产，具有较高理论研究价值和较好的应用前景。如李卫国等利用遥感反演技术与作物模拟技术，结合小麦产量形成的生理生态过程及其与气候环境的相互关系，建立了较为简化的小麦遥感估产模型，取得了较好的估产效果。

此外，还有一些新技术和方法被引入到遥感估产中来，丰富了遥感估产的方法与手段。杨小唤将灰色系统理论应用到小麦的遥感估产中，克服以往原始资料系列不够大，分布不典型的缺点；白锐峥、刘婷等探讨了"3S"技术支持下的估产方法。以"3S"技术为标志的现代农业技术，对农作物的长势监测及产量预报具有独特的优势和非常广阔的研究应用前景。

1.7.4 农作物品质遥感监测

我国农作物商用品质不佳的原因除了品种因素外，栽培过程的影响也非常明显，种植优良品种但产品不达标的现象十分普遍。氮素调控、水分管理、温度影响以及倒伏等灾害发生是影响品质的几个重要方面，其中碳氮素调控尤为重要。发达国家在品质遥感监测方面已初步开展了应用示范，而我国对农作物品质遥感监测预报的研究刚刚起步。

丹麦 P. M. Hansen 等通过小区试验利用地面测量的多时相多光谱宽波段（可见，近红外波段）通过偏最小二乘法建立了小麦籽粒蛋白预报的预报模型。美国犹他州立大学的 Wright 等通过小区试验利用小麦抽穗期的航空近红外影像和航天的 Quickbird 影像提取的植被指数与小麦器官氮有很好的相关性，指导开花期的氮肥施用，发现对氮胁迫的小麦二次施肥后能提高籽粒蛋白的含量。澳大利亚的 Basnet 等通过小区试验发现在小麦开花前两周的 Landsat 卫星影象提取的植被指数与籽粒蛋白有较好的关系。开花后三周的 Aster 的近红外波段与籽粒蛋白的相关性适中。并对监测机理进行了初步的解释。比利时的 Reyniers 等利用彩红外的航空遥感影像和 Cropscan 地物光谱仪在小麦收获前一个月左右对冬小麦的籽粒蛋白质含量进行了预测，预测精度达到 90%。Zhao Chunjiang 等基于水分胁迫和氮素运转原理，利用 TM 影像在开花期建立了水分指数与冬小麦籽粒蛋白质含量的相关关系。李存军以多时相 TM 影像为数据源，采用偏最小二乘法和广义回归神经网络方法，利用多个时相的光谱指数对冬小麦籽粒蛋白质含量进行了模拟。Liu L Y 等运用 EnviSat-ASAR 和 TM 遥感数据对冬小麦的品质预报进行了研究，通过集成光谱和雷达数据对品质的预报精度较单一数据源有了较大的提高。另外在作物品质调优栽培系统开发方面，王纪华等利用遥感统计模型和农业专家系统结合的信息技术手段初步实现了小麦的调优栽培及品质测报，潘瑜春等基于 GIS 平台研制出小麦品质监测与调优栽培系统。农作物品质遥感监测预报经过国内外学者的共同努力，取得了一定的进展，克服传统抽检实验室化验方法的代表性差、费时、成本高等缺点。目前品质遥感监测预报从预报的范围、精度、时效性和实用化角度来看，还需要进一步深入研究。

1.7.5　农作物旱涝遥感监测

土壤水分是决定农作物旱与涝的一个重要因素，是研究地表作物生长正常与否的关键指标，其时空分布及变化对地表水热平衡、土壤温度和区域农作物生长状况等都会产生显著的影响。土壤水分变化不仅导致土壤光谱反射特性变化，同时也导致农作物出现不同程度的生理适应反应，从而使作物光谱特性发生变化。

农作物旱涝遥感监测应用的波段包括热红外、近红外、可见光及微波波段。利用热红外波段可获取地表温度日变化幅度，获得热惯量，结合热模型从而监测土壤水分。可见光和近红外遥感通过测量地面对太阳辐射的反射来估计土壤含水量，主要利用植被指数和植被状态指数，并将它们加以变化改进，以便更适合于监测气候与地形条件。微波遥感主要通过测量雷达后向散射系数以及测量监测土壤水分含量，研究表明，利用微波方法探测其波长 1/4 厚度的土壤含水量时效果比较好，波长越长，穿透能力越强，受植被覆盖度的影响也越小。

1.7.5.1　农作物旱涝监测方法

目前，常用的旱涝遥感监测方法主要有热惯量法、作物蒸散法、植被指数法及微波遥感法等。各种方法各有其利弊，可结合使用。

热惯量法：是物质对温度变化热反应的一种量度，反映了物质与周围环境能量交换的能力。热惯量法是通过遥感数据分析地表温度的变化反演土壤的热惯量，从而达到监测土壤水分含量的目的。Watson 等首次提出并成功地应用了热惯量模型，表达式为：

$$P = \sqrt{\rho\lambda c}$$

式中，P 为热惯量，λ 为热导率，ρ 为密度，c 为比热。由于 Watson 提出的热惯量模型参数难以直接利用遥感手段获取，目前热惯量法研究中一般使用 Price 提出的表观热惯量（P_{ATI}）代替热惯量，表观热惯量的表达式为：

$$P_{ATI} = \frac{2SV(1 - ABE)C_1}{\sqrt{\omega}(T_{\max} - T_{\min})} = \frac{2Q(1 - ABE)}{\Delta T}$$

式中，S 为太阳常数，V 为大气透明度，Q 为总太阳辐射通量，ABE 为地表全波段反照率，C_1 为太阳赤纬和经纬的函数，ω 为地球自转频率，$T_{\max}$与 $T_{\min}$分别代表地表最高与最低温度。

农作物蒸散法：地表蒸散是土壤—植被—大气三者间能量相互作用的综合表现，与土壤水分含量有明显的关系。20 世纪 80 年代，Idso 等提出以能量平衡为基础的作物缺水指数（Crop Water Stress Index，CWSI），定义为农作物（或裸地）实际蒸发量与作物（或裸地）潜在蒸发能力的比值，在实际应用中常表达为与 1 的差值。$CWSI$ 的表达式为：

$$CWSI = 1 - \frac{L_E}{L_P} = \frac{\gamma(r_c - r_{cp})}{\Delta \times r_a + \gamma(r_a + r_c)}$$

式中，L_E为实际蒸散量，L_P为潜在蒸散量。r_{cp}是植被以潜在蒸腾速率蒸腾时的冠层阻力（此时蒸腾速率等于潜在蒸腾），Δ 是饱和水汽压与温度关系曲率的斜线，γ 为干湿表常数，r_a是空气动力学阻力，r_c是冠层对水汽向空气中传输时的传输阻力。

植被指数法：旱涝的发生直接影响到作物生物量的积累、叶面积指数及覆盖度的增长，当植被受水分胁迫时，反映植被生长状况的遥感植被指数会降低，因此，可根据植物的光谱反射特性进行波段组合，求得各种植被指数，由此实现对土壤旱情的监测。常见的有归一化植被指数（*NDVI*）、距平植被指数（*AVI*）、条件植被指数（*VCI*）、植被供水指数（*VSWI*）等。

微波遥感法：微波遥感分为主动和被动两种形式，主动微波遥感通过测量雷达的后向散射系数，被动微波通过测量土壤亮温来估测土壤水分，达到监测旱涝灾情的目的。微波对不同的下垫面具有较高的分辨能力，具有较强的穿透性，可穿透云雾，容易得到大气上层图像。也可得到土壤与植被的几何形状与媒介特征信息。缺点是受地表粗糙度和植被覆盖度的影响大，很难单一的将土壤含水量对其后向散射的影响区分开来，且雷达数据覆盖面小，数据处理烦琐。

1.7.5.2　农作物旱涝监测进展

国外利用遥感技术监测旱涝灾情始于 20 世纪 60 年代末，先后开展了土壤水分与光谱反射率、亮度温度的关系以及微波土壤水分反演方法的研究。70 年代以后，旱涝灾情遥感监测技术迅速发展，主要是利用航空相片及地面测量为主进行的，涉及了电磁谱段的可见及热红外波段，为旱涝灾害遥感监测研究奠定了理论基础。20 世纪 80 年代后，遥感监测旱涝研究得到了全面的发展，进一步发展了热惯量发及蒸散模型。在这一时期，微波遥感土壤水分的实验研究也开始得到发展，探讨了后向散射系数与目标物的形态和物理特征的关系，发展了一些算法。到了 90 年代，旱涝灾情遥感监测得到了全面发展。随着搭载多功能传感器的卫星发射升空，极大地推动了卫星遥感监测旱涝灾情研究与应用的深度与广度。一些经验、半经验及理论的模式被建立并不断被改进，形成较为完善的旱涝灾情遥感监测基础理论与应用模式，为农业防灾减灾决策提供了有力技术支撑。

国内对旱涝灾情遥感监测的研究起步相对较晚，20 世纪 80 年代中期，进行土壤参数的遥感监测研究。20世纪90年代以后，在利用遥感卫星数据进行干旱或洪涝监测研究有了较快进展。例如，陈怀亮构建立不同土壤质地的热惯量模型，监测了土壤的水分状况。隋洪智等建立部分植被覆盖条件下土壤水分和作物蒸散的监测方法，对黄淮海平原进行了干旱监测。杨鹤松等应用条件植被温度指数进行干旱监测研究，提出一种近实时的干旱监测方法。施建成等人提出一种雷达目标分解技术，建立一阶物理离散散射模型，探索了土壤水分估算的方法。

这一时期对农作物旱涝遥感监测进入实用阶段，许多地方建立了基于气象卫星的旱涝遥感监测业务系统。国家遥感中心1999年开始，利用NOAA/AVHRR资料将我国农业旱情监测纳入业务运行系统。齐述华等采用NOAA/AVHRR数据反演WDI，监测全国干旱空间分布情况。郑宁等针对安徽省淮北地区季节性作物干旱，利用NOAA/AVHRR数据建立距平植被指数模型，从区域尺度探讨干旱遥感监测方法。距平植被指数可较精确有效的监测大范围、长时间的严重干旱，适用于山区干旱监测。土壤水分遥感监测在生产实际上的应用越来越受到重视，和其他灾害监测一样，正在由试验研究向实用化、产业化迈进。

1.7.6 农作物病虫害遥感监测

农作物病虫害极易给农业生产造成巨大损失。据联合国粮农组织估计，世界粮食产量常年因病虫害损失10%～20%；世界棉花产量因虫害损失16%，因病害损失14%。我国是农业大国，农作物受病虫害的影响非常严重。农作物病虫害是影响作物最终产量的关键因素之一。因此，利用遥感技术以其宏观、快速、准确、动态等优点，在不破坏植物组织结构的基础上，及时、快速、大面积对农作物病虫害进行早期监测，及时进行科学防治，是提高农作物产量、减少农作物经济损失的关键。

1.7.6.1 农作物病虫遥感监测依据

任何物体都具有吸收和反射不同波长电磁波的特性，这是物体的基本特性。遥感技术也是基于同样原理，利用搭载在各种平台（地面、气球、飞机、卫星等）上的传感器（照相机、扫描仪等）接收电磁波，根据农田作物的波谱反射和辐射特性，识别作物的种类和状态。当农作物受到病虫害等灾害时，叶片会出现颜色的改变、结构破坏或外形改观等病态，叶片的反射光谱有明显的改变。农作物叶片光谱变化，必然影响到多光谱、高光谱摄影和扫描记录上灰度值的变化。一般农作物反射能力越强，遥感影像上接收的辐射能量就越多，颜色就发白、发灰；反之，农作物反射能力越弱，图像上接收的辐射能量就越少，颜色就发暗、发黑，这就使得利用遥感技术监测大田农作物病虫害发生状况成为可能。

1.7.6.2　*农作物病虫遥感监测进展*

研究农作物受病虫为害后的光谱变化，寻找病虫为害程度与原始光谱、植被指数、导数光谱等变化之间的关系，确定不同农作物病虫害监测的敏感波段和敏感时期，是利用遥感技术监测农作物病虫害研究热点和关键。

20 世纪初，Taubenhaus 等首次利用航空相片开展植物病害遥感识别，Toler 等相继采用彩红外航空相片探测棉花根腐病和小麦锈病，Blazquez 利用彩红外相片和反射率光谱开展西红柿和马铃薯病害研究，Lorenzen 等认为近红外波段和大麦白粉病病情严重度有较高相关性。M L Adams 等利用大豆黄痿病光谱二阶导数设计的发黄指数对病情评价进行了研究。Riedell 等研究了受麦蚜虫和麦二叉蚜胁迫的冬小麦叶片光谱特征。以上研究表明，农作物受到病虫害胁迫后在可见、近红外波段会出现一些与未患病作物相区别的光谱特征，而这些特征为光谱诊断提供了依据和线索。随着高光谱技术的成熟和普及，更多的研究在不同作物上展开。Kobayashi 等提出在水稻不同生育期可以优选可见光和近红外的反射率比值指数来估计稻瘟病的危害程度。Steddom 等利用 5 种植被指数研究甜菜丛根病单叶和冠层与正常甜菜的差异。Mirik 等研究了受麦蚜虫为害的冬小麦反射率光谱和虫量间的相关关系，并提出预测虫量的光谱指数。

国内利用遥感技术来监测农作物病虫害状况起步较晚，多数集中在小麦和水稻病害的监测方面。例如，黄木易等研究建立了遥感监测条锈病病情指数的定量模型。蔡成静等发现健康、发病及处于潜伏期的小麦植株在某些特定波段的光谱反射率存在显著差异。安虎等运用多元逐步回归方法监测小麦条锈病严重度的可行性。蒋金豹等认为可在症状出现前12d识别出健康作物与病害作物。刘良云等利用航空PHI高光谱数据监测了冬小麦条锈病病害程度与范围。在水稻监测方面，吴曙文等利用4个感染不同等级稻叶瘟的水稻冠层反射光谱试验研究了反射光谱的变异特征。Qin等利用机载高光谱分辨率数据分析了受纹枯病为害的水稻光谱特征。此外，高光谱遥感以其独特的高分辨率、信息丰富等优势，使其在农作物病虫害监测中有着广阔的应用前景。

1.8 农作物遥感监测研究存在问题与对策

遥感技术是在非接触的情况下来探测地物目标信息的一种手段，遥感器所接受的电磁波信息是地面目标视场范围内的综合信息，在航天遥感上，还存在着传感器、大气、太阳高度角等因子的影响，在利用遥感技术进行农作物监测中还存在以下主要问题：

“同谱异物”和“异谱同物”现象 虽然高分辨率遥感数据具有精度监测较高，但价格成本很高的特点，限制了其在农业中广泛使用。目前，用于农作物监测的卫星遥感数据主要是中低空间分辨率数据，虽然其成本较低，但在地形比较复杂，耕作制度多样的地区使用时精度不能得到保障，常常会造成“同谱异物”和“异谱同物”现象。另外，许多农作物或同一农作物不同生长阶段的长相特征相近，它们的光谱较为相似，也增加了遥感监测的不确定性。利用多元遥感数据对上述现象的进行研究，有利于提高其监测的准确性。

农作物监测预报模型适用性差 多数农作物遥感监测模型存在普适性差的问题。究其原因，一是构建算模型所用的试验资料代表性较差。二是所建立监测模型多数是统计模型，在不同年份、不同区域应用误差较大。又由于缺乏机理性，往往不能对农作物生长进行动态的监测预报，使模型不能得到进一步推广应用。另外，由于农作物在外观表现症状之前，其植株体内的生理生化过程等已经发生了一定的变化，等到表现症状后，农作物群体特征已发生改变，所以还应该结合农作物生理生态过程研制农作物监测模型，最大限度提高农作物监测预报模型的适用性和机理性。

多重研究，少于应用　由于影响农作物光谱信息的因素很多，如农作物的品种、栽培方法、气候环境等，多数遥感监测的结果往往针对农作物生长中一个具体问题开展，没有涉及农作物生产过程的其他问题，也就无法在基层农业生产管理中具体实践应用。如何在不影响监测精度要求的情况下，对大田农作物的品种、旱涝、病虫草害、土壤肥力、热冻害等状况进行大范围综合监测，及时获取农情信息，不论是对农业部门决策者，还是农业生产者，都非常重要。

1.9　农作物遥感监测研究发展对策

综合运用多源遥感信息数据　航空、航天遥感数据获取技术趋向三多（多平台、多传感器、多角度）和三高（高空间、高光谱和高时相分辨率）特点，使遥感影像用于农作物监测更加可靠和精确。未来农作物监测中，在利用中低空间分辨率遥感数据是对农作物生长、气候与环境特征进行监测时，可考虑综合应用高空间、高光谱和高时相分辨率遥感数据。同时开展更为详细的地面调查，改进遥感数据处理方法，才有可能实现对农作物进行高精度、动态监测的目的。

改进农作物遥感监测预报模型　遥感监测技术的发展已日趋完善，有很多信息技术已运用在农作物遥感监测与估产中。由于农作物生长的生理生态过程及其与环境因素的关系较为复杂，农作物生长遥感监测方法仍在探索之中。综合区域农作物的品种、栽培方法、气候环境等因素对农作物生长影响特点，建立多元化的农作物生长波普特征数据库，改进遥感监测模型或算法，是增强农作物遥感监测方法适用性和机理性的最有效选择。

建立基于遥感监测的农作物综合信息服务平台 随着信息技术的迅速发展，遥感与 GIS、GPS 等信息技术的融合已经较好地展现其应用潜力。在今后的研究中，应考虑将“3S”技术、数据库技术、组件化技术、作物模拟技术等多项信息技术综合应用，并集成作物生产管理专家知识库，构建面向基层农业部门管理和保险企业赔付等可应用的农作物综合信息计算机系统，强化研究成果的实用性，有利于提升农业生产的信息化监测与应对能力。

应用遥感信息技术改造传统农业是当代发达与发展中国家发展农业的共同选择，也是未来农业发展的必然趋势。因此，顺应农业可持续发展的这一良好态势，立足自身农业生产的特点，研制符合我国农情的以遥感为依托的“3S”技术应用的理论体系和技术方法，使未来农业信息技术的发展既能满足农业管理部门和农田生产者的管理与技术要求，又能满足国家粮食安全和农业结构调整的信息需求。

参考文献

[1] 安虎，王海光，刘荣英，等. 小麦条锈病单片病叶特征光谱的初步研究 [J]. 中国植保导刊，2005，25（11）：8～11

[2] 白锐峥. “3S”系统支持下的山西省冬小麦估产方法研究 [J]. 中国农业资源与区划，2002，23（2）：54～56

[3] 蔡成静，王海光，安虎，等. 小麦条锈病高光谱遥感监测技术研究 [J]. 西北农林科技大学学报（自然科学版），2005，33：31～36

[4] 曹卫星，罗卫红. 作物系统模拟及智能管理 [M]. 北京：高等教育出版社，2003：22～33

[5] 陈怀亮，冯定原，邹春辉，等. 土壤质地对遥感监测干旱的影响

[J]. 河南气象，1999 (3)：28 ~ 29

[6] 陈沈斌，孙九林. 建立我国主要农作物卫星遥感估产运行系统的主要技术环节及解决途径 [J]. 自然资源学报，1997，12 (4)：363 ~ 396

[7] 池宏康. 冬小麦单位面积产量的光谱数据估产模型研究 [J]. 遥感信息，1995 (3)：15 ~ 18

[8] 傅玮东，刘绍民，黄敬峰. 冬小麦生物量遥感监测模型的研究 [J]. 干旱区资源与环境，1997，11 (1)：84 ~ 89

[9] 高亮之. 农业模型学基础 [M]. 香港：天马图书公司，2004：150 ~ 163

[10] 关元秀，顾文俊. IKONOS 影像信息提取方法研究 [A]. 2004 环境遥感学术年会论文集 [C]. 长沙：中国环境遥感学会，2004：96 ~ 99

[11] 国家“八五”遥感科技攻关取得重大成果 [J]. 遥感技术与应用，1995，10 (1)：40 ~ 41

[12] 宏裕闻. 卫星遥感在美国农业上的应用 [J]. 全球科技经济瞭望，1997，4：18 ~ 19

[13] 黄敬峰，王人潮，刘绍民，等. 冬小麦遥感估产多种模型研究 [J]. 浙江大学学报，1999，25 (5)：512 ~ 523

[14] 黄木易，黄文江，刘良云，等. 冬小麦条锈病单叶光谱特性及严重度反演 [J]. 农业工程学报，2004，20 (1)：176 ~ 180

[15] 黄文江. 小麦病害遥感监测和品质预报研究 [D]. 中国科学院遥感所博士后研究工作报告，2010

[16] 霍成福，胡永祥，冀春晓，等. 山西省气象卫星遥感监测信息系统 [J]. 山西气象，1997，41 (4)：19 ~ 22

[17] 江南，何隆华，王延颐. 江苏省水稻遥感估产研究 [J]，长江流域资源与环境，1996，5 (2)：160 ~ 165

[18] 蒋金豹，陈云浩，黄文江，等. 冬小麦条锈病严重度高光谱遥感反演模型研究 [J]. 南京农业大学学报，2007，30 (3)：63 ~ 67

[19] 靳颖．“快鸟”高分辨率商业遥感卫星中的一颗新星 [J]．国际太空，1999，5：7~9

[20] 李春升，李景文，周荫清．空载合成孔径雷达技术及展望 [J]．电子学报，1995，23（10）：156~159

[21] 李存军．区域性冬小麦籽粒蛋白质含量遥感监测技术研究 [D]．浙江大学博士学位论文，2005

[22] 李佛琳，李本逊，曹卫星．作物遥感估产的现状及其展望 [J]．云南农业大学学报，2005，20（5）：680~684

[23] 李令军，虞统．利用数据解析北京市气溶胶分布特征 [A]．2004 环境遥感学术年会论文集 [C]．长沙：中国环境遥感学会，2004：542~549

[24] 李卫国，王纪华，赵春江，等．基于遥感信息和产量形成过程的小麦估产模型 [J]．麦类作物学报，2007，27（5）：904~907

[25] 李卫国，赵春江，王纪华，等．遥感和生长模型相结合的小麦长势监测研究现状与展望 [J]．国土资源遥感，2007（2）：6~9

[26] 李卫国．冬小麦长势与品质遥感监测预报模型研究 [D]．中国科学院遥感所博士后研究工作报告，2009

[27] 李卫国．作物长势遥感监测应用研究现状和展望 [J]．江苏农业科学，2006（3）：12~15

[28] 李银枝，贾成刚．间作小麦气象卫星监测的指标 [J]．气象，1998，25（2）：56~57

[29] 刘建波，历银喜．发展中的遥感卫星与我国遥感卫星数据源的扩展 [J]．遥感技术与应用，1997，12（1）：50~56

[30] 刘良云，黄文江，王纪华，等．利用多时相航空高光谱图像数据监测冬小麦条锈病 [J]．遥感学报，2004，8（3）：276~282

[31] 刘良云，王纪华，黄文江，等．利用新型光谱指数改善冬小麦估产精度 [J]．农业工程学报，2004，20（1）：172~175

[32] 刘良云．高光谱遥感在精准农业中的应用研究 [D]．中国科学

院遥感所博士后研究工作报告，2002

[33] 刘绍民，傅玮东，桑长青．新疆北部地区冬小麦种植面积和产量遥感监测模式研究 [J]．新疆农业科学，1997，5：201～203

[34] 刘婷，任银玲，杨春华．“3S”技术在河南省冬小麦遥感估产中的应用研究 [J]．河南科学，2001，19（4）：429～432

[35] 潘瑜春，王纪华，赵春江，等．基于网络 GIS 的作物品质监测与调优栽培系统 [J]．农业工程学报，2004，6：164～169

[36] 齐述华，张源沛，牛铮，等．水分亏缺指数在全国干旱遥感监测中的应用研究 [J]．土壤学报，2005，42（3）：367～372

[37] 任建强，陈仲新，唐华俊．基于 MODIS-NDVI 的区域冬小麦遥感估产 [J]．应用生态学报，2006，17（12）：2371～2375

[38] 申广荣，田国良．作物缺水指数监测旱情方法研究 [J]．干旱地区农业研究，1998，16（1）：123～128

[39] 沈掌泉，王珂，王人潮．基于水稻生长模拟模型的光谱估产研究 [J]．遥感技术与应用，1997，12（2）：17～20

[40] 施建成，李震，李新武，等．目标分解技术在植被覆盖条件下土壤水分计算中的应用 [J]．遥感学报，2002，6（6）：412～413

[41] 隋洪智，田国良，李付琴．农田蒸散双层模型及其在干旱遥感监测中的应用 [J]．遥感学报，1997，1（3）：220～224

[42] 王纪华，赵春江，刘良云，等．信息技术在小麦调优栽培及品质测报上的应用 [J]．中国科技成果，2004（12）：47～50

[43] 王茂新，裴志远．用 NOAA 图像监测冬小麦面积的方法研究 [J]．农业工程学报，1998，14（3）：84～88

[44] 吴炳方，张峰，刘成林，等．农作物长势综合遥感监测方法 [J]．遥感学报，2004，8（6）：498～514

[45] 吴曙文，王人潮，陈晓斌，等．稻叶瘟对水稻光谱特性的影响研究 [J]．上海交通大学学报，2002，20（1）：73～77，84

[46] 夏德深，李华．国外灾害遥感应用研究现状 [J]．国土资源遥

感，1996，29（3）：1～8

［47］徐文波．作物种植面积遥感提取方法的研究进展［J］．云南农业大学学报，2005，20（1）：94～98

［48］徐希孺，朱晓红．冬小麦遥感估产模型［A］．环境监测与作物估产的遥感研究论文集［C］．北京：北京大学出版社，1991

［49］杨邦杰，裴志远．农作物长势的定义与遥感监测［J］．农业工程学报，1999，15（3）：214～218

［50］杨鹤松，王鹏新，孙威．条件植被温度指数在华北平原干旱监测中的应用［J］．北京师范大学学报（自然科学版），2007，43（3）：314～318

［51］杨小唤．冬小麦遥感估产的灰色理论方法探讨［J］．遥感技术与研究，1991，6（1）：2～8

［52］郑宁，严平，孙秀邦，等．基于 NOAA/AVHRR 卫星数据的淮北地区干旱监测［J］．中国农学通报，2009，25（1）：256～259

［53］钟仕全，胡自宁，石剑龙．SPOT 卫星数据图像［J］．南京农业大学学报，2000，23（3）：49～52

［54］周红妹．地理信息系统在 NOAA 卫星遥感动态监测中的应用［J］．应用气象学报，1999，10（3）：354～360

［55］周华茂．水稻播面遥感抽样调查技术探讨［J］．西南农业学报，1996，9（3）：100～105

［56］周清波．国内外农情感遥感现状与发展趋势［J］．中国农业资源与区划，2004，25（5）：9～14

［57］Adams M L，Philpot W D，Norell W A，et al. Yellowness index：an application of spectral second derivatives to estimate chlorosis of leaves in stressed vegetation［J］．International Journal of Remote Sensing，1999，20（18）：3663～3675

［58］Badri B Basnet，Armando A ApanC，Rob M Kelly. Relating satellite imagery with grain protein content［J］．Proceedings of the Spatial Sciences

Conference, 22 ~ 27 September 2003, Canberra

[59] Blazquez C H, Edwards G J. Infrared color photography and spectral reflectance of tomato and potato diseases [J]. Journal of Applied Photographic Engineering, 1983, 9: 33 ~ 37

[60] Dennis L, Wright Jr. , V. Philip Rasmussen Jr.. Managing protein in hard red spring wheat with remote sensing (A) . The 6th Annual National Wheat Industry Research Forum (C), Hyatt Regency Albuquerque, New Mexico, January 30, 2003

[61] Dobson M C, Ulaby F T, Hallikainen M T. Microwave dielectric behavior of wet soil, dielectric mixing models [J]. IEEE Trans Geosci Remote Sens, 1985, (GE - 23): 35 ~ 46

[62] G D BADH WAR. Classification of corn and soybeans using multitemporal thematic mapper data [J]. Remote Sensing of Environment, 1984, 16: 176 ~ 182

[63] Hansen P M, Jørgensen J R, Thomsen A. Predicting grain yield and protein content in winter wheat and spring barley using repeated canopy reflectance measurements and partial least squares regression. Journal Of Agricultural Science, 2002, 139 (3): 307 ~ 318

[64] IDSO S B, CLAWSON K L, ANDERSON M G. Foliage temperature: effects of environmental factors with implication for plant water stress assessment and CO_2 effects of climate [J]. Water Resource Research, 1986, 22: 1702 ~ 1716

[65] Kobayashi T, Kanda E, Kitada K, et al. Detection of rice panicle blast with multispectral radiometer and the potential of using airborne multispectral scanners [J]. Phytopathology, 2001, 91 (3): 316 ~ 323

[66] Kogan F N. Remote sensing of weather impacts on vegetation in nonhomogenous areas [J]. International Journal of Remote Sensing, 1990, 11: 1405 ~ 1419

[67] Liu L Y, Wang J J, Bao Y S, et al. Predicting winter wheat condition, grain yield and protein content using multi-temporal EnviSat-ASAR and Landsat TM satellite mages [J]. International Journal Of Remote Sensing, 2006, 27 (4): 737 ~753

[68] Lorenzen B, Jensen A. Changes in leaf spectral properties induced in barley by cereal powdery mildew [J]. Remote Sensing of Environment, 1989, 27 (2): 201 ~209

[69] Mirik M., Michels Jr G. J., Kassymzhanova-Mirik S., et al.. Reflectance characteristics of Russian wheat aphid (hemiptera: Aphididae) stressand Abundance in winter [J]. Computer and Electronics in Agriculture, 2007, 57 (1): 123 ~124

[70] MORAN M S, CLARKE T R, INOUE Y, et al. Estimating crop water deficit using the relation between surface-air temperature and spectral vegetation index [J]. Remote Sens Environ, 1994, 49: 246 ~263

[71] O'Leary, Connor D J, White D H. A simulation model of the development, growth and yield of the wheat crop [J]. Agricultural System, 1985, 17: 1 ~6

[72] Qin Z. H., Zhang M. H., Christensen T., et al.. Remote sensing analysis of rice disease stresses for farm pest management using wide-band airborne data (A) . IEEE International Geoscience and Remote Sensing Symposium, 2003, 6 (4): 2215 ~2217

[73] Price J C. The potential of remotely sensed thermal infrared data to infer surface soil moisture and evaporation [J]. Water Resources Research, 1980, 16 (4): 787 ~795

[74] Reyniers M, Vrindts E, De B J. Comparison of an aerial-based system and an on the ground continuous measuring device to predict yield of winter wheat [J]. European Journal Of Agronomy, 2006, 24 (2): 87 ~94

[75] Riedell W. E., Blackmer T. M.. Leaf reflectance spectra of cereal a-

phid-damaged wheat [J]. Crop Science, 1999, 39 (9): 1835 ~ 1840

[76] Ritchie J T, Godwin D C. CERES-Wheat (unpublished) [A]. USA: Michigan State University, 1988

[77] Steddom K, Heidel G, Jones D, et al. Remote detection of rhizomania in sugar beets [J]. Phytopathology, 2003, 93 (6): 720 ~ 726

[78] Taubenhaus J J, Ezekiel W N, Neblette C B. Airplane photography in the study of cotton root rot [J]. Phytopathology, 1929, 19: 1025 ~ 1029

[79] Tolers R W, Smith B D, Harlan J C. Use of aerial color infrared photography in the study of cotton root rot [J]. Plant Disease, 1981: 65 (1): 24 ~ 31

[80] Waston K, Rowen L C, Offield T W. Application of thermal modeling in the geologic interpretation of IR images [J]. Remote Sensing of Environment, 1971, 3: 2017 ~ 2041

[81] Zhao C J, Liu L Y, Wang J H, et al. Predicting grain protein content of winter wheat using remote sensing data based on nitrogen status and water stress [J]. International Journal Of Applied Earth Observation And Geoinformation, 2005, 7 (1): 1 ~ 9

第2章　农作物监测中遥感数据处理及应用

由于卫星遥感数据来自不同的传感器和平台，在几何分辨率、扫描宽幅、光谱分辨率等方面各具特色，多源遥感数据有效处理显得尤为重要。比如，多波段遥感图像利于判读，高分辨率遥感影像能突出作物细节，将二者进行信息复合处理（数据融合）形成新的高分辨率影像，既可保留高分辨率影像的空间特征，又可保留低分辨率影像的光谱特征。因此，多源遥感数据信息优势互补有利于提高对农作物识别与监测的精确性和动态性。多源遥感数据处理包括格式转换、影像校正、辐射定标、数据拼嵌、数据匹配、信息融合、像元分解与特征提取等，多源遥感数据处理过程繁杂，需要深入研究。

2.1　中高分辨率光学数据不同融合方式

我国国土面积辽阔，地形复杂，田块面积较小、较破碎，种植结构多样，在低分辨率遥感影像中混合像元现象较严重，并且地物光谱常以混合光谱形式存在。在实际的遥感应用中，不同传感器的遥感数据具有不尽相同的空间分辨率、光谱分辨率和时相分辨率，如果能将它们各自的优势综合起来，便可弥补单一图像上信息的缺陷，这样不仅扩大了各自信息的应用范围，而且能够提高遥感影像分析的精度。影像融合技术将多源遥感数据按照一定规则进行运算处理，获得一幅具有新的空间、波谱、时间特征的合成影像。

本节通过使用不同的融合方式，将 HJ-1A 卫星的多光谱数据（空间分辨率 30m）与 ALOS 卫星的全色数据（空间分辨率 2.5m）进行像元级融合，采用相应的评价指标，选择一种最适合农作物监测的融合影像，并比较融合影像与源影像的分类精度，旨在形成一种较为实用的光学遥感数据融合方法。

2.1.1　研究区域选择与数据预处理

选用的研究区域为江苏省金湖县地区，坐标范围 118°2′10.76″~119°3′48.41″E，33°3′58.53″~32°7′20.01″N，该区域为我国重要的长江下游稻麦生长区，共有农田、城镇、河流等多种地物类型（图 2-1）。

选用的两种数据源为：一是 2010 年 10 月 5 日我国环境减灾卫星 HJ-1A 影像数据；二是 2010 年 10 月 10 日日本对地观测卫星 ALOS 的影像数据。HJ-1A 搭载的多光谱可见光相机（CCD），空间分辨率为 30m，共有蓝、绿、红、近红外 4 个波段。ALOS 卫星轨道高度搭载的 PRISM 传感器空间分辨率为 2.5m，全色波段范围：520~770nm。同时利用 GPS 接收机在研究区域内水稻种植面积较大的乡镇内，选取了 17 个样点，采集了地理坐标并记录了水稻生长参数指标。样点数据主要用于几何精校正和 LAI 估算的精度验证。在数据融合前，分别对两幅影像进行了大气校正和几何精校正，投影参数为 Krasovsky 参考椭球下的 Albers 投影，校正误差均在一个像元以内。

2.1.2　多源遥感影像融合方法

遥感数据融合可在 3 个层次上进行，即像元级、特征级和决策级融合。像元级的影像融合在影像几何校正的基础上，直接对原始栅格数据的像元进行合并处理，能够更多的保留源影像丰富、真实的信息，获得更好

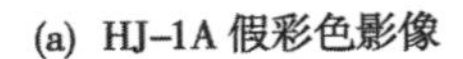

(a) HJ-1A 假彩色影像　　(b) ALOS 全色影像　　(c) 样点分布图

图 2－1　研究区两种数据源影像及样点分布

的影像视觉信息。

像元级遥感影像数据融合的方法多种多样，大致可分为两类：基于空间域和基于变换域的影像融合。基于空间域的融合是直接在影像的像素灰度空间上进行融合，常用的算法包括：彩色合成、IHS 变换与数学运算（加减乘除、混合运算）等；基于变换域的融合是先将源影像进行影像变换，对变换得到的系数进行数据组合，得到融合影像的变换系数，最后进行逆变换得到融合影像，常用的算法包括：主成分分析（PCA）、相关系数法、空间滤波分析（高通、低通滤波）、回归分析（RVS）和小波变换等。本节选择其中研究较为成熟并有代表性的 Brovey 变换、IHS 变换、高通滤波分析及小波变换四种融合方法，分别对源影像进行融合试验。

2.1.2.1　Brovey 变换

Brovey 变换（色彩标准化）先将多波段数据的像素空间分解为色彩和亮度成分，进行归一化计算，再乘以高分辨率数据的像素值。优点是处理过程简单，保持了多波段数据的完整性，又增加了影像的分辨率，提高了影像的视觉效果；缺点是容易造成直方图压缩，降低了融合影像的亮度，且无法应用于波谱范围不一致的两幅影像的融合。Brovey 变换对影像的预处理要求较高，除了高精度的几何校正外，还需要对影像进行相关处理、噪声滤波等。

Brovey 变换的公式为：

$$R_b = P_{an} \cdot R/(R + G + B)$$

$$G_b = P_{an} \cdot G/(R + G + B)$$

$$B_b = P_{an} \cdot B/(R + G + B)$$

其中，R、G、B 分别为多波段影像中近红外、红、绿波段的波长值，P_{an}为全色波段波长值，R_b、G_b、B_b分别为融合后影像的 R、G、B 值。

2.1.2.2　IHS 变换

通常利用 RGB 彩色合成进行的融合效果并不理想，是因为其 3 个通道呈非线性关系，相关性不强，而 IHS 变换将颜色属性分离出 3 个通道：亮度（I）、色调（H）和饱和度（S）则具备这种优点。因此，往往要进行 RGB 空间和 IHS 空间的转换。IHS 变换同样主要应用于多波段数据与全色数据的融合，首先，将多波段影像通过正变换从 RGB 空间转换到 IHS 空间，分离出 I、H、S 3 个分量，然后，保持 H 和 S 不变，将高分辨率的全色波段与 I 分量进行直方图匹配，得到融合后的亮度 I′，将其代入 IHS 反变换还原到 RGB 空间，得到最后的融合影像。为保证融合影像与源影像的光谱特征相似，期间往往要对全色波段进行对比度拉伸的增强处理，以便获得与多波段影像几乎相同的均值或方差。

IHS 变换作为一种最常用的像元级融合方法，有利于突出纹理特征，提高分类与解译的精度。融合的影像在空间分辨率上提高的同时，光谱特征的畸变却较为严重，并且 IHS 变换只能同时对多波段影像的 3 个波段进行融合。

IHS 正变换的表达式为：$\begin{bmatrix} I \\ v_1 \\ v_2 \end{bmatrix} = \begin{bmatrix} \frac{1}{\sqrt{3}} & \frac{1}{\sqrt{3}} & \frac{1}{\sqrt{3}} \\ \frac{1}{\sqrt{6}} & \frac{1}{\sqrt{6}} & -\frac{1}{\sqrt{6}} \\ \frac{1}{\sqrt{2}} & -\frac{1}{\sqrt{2}} & 0 \end{bmatrix} \cdot \begin{bmatrix} R \\ G \\ B \end{bmatrix}$

$$H = \operatorname{arctg}\left[\frac{v_2}{v_1}\right]$$

$$S = \sqrt{v_1^2 + v_2^2}$$

逆变换表达式为：$\begin{bmatrix} R \\ G \\ B \end{bmatrix} = \begin{bmatrix} \frac{1}{\sqrt{3}} & \frac{1}{\sqrt{6}} & \frac{1}{\sqrt{2}} \\ \frac{1}{\sqrt{3}} & \frac{1}{\sqrt{6}} & -\frac{1}{\sqrt{2}} \\ \frac{1}{\sqrt{3}} & -\frac{2}{\sqrt{6}} & 0 \end{bmatrix} \cdot \begin{bmatrix} I \\ v_1 \\ v_2 \end{bmatrix}$

2.1.2.3　高通滤波分析

高通滤波（High Pass Filtering，HPF）能够加强影像高频的边缘信息，减弱低频的光谱信息。研究表明，滤波器尺寸取为高低分辨率影像分辨率比值的两倍，其结果最好。本节采用的高通滤波器为 3×3 的窗口，首先使高空间分辨率 ALOS 影像通过高通滤波器，提取出高频的空间特征信息，并且过滤掉大部分低频的光谱特征信息，然后将高频信息加入到低分辨率的 HJ 星多波段影像中。

2.1.2.4　小波变换

像元级融合方法局限性在于：（1）不同类型影像兼容性差；（2）处理的数据量过大；（3）融合前的源影像获取时间不同。由于不同遥感器影像数据之间呈非线性关系，不能仅仅使用线性理论模型融合影像数据，需要引用非线性理论和模型——小波变换。本节采用 à trous 冗余小波算法，它将二维影像 $f(x,y)$ 用低通滤波器逐级滤波，次滤波后得到：

$$\begin{aligned} f(x,y) &= f_1(x,y) + w_1(x,y) \\ &= [f_2(x,y) + w_2(x,y)] + w_1(x,y) \\ &= \cdots\cdots \\ &= f_n(x,y) + \sum_{j=1}^{n} w_j(x,y) \end{aligned}$$

称 $w_j(x,y)$ 为尺度 j 下的小波系数。绝对值较大的小波系数对应于影像的高频信息，即亮度突变处（影像线、边缘等），因此容易找到小波系数 $w_j(x,y)$ 与原始影像在空间与频率域之间的对应关系。融合过程为：首先进行尺度为 N 的小波分解正变换，分解为各自的低频光谱信息影像和高频细节信息影像，然后用低分辨率的低频影像代替高分辨率的低频影像，最后用替换后的低频影像和高分辨率的高频影像进行小波逆变换得到融合影像。

2.1.3　融合效果定量评价指标

对融合效果的评价标准分为两个方面：(1) 尽量多的保留源影像中有用的信息；(2) 尽量少的引入失真。对融合效果的客观评价标准主要分为 3 个方面：(1) 影像质量的评价；(2) 光谱质量的评价；(3) 影像信息量的评价。其中，对影像质量的评价，主要只针对融合影像统计特征的评价，而光谱质量和影像信息量的评价，则是与源影像相结合的评价。

2.1.3.1　影像质量评价指标

均值（μ）：均值表示影像全部像元灰度值的算术平均值，反映了遥感影像中地物的平均反射率。其表达式为：

$$\mu = \frac{1}{M \times N}\sum_{i=1}^{M}\sum_{j=1}^{N}F(i,j)$$

其中，$F(i, j)$ 为融合影像 F 在像素点 (i, j) 处的灰度值，M、N 为影像 F 的大小。均值越高，则影像整体亮度越高。

标准差（std）：标准差由均值间接求得，表示了影像像素灰度值与平均值的离散程度。一般来说，标准差越大，灰度离散程度越大，影像反差越大，视觉效果越好。标准差的表达式为：

$$std = \sqrt{\frac{1}{M \times N}\sum_{i=1}^{M}\sum_{j=1}^{N}(F(i,j) - \mu)^2}$$

平均梯度（g）：平均梯度反映了影像的平均灰度变化率，即清晰度。其值表示出融合影像中的微小细节反差表达能力和纹理变化特征。平均梯度的表达式为：

$$g = \frac{1}{M \times N}\sum_{i=1}^{M}\sum_{j=1}^{N}\sqrt{((\frac{\partial F(i,j)}{\partial_i})^2 + (\frac{\partial F(i,j)}{\partial_j})^2)/2}$$

在融合影像中，平均梯度越大，影像清晰度越高。

2.1.3.2　光谱质量评价指标

偏差指数（dc）：光谱扭曲度直接反映了融合影像对原多光谱影像光谱的失真程度。其值表示融合影像与原多光谱影像像元灰度值的差异和匹配程度。偏差指数的表达式为：

$$dc = \frac{1}{M \times N}\sum_{i=1}^{M}\sum_{j=1}^{N}\frac{|F(i,j) - A(i,j)|}{A(i,j)}$$

其中，$A(i, j)$ 表示原多光谱影像在像素点 (i, j) 处的灰度值。偏差指数越大，影像失真越强烈。

相关系数（cc）：相关系数反映了融合影像与源影像之间光谱特征的相关程度，以及融合影像光谱信息的保持能力。相关系数的表达式为：

$$cc = \frac{\sum_{i=1}^{M}\sum_{j=1}^{N}(F(i,j) - \mu_F)(A(i,j) - \mu_A)}{\sqrt{\sum_{i=1}^{M}\sum_{j=1}^{N}(F(i,j) - \mu_F)^2(A(i,j) - \mu_A)^2}}$$

其中，μ_F和μ_A分别表示融合影像与源影像的灰度平均值。相关系数越大，融合影像从源影像之中获取的信息越多，融合效果越好。

2.1.3.3　影像信息量评价指标

影像的熵值反映了影像信息的丰富程度。交叉熵（ce）用来衡量两幅影像灰度分布的差异。对于一幅单一的影像，可以认为各像素的灰度值是相互独立的，则影像灰度分布为 $P = \{P_0, P_1, \cdots, P_i, \cdots P_n\}$，$P_i$表示影像像素灰度值为 i 的概率，即灰度值为 i 的像素数与影像总像素数之比，l 为影像总的灰度级数。交叉熵的表达式为：

$$ce_{A,F} = \sum_{i=0}^{l-1} P_{A_i}\log_2 \frac{P_{A_i}}{P_{F_i}}$$

交叉熵越小，融合影像灰度分布与源影像的差异越小，即融合影像包含的源影像的信息量越多，融合效果越好。

2.1.4　不同融合数据定性评价

在 4 种方法融合后的影像结果上截取一块典型区域，用于分析说明，如图 2－2 所示。

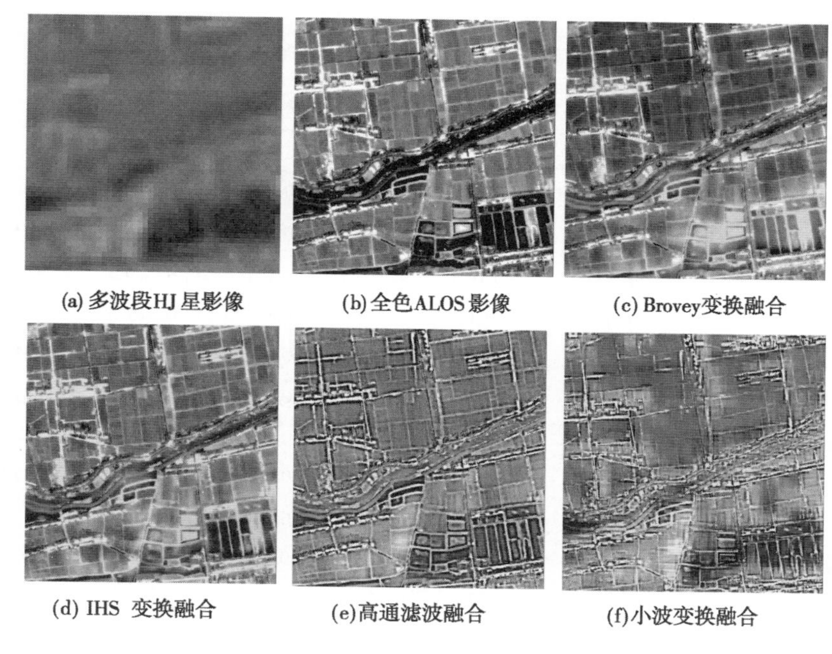

(a) 多波段HJ星影像　(b) 全色ALOS影像　(c) Brovey变换融合

(d) IHS 变换融合　(e) 高通滤波融合　(f) 小波变换融合

图 2－2　原始影像和四种融合方法得到的融合影像

在 4 种方法融合后的影像结果上截取一块典型区域，用于分析说明，如图 2－2 所示。从目视效果上来看，4 种融合结果均提高了多波段影像的空间分辨率，融合影像更为清晰，有利于进行分析解译。但空间信息增强的程度却各不相同，其中高通滤波融合保持的高分辨率信息效果最好，IHS 变换次之，Brovey 变换最差，而虽然小波变换融合的高频信息保持的较为完整，但其空间与光谱信息的匹配误差却较大。同时，4 种融合方法也在不同程度上发生了光谱失真现象。Brovey 变换、高通滤波和小波变换的融合结果在亮度及色彩上均发生了较大改变，IHS 变换融合光谱信息保持的能力较好。

2.1.5　不同融合数据定量评价

基于融合效果的定量评价指标的计算公式，主要针对近红外（NIR）、红（R）、绿（G）3 个波段，在 IDL 中分别对 4 幅融合影像的结果进行了计算。计算结果如表 2－1 所示。

表 2－1　四种融合方法的评价结果

融合方法	波段	μ	*std*	*g*	*dc*	*cc*	*ce*
Brovey 变换	NIR	45.080 7	10.306 3	2.147 9	0.418 5	0.663 9	2.831 8
	R	21.232 5	7.127 5	3.488 0	0.847 5	0.694 2	6.309 2
	G	24.334 1	3.131 3	4.918 5	1.273 8	0.506 3	9.916 4
IHS 变换	NIR	79.017 6	18.593 7	2.083 9	0.084 6	0.907 3	2.061 8
	R	36.552 2	7.649 9	3.652 6	0.196 6	0.692 9	5.304 7
	G	41.857 9	5.270 2	5.179 0	0.288 5	0.410 2	8.674 5
高通滤波	NIR	78.491 1	18.507 8	6.060 0	0.172 1	0.580 7	2.113 0
	R	36.330 7	7.801 2	8.811 6	0.296 9	0.570 0	5.095 8
	G	41.637 0	4.645 2	10.633 4	0.363 2	0.552 8	8.215 8
小波变换	NIR	79.012 8	18.596 3	5.835 6	0.125 3	0.755 4	3.398 5
	R	36.842 5	7.821 8	8.220 1	0.208 8	0.824 2	6.945 3
	G	42.082 1	4.651 1	9.856 6	0.253 2	0.815 9	10.487 3

从表 2－1 中可以看到，4 种融合方式各有利弊，下面逐一进行说明。

（1）Brovey 变换的结果，均值、标准差及平均梯度的值都是最低的，分别只有 30.215 8、6.855 0及 3.518 1，从对比分析图上能够很直观的看到其值与其他 3 种方法差距较大。因此，Brovey 变换从影像质量效果较差，还是从反映出用这种方法融合出来的影像其空间细节信息表达能力都不好。虽然交叉熵较高，信息量较丰富，但其高达 0.846 6偏差指数说明影像光谱信息保持较差，失真现象十分严重。

（2）IHS 变换的结果，平均梯度较低，影像的清晰度不好，影像的混合像元较多，不利于下一步的分类。其相关系数和交叉熵的值较低，但偏差指数 0.189 9是最低的，说明融合影像的光谱信息丢失较多，但光谱扭曲度并不严重。

（3）高通滤波的融合效果较好，尤其是 8.501 7的平均梯度是 4 种方法中最高的，因此在其融合影像中微小细节反差和纹理变化特征是最为丰富的，具有最佳的影像视觉效果。这是因为融合后的影像既有高分辨率数据的高频信息，又有低分辨率数据的光谱信息，极大地提高了影像质量。但缺点是5. 141 5的交叉熵低，影像信息量不丰富。

（4）小波变换的结果，0. 798 5的相关系数和6. 943 7的交叉熵远远高于其他 3 种融合方法，并且具有极低的偏差指数值，最大限度的保持了源影像的光谱信息，这对分类与解译提供了良好的精度保证。它的影像质量也较好，清晰度较高，因此小波变换的整体效果是最好的，可以满足提高进一步分类与解译精度的目标。而这种方法的缺点是低频图象部分的简单替换会造成低分辨率影像的信息损失，会对融合效果造成损失。

2. 2　基于 ARSIS 策略的多光谱遥感与 SAR 影像小波融合

多光谱影像波段数较多（如 Landset/TM、HJ/CCD、CBERS/CCD 等），光谱信息丰富，利于人眼视觉判读，但混合像元现象严重，并且在南方多云多雨天气下往往不易获得。微波遥感能够穿透云雾、雨雪，对土壤、植被也有一定的穿透能力。SAR 可不受天气条件约束，具有全天时全天候工作的能力，还可以提供光学遥感所不能提供的某些信息。但是，SAR 影像的几何失真较大，光谱特征不明显，噪声较多。若将 SAR 影像与多光谱影像进行融合，可实现优势互相代替补充，抑制各自缺点，易于视觉分析与解译的目的，还能为目标识别提供更多的光谱信息。

不同类型影像的兼容性较差，数据之间呈非线性关系，不能仅仅使用线性理论模型融合影像数据，需要引用非线性理论和模型——小波变换。小波变换能将原始影像分解成一系列不同的空间域和频率域的细节与近似子影像，可反映原始影像的局部变化特征。小波变换融合的不足之处在于，由于多光谱影像与全色影像光谱相关性较低，简单的低频信息替换会造成原多光谱影像光谱信息丢失。

针对融合影像光谱信息丢失的问题，Ranchin 和 Wald 提出将 ARSIS 策略用于数据融合中，意为通过增加结构而增强影像空间分辨率，研究如何建立高空间分辨率影像（SAR 影像）与分辨率较低但光谱信息丰富的多光谱影像间的关系模型，并成功应用于 HPF 变换及小波变换中。本节依据 ARSIS 策略，对 SAR 影像与多光谱影像进行多种融合方法比较研究，旨在建立适合南方农作物监测应用的雷达遥感数据融合方法。

2.2.1 数据选取及利用

研究区域选在江苏省宝应县，是长江下游重要的稻麦产区。研究区具有农田、城镇建筑用地、河流等多种地物类型，坐标范围 33°0′11.66″~33°3′33.66″N，119°5′38.64″~119°9′46.90″E。SAR 影像选用 2010 年 8 月 12 日的 ENVISAT/ASAR 影像，分辨率为 12.5m，具有较好的空间特性；多光谱影像分别选用2010 年8 月4 日和8 月13 日的 HJ-1A/CCD 影像，CCD 影像共4 个波段，空间分辨率30m，具有良好的光谱特性。利用 GPS 接收机在研究区域水稻种植面积较大的田块中随机建立 16 个监测样点，采集地理坐标并记录了水稻生长参数指标。样点数据主要用于几何精校正和融合结果验证。8 月 4 日 CCD 影像和 SAR 影像用于数据融合方法研究，8 月 13 日的 CCD 影像用于同小波融合数据间光谱特征与植被指数的比较研究。

在数据融合前，先进行影像的大气校正与几何校正，几何校正的投影参数为 Krasovsky 参考椭球下的 Albers 投影，精度控制在一个像元内。随后选用 lee-sigma 滤波器进行 ENVISAT 数据的噪声滤波，并对两幅影像进行直方图匹配，以保证较好的融合精度。为便于小波融合效果的分析比较，同时使用了 PCA 变换和 IHS 变换两种方法进行融合。

2.2.2 基于 ARSIS 策略的小波融合

ARSIS 策略，首先是提取 A 影像中的高频信息，并假设这些高频信息是 B 影像所缺失的，将其代入 B 影像中，构建既具有 A 影像高空间分辨率也具有 B 影像光谱特征的融合影像。在 ARSIS 策略下的小波融合流程框架如图 2 - 3 所示。

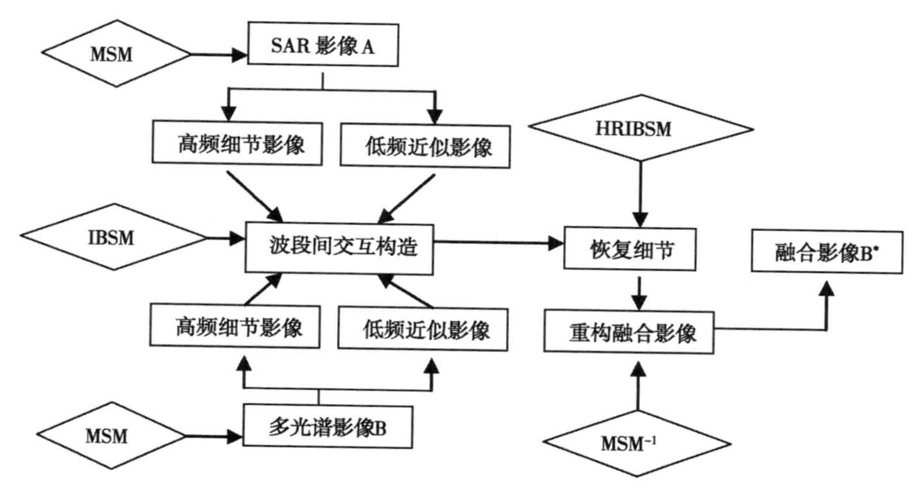

图 2 - 3　ARSIS 策略下的小波融合流程

其框架中包含了 3 种模型：多尺度模型（Multiscale Model，MSM）、波段间交互构建模型（Inter-Band Structure Model，IBSM）与高分辨率波段间交互构造模型（High Resolution Inter-Band Structure Model，HRIBSM）。基于 ARSIS 策略的小波融合过程为：第一步，利用 MSM 模型进行尺度为 n 的 Mallat 小波正变换，均分解为 3n 幅高频细节影像和 1 幅低频近似影像；第二步，通过 IBSM 模型，选用适合的融合规则，构建每层影像的融合系数，分别进行 A、B 影像细节与近似影像的融合；第三步，利用 HRIBSM 模型将 A 细节影像叠加到 IBSM 融合影像中；第四步，进行 MSM 模型的小波逆变换，生成最终的融合结果 B^* 影像。

2.2.3　小波系数融合规则

现有的研究通常对源影像采用单一融合规则（如基于像素、窗口或区域的融合测度指标），而实际上不同的影像区域（平滑区域、边缘与纹理等）应采用不同的融合规则。这就需要将图像不同区域分别对待，并且

MSM 分解得到的高频细节信息与低频近似信息的物理意义不同，针对其特性需采用不同的融合规则，实现影像多分辨率系数的自适应融合。

2.2.3.1　低频信息融合规则

正确选择低频信息融合规则对提高影像质量与目视效果十分重要。在 Burt 等人研究的基础上提出一种基于区域特征选择的加权平均算法作为低频信息的融合规则，可在不同区域中进行小波系数自适应融合。领域大小的选择与参与融合图像的特点有关，领域大小为 3 ×3。具体算法如下：

首先，定义权值矩阵 $M \times N = \begin{bmatrix} \frac{1}{16} & \frac{1}{16} & \frac{1}{16} \\ \frac{1}{16} & \frac{1}{2} & \frac{1}{16} \\ \frac{1}{16} & \frac{1}{16} & \frac{1}{16} \end{bmatrix}$ 为一个 3 ×3 的窗口，其中 $\omega(q)$ 为权值。则 A 影像在 k 波段上的点 (i, j) 在此窗口内的局部信息量：

$$E_{Ak}(i,j) = \sum_{m=-\left(\frac{M-1}{2}\right)}^{\left(\frac{M-1}{2}\right)} \sum_{n=-\left(\frac{N-1}{2}\right)}^{\left(\frac{N-1}{2}\right)} \omega(q) \left| A_k(i,j) - A_k(i+m, j+n) \right|^2$$

同理得到 $E_{Bk}(i, j)$。并定义一个匹配矩阵，

$$M(i,j) = \frac{2E_{Ak}(i,j)E_{Bk}(i,j)}{E_{Ak}(i,j) + E_{Bk}(i,j)}$$

匹配矩阵中各点的值在 0 ~1 间变换。定义一个阈值 T，在边缘及纹理区域内，匹配矩阵 $M(i, j)$ 接近于 0，两幅影像的相关程度低。即当 $M(i, j) \leqslant T$ 时，选用局部能量 E 较大低频信息影像系数作为融合影像系数。而在影像较为平滑的区域内，$M(i, j)$ 的值接近于 1，两幅影像的相关程度高。即当 $M(i, j) > T$ 时，根据 E 的大小，对两幅低频信息影像系数进行加权计算。

本研究取阈值 T =0.8，若 $M(i, j) \leqslant T$，则低频信息融合影像，

$$B_k^*(i,j) = \begin{cases} A_k(i,j), E_{Ak}(i,j) \geqslant E_{Bk}(i,j) \\ B_k(i,j), E_{Ak}(i,j) \leqslant E_{Bk}(i,j) \end{cases}$$

若 $M(i,j) > T$，则，

$$B_k^*(i,j) = \begin{cases} W_{\max}A_k(i,j) + W_{\min}B_k(i,j), E_{Ak}(i,j) \geqslant E_{Bk}(i,j) \\ W_{\max}B_k(i,j) + W_{\min}A_k(i,j), E_{Ak}(i,j) \leqslant E_{Bk}(i,j) \end{cases}$$

其中，权值：

$$W_{\max} = 1 - W_{\min} \quad W_{\min} = 0.5 - 0.5\left(\frac{1 - M(i,j)}{1 - T}\right)$$

2.2.3.2　高频信息融合规则

小波变换将高频细节影像分为三个部分：水平、垂直和对角线方向的细节影像。融合高频信息时，采用通过检测与比较原始影像的区域边缘信息择优选取高频小波系数的方法。参照晁锐等和王宏等方法，具体算法为：

对影像 A 在 k 波段上的点 (i,j) 定义局部能量，

$$E_{Ak}(i,j) = (F_1 \times A_k(i,j))^2 + (F_2 \times A_k(i,j))^2 + (F_3 \times A_k(i,j))^2$$

同理可得 E_{Bk}。其中 × 表示卷积，F_1，F_2，F_3 分别为小波分解后水平、垂直与对角线方向的边缘检测因子：

$$F_1 = \begin{bmatrix} -1 & -1 & -1 \\ 2 & 2 & 2 \\ -1 & -1 & -1 \end{bmatrix}, F_2 = \begin{bmatrix} -1 & 2 & -1 \\ -1 & 2 & -1 \\ -1 & 2 & -1 \end{bmatrix}, F_3 = \begin{bmatrix} -1 & 0 & -1 \\ 0 & 4 & 0 \\ -1 & 0 & -1 \end{bmatrix}$$

则高频信息融合影像系数选取局部能量大的尺度系数，

$$B_k^*(i,j) = \begin{cases} A_k(i,j), E_{Ak}(i,j) \geqslant E_{Bk}(i,j) \\ B_k(i,j), E_{Ak}(i,j) < E_{Bk}(i,j) \end{cases}$$

2.2.4　融合效果评价指标

融合后，可通过人眼视觉对融合结果进行定性评价，但尤其是就影像光谱信息而言，目视评价往往不能精确说明融合结果的优劣。所以还需要采用一系列定量评价指标对进行效果评价。本研究采用 3 种评价指标——

光谱扭曲度、相关系数和信息熵，分别从光谱失真度、光谱相关度及影像信息量 3 个方面对融合结果进行定量评价。

2.2.4.1　光谱扭曲度（sd）

光谱扭曲度直接反映了融合影像比多光谱影像光谱的失真程度。其值表示融合影像与多光谱影像像元灰度值的差异和匹配程度。表达式为：

$$sd = \frac{1}{M \times N}\sum_{i=1}^{M}\sum_{j=1}^{N}\frac{|F(i,j) - A(i,j)|}{A(i,j)}$$

其中，A（i，j）表示原多光谱影像在像素点（i，j）处的灰度值。

2.2.4.2　相关系数（cc）

相关系数反映了融合影像与源影像之间光谱特征的相关程度，以及融合影像光谱信息的保持能力。表达式为：

$$cc = \frac{\sum_{i=1}^{M}\sum_{j=1}^{N}(F(i,j) - \mu_F)(A(i,j) - \mu_A)}{\sqrt{\sum_{i=1}^{M}\sum_{j=1}^{N}(F(i,j) - \mu_F)^2(A(i,j) - \mu_A)^2}}$$

其中，μ_F和μ_A分别表示融合影像与源影像的灰度平均值。

2.2.4.3　信息量

影像的信息熵（e）反映了影像信息的丰富程度。表达式为：

$$e = -\sum_{i=0}^{l-1}P_i\log_2(P_i)$$

其中，P_i表示影像像素灰度值为 i 的概率，即灰度值为 i 的像素数与影像总像素数之比，l 为影像总的灰度级数。

2.2.5　遥感数据融合效果分析

在数据融合前，首先进行影像的几何校正，几何校正的投影参数为 Krasovsky 参考椭球下的 Albers 投影，精度控制在一个像元内。随后选用 lee-sigma 滤波器进行 ENVISAT 数据的噪声滤波，并对两幅影像进行直方图匹配，以保证较好的融合精度。

2.2.5.1 融合影像效果目视评价

进行 ARSIS 策略下的小波融合时，采用“bior3.7”小波基，进行尺度为3的小波分解变换，将 SAR 影像与多光谱影像的近红外波段、红光波段和绿光波段进行融合，算法实现在 MATLAB 中完成。

分别采用小波融合、PCA 变换和 IHS 变换 3 种融合方法，实现了 SAR 影像与 CCD 多光谱影像（8 月 4 日）的融合，3 种方法融合结果如图2－4所示。从目视效果来看，3 种方法的融合结果均增强了 CCD 影像的空间信息，改善了纹理信息，提高了空间分辨率，使影像特别是道路更为清晰。但是均在不同程度上具有噪声和光谱失真现象，PCA 变换最严重，局部区域与原始影像光谱特征完全不同，尤其是农田信息几乎无法进行目视解译；IHS 变换次之，噪声和光谱扭曲程度依然很大；小波变换方法的噪声较低，光谱特性与原始多光谱影像基本一致，无论空间信息还是光谱信息均达到满意的效果。

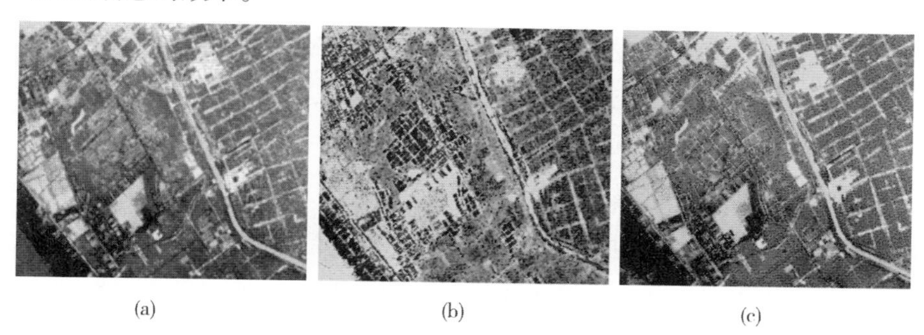

图2－4 经过 PCA 变换（a）、IHS 变换（b）和小波变换（c）所得到的融合影像

2.2.5.2 影像融合效果定量分析

利用定量评价指标的计算公式，将 3 种融合影像进行计算，计算结果列于表2－2。从表中可以看出，经过 PCA 变换，近红外、红光和绿光 3 个波段的光谱扭曲度范围在 0.707 7～1.779 0，平均为 1.277 2，绿光波段扭曲度最大；相关系数范围为 0.384 0～0.860 6，平均为 0.693 4，近红外波段相关程度较小；信息熵范围为 7.690 1～18.690 8，平均为 13.229 3。说明 PCA 变换融合结果虽然信息熵尚可，但光谱扭曲度很大，并且相关系数较低，影像中包含了许多错误的信息，光谱失真现象十分严重。

表 2－2　三种融合方法的评价结果

融合方法	波段	光谱扭曲度	相关系数	信息熵
PCA 变换	NIR	0.707 7	0.384 0	7.690 1
	R	1.345 0	0.860 6	13.306 9
	G	1.779 0	0.835 5	18.690 8
	平均值	1.277 2	0.693 4	13.229 3
IHS 变换	NIR	0.143 1	0.818 7	6.263 6
	R	0.333 3	0.495 4	11.845 0
	G	0.502 0	0.382 8	17.589 4
	平均值	0.326 1	0.565 6	11.899 3
小波变换	NIR	0.064 9	0.962 6	7.317 7
	R	0.105 1	0.932 0	14.699 0
	G	0.134 8	0.928 6	22.087 7
	平均值	0.101 6	0.941 1	14.701 5

经过 IHS 变换，光谱扭曲度明显降低，范围为 0.143 1～0.502 0，平均为 0.326 1，绿光波段扭曲度依然较大；相关系数比 PCA 变换降低了，范围为 0.382 8～0.818 7，与 PCA 变换不同的是近红外波段相关性较大，而红光与绿光波段相关性较小；信息熵比 PCA 变换较小，范围为 6.263 6～17.589 4，各个波段都有所降低，平均值为 11.899 3。说明 IHS 变换融合虽然光谱扭曲度较小，但相关系数和信息熵最小，影像信息丢失较多。由此可见，上述这两种方法取得的融合效果并不理想。

小波变换融合，光谱扭曲度最小，范围为 0.064 9～1.134 8，平均值仅有 0.101 6；各波段具有极高的相关系数，范围为 0.928 6～0.962 6，平均值为 0.941 1；信息熵也是最大的，范围为 7.317 7～22.087 7，平均值为 14.701 5。显然，这种方法的光谱与信息保持能力最强，达到了理想效果，各评价指标评价结果与目视效果较为一致。

2.2.5.3　基于光谱特征的数据融合效果分析

利用试验所建立的 16 个监测样点的矢量数据，分别提取融合影像、融合前（8 月 4 日）CCD 多光谱影像以及对比 CCD 多光谱影像（8 月 13 日）的光谱波段信息与 NDVI 值，并统计计算三幅间各波段的差值平均值、差值方差和相关系数，结果列于表 2－3。

表 2－3　融合前后影像光谱特征的统计值

统计值	波段	融合影像与 8 月 4 日影像	融合影像与 8 月 13 日影像
差值平均值	NIR	2.930 8	8.190 7
	R	0.616 2	1.207 8
	G	0.798 0	1.210 1
	NDVI	0.012 4	0.039 3
差值方差	NIR	1.608 9	4.812 2
	R	0.443 6	0.753 8
	G	0.681 5	0.915 8
	NDVI	0.009 8	0.023 7
相关系数	NIR	0.934 6	0.902 7
	R	0.955 3	0.830 7
	G	0.827 5	0.697 8
	NDVI	0.964 1	0.947 5

从表中可以看出，融合影像与融合前多光谱影像相比，样点的各波段值差别很小，近红外波段的差值较大，平均值为 2.930 8，方差为 1.608 9，红光与绿光波段仅有细微差别。原因是作物在近红外波段光谱处于反射峰值，对作物变化监测较为明显，与 SAR 影像融合后其波段值波动较为明显。由此说明虽然融合影像在进行光谱增强的同时，也极大的保留了原始光谱特征，光谱失真较小，这与影像定量评价反映出的效果是相一致的。另外，两幅影像 NDVI 的相关系数达到 0.964 1，说明融合影像也可以代替融合前多光谱影像进行使用；将融合影像与对比多光谱影像（8 月 13 日影像）相比，两幅影像的波段值相差较为明显，最大的为近红外波段，平均值为 8.191 7，方差为 4.812 2；红光与绿光波段差值较小。

两组影像波段与植被指数间的相关性依次为 NDVI > 近红外波段 > 红光波段 > 绿光波段，NDVI 的相关性最大，相关系数为 0.947 5。说明融合影像具有与对比 CCD 多光谱影像较为一致空间信息与光谱特征。

2.2.6 融合遥感数据光谱特征应用

将三幅影像 16 个监测样点 NDVI 值做图进行对比分析，如图 2－5 所示。从图中可以看出，融合影像、融合前影像和对比影像的 NDVI 值整体变化趋势较为一致，三幅影像的 NDVI 关联性较大。

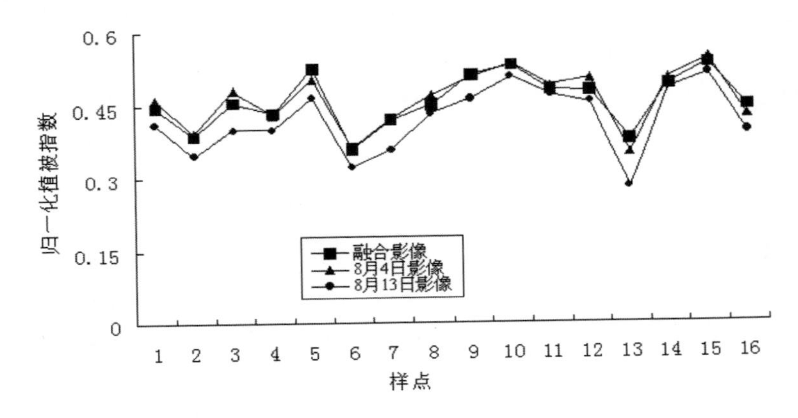

图 2－5　遥感影像融合前后 NDVI 对比分析

将融合影像和对比影像监测样点的 NDVI 值进行拟合，可建立线性转换模型：

$$Y = 1.1838X - 0.1235$$

其中，Y 为对比影像（8 月 13 日影像）的 NDVI 值，X 为融合影像的 NDVI 值。该模型的决定系数为 0.897 8，说明融合影像和对比影像的 NDVI 值较为相似。研究表明，当阴雨天气无法获取多光谱影像时，可先将同期 SAR 影像与前期的多光谱影像融合，得到融合影像的 NDVI 数据，再利用上述影像间拟合模型进行转换，获取近似同期多光谱影像的 NDVI 数据，以实现利用雷达遥感数据监测同期作物的目的。

2.3　基于薄云雾去除的遥感影像大气校正

在农业定量遥感监测中，需要利用可见光与近红外波段的光谱数据计算各类植被指数，并研究其在空间与时间上的变化规律，比较农学参数与植被指数的关联性，建立遥感反演模型，进行农作物长势与产量的定量监测。植被指数不仅与地表状况有关，遥感卫星过境时的大气状况与传感器成像条件的不同也会导致同一地区的植被指数值出现偏差。由于南方气候与天气的影响，获取的遥感影像常常有云雾覆盖，严重影响到植被指数的计算精度。在定量遥感中，薄云雾去除和大气校正已成为影像预处理过程中的研究热点，引起众多学者积极关注。

选用LANDSAT/ETM+影像，在对影像中薄云雾覆盖区域进行多种薄云雾去除方法比对的基础上，利用FLASSH大气校正模块对薄云雾去除效果较好的ETM+影像进行大气校正，并对处理后影像光谱信息做定性定量评价与验证，最终形成一套农业定量遥感中光学影像薄云雾去除的实用方法，旨在为南方多云多雾天作物生长遥感监测提供技术支持。

2.3.1　研究区域选择与数据处理

选用安徽省宿州地区为研究区，坐标范围：33°0′11.78″~34°0′50.37″N，117°50′30.50″~117°0′18.25″E。该地区地形特征主要为平原，包含水田、旱地、林地、城镇、河流等多种土地利用类型，空间分布复杂，农田田块较小，薄云雾覆盖面积较大。被云雾覆盖的地区较为模糊，对比度较低。试验选用2009年4月9日的LANDSAT-7/ETM+卫星影像，该影像中心经纬度为33°10′12″N，117°38′24″E。LANDSAT-7轨道高度705km，轨道倾角98.2°，其上搭载的ETM+传感器除具有7个TM的空间分辨率30m的多光谱波段外，还增加了1个分辨率15m的全色波段，其中6波段分低增益和高增益数据，分辨率从 120m 提高到 60m。由于 2003 年 5 月 31 日 ETN + 机载扫描行校正器（SLC）故障，导致此后获取的影像出现了数据条带丢失的现象，因此，在预处理过程中首先利用插值方法修补缺失的条带部分，但修补后的数据有明显的涂抹现象。对影像进行几何精校正，误差精度控制在一个像元内。

2.3.2 薄云雾去除

云雾覆盖能够增强较暗地物的亮度且降低较亮地物的亮度，致使影像对比度下降以及低频信息增加，这是由于传感器接收的地面辐射信号中包含了云层反射或发射的能量。但是薄云雾覆盖的影像还包含了大量信息，要消除薄云雾的影响，仅仅消除影像的低频信息是不准确的，关键在于在检测层次不均的薄云雾厚度并保留原始影像地表覆盖背景。基于这一点，利用 Jianbo Hu 等人提出的背景抑制云雾厚度因子 BSHTI（Background Suppressed Haze Thickness Index）云检测方法和虚拟云点（Virtual Cloud Point）云去除方法，消除影像中薄云雾的影响。该方法分为 3 个步骤：（1）云层厚度检测；（2）云层厚度完善；（3）云层去除。

2.3.2.1 云层厚度检测

首先利用光谱信息检测不同厚度的薄云雾的光谱变化。最优化云转换（HOT）法利用可见光波段（蓝光与红光）进行云雾去除，但该方法需要影像的可见光特征区间具有高度相关性，不适用于所有影像。使用背景抑制云雾厚度因子 BSHTI 进行薄云雾检测。即，

$$BSHTI = k_1 \times band_1 + k_2 \times band_2 + k_3 \times band_3 + k_4$$

其中，$band_{1/2/3}$是 ETM + 影像蓝、绿、红三个波段的 DN 值，$k_{1/2/3/4}$是满足约束函数取得最大值的 4 个参数。约束函数：

$$Max = \max\left(\frac{|M\_BSHTI\_TR - M\_BSHTI\_CR|}{SD\_BSHTI\_CR}\right)$$

$$M\_BSHTI\_CR = 0$$

其中，M_BSHTI_TR 和 M_BSHTI_CR 分别是手动选取的云区和无云区的 $BSHTI$ 均值，SD_BSHTI_CR 是无云区的标准差。通过反复试验统计可得到 $BSHTI$ 值。

2.3.2.2　云层厚度完善

云层厚度检测虽已尽量突出云层信息，抑制背景噪声，但是仍有一些无云区域的云层厚度值偏离零较大，主要发生在水体、土壤及建筑区等地物上。因此需要对这些错误的 $BSHTI$ 值进行处理，以修正偏差。对于比真值偏低的 $BSHTI$ 值，采用光谱插值的方法，用其边界像元的最低值进行替换，对于比真值偏高的 $BSHTI$ 值，首先设定一个合适的整数 N，进行 N 次形态学侵蚀操作后，保证绝大多数偏大的 $BSHTI$ 值能够被侵蚀完全且不被后来的侵蚀所影响。然后在最大变化处进行掩膜处理和修正。

2.3.2.3　云层去除

应用暗像元去除法进行薄云雾去除时，没有考虑到大气中气溶胶的多重散射。气溶胶散射不仅增加了暗像元上的反射率，而且降低了明亮像元上的反射率。利用基于 $BSHTI$ 的虚拟云点（VCP）云去除方法进行云层去除处理。步骤如下：（1）选取薄云雾覆盖下同一地物的区域为待去云的样本区域；（2）采用合适的间距对不同云层的 $BSHTI$ 进行分层；（3）统计每层对应的原始影像直方图的最大和最小值，形成两组点对；（4）并确定合适的 $BSHTI$ 范围；（5）根据这两组点对，分别进行线性拟合得到两条直线，这两条支线的交点（$BSHTI_{vcp}$，DN_{vcp}）为云层最厚的点，即虚拟云点（VCP）；（6）以虚拟云点（$BSHTI_{vcp}$，DN_{vcp}）为投影中心，对所有的点对进行中心投影，投影到 $BSHTI=0$ 的直线上，得到去云后的点的 DN 值，即，

$$DN_{result} = (DN \times BSHTI_{vcp} - BSHTI \times DN_{vcp})/(BSHTI_{vcp} - BSHTI)$$

2.3.3　FLAASH 大气校正

FLAASH（Fast Line-of-sight Atmospheric Analysis of Spectral Hypercubes）是基于 MODTRAN4 的大气纠正模块，算法精度较高，可以从多光谱遥感影像中还原出地物的地表反射率，还采用了基于像素的校正方法，可对邻近像元效应进行校正，提供精确的地表及大气属性信息，如表面反照率、水汽含量、气溶胶、云的光学厚度和大气温度特性等。

2.3.3.1　辐射传输方程

FLAASH 模块假设地表是非均匀的朗伯体，传感器接收到的单个像元光谱辐射亮度 L 为：

$$L = A\frac{\rho}{1-\rho_e S} + B\frac{\rho_e}{1-\rho_e S} + L_\alpha$$

其中，ρ 为像元的地表反射率；ρ_e为该像元与邻近像元的混合平均地表反射率；S 为大气向下的球面反照率；L_α为大气后向散射的辐射率；A、B 为大气透过率及地表下垫面几何条件所决定的系数；各项参数可由 MODTRAN 对不同的空间和光谱参数进行光谱辐射计算获取。式中第一项表示了太阳辐射通过大气层入射到地表一部分目标由地物反射，还有一部分邻近地物受大气散射到目标地物再反射到传感器的辐照度，即“邻近像元效应”；第二项表示地物向上辐射的一部分由大气散射后的散射光再进入传感器的辐照度；第三项为一部分由大气散射后的散射光直接进入传感器的程辐射。

空间平均反射率 ρ_e用于计算“邻近像元效应”，FLAASH 是利用大气点扩散函数进行空间均衡化处理，对邻近像元效应进行纠正。通过对辐射图像 L 与空间加权函数卷积产生空间平均辐射图像 L_e，可以近似解出 ρ_e：

$$L_e \approx \frac{(A+B)\rho_e}{1-\rho_e S} + L_\alpha$$

2.3.3.2　辐射定标

在大气校正前，需要对影像进行辐射定标，利用 ETM + 影像的绝对定标系数将 ETM + 影像的 DN 值转换为辐亮度值。转换公式为：

$$L_\lambda = \left(\frac{L_{\max} - L_{\min}}{DN_{\max} - DN_{\min}}\right) \times (DN - DN_{\min}) + L_{\min}$$

其中，$DN_{\max}$和 $DN_{\min}$分别为影像像元的最大值和最小值，$L_{\max}$和 $L_{\min}$分

别为像元取最大和最小值时的光谱辐射亮度，单位为 W/m²/sr/μm。辐射定标后的数据类型需保存为 BIL 或 BIP 格式的浮点型数据，以便进行下一步工作。使用的 ETM + 影像各波段的 L_{max} 和 L_{min} 值如表 2 – 4 所示：

表 2 – 4　Landsat – 7/ETM + 各波段的 L_{max} 和 L_{min} 值

波段	W/m²/sr¹/μm¹			
	低 Grain		高 Grain	
	L_{max}	L_{min}	L_{max}	L_{min}
1	–6.2	293.7	293.7	191.6
2	–6.4	300.9	300.9	196.5
3	–5.0	234.4	234.4	152.9
4	–5.1	241.1	241.1	157.4
5	–1.0	47.57	47.57	31.06
7	–0.35	16.54	16.54	10.8

2.3.3.3　大气参数获取

FLAASH 大气校正前，需要对水汽含量、气溶胶光学厚度等大气参数进行设置。FLAASH 利用波段比值法水汽反演模型反演影像中每个像元的水汽量，采用 ETM +4 波段即 820nm 处的水汽吸收波段及其邻近的非水汽吸收波段的比值来反演大气水汽含量。

气溶胶由大小为 10^{-3}cm ~ 10^{-7}cm 固体或液体粒子分散并悬浮在气体介质中形成的胶体分散体系，又称气体分散体系，对太阳辐射有反射和吸收作用。FLAASH 模块对气溶胶光学厚度的反演采用类似模糊减少法，即 2-Band（K-T）方法，利用 ETM +3 波段（660nm 处）和 7 波段（2 100 nm 处）的反射率反演气溶胶光学厚度。由于这两个波段的植被反射率存在着稳定的关系，同时 2 100nm 远远大于大部分气溶胶微粒的直径，该波段几乎不受气溶胶的影响，因此，可利用 2 100nm 的植被反射率来计算 660nm 的植被反射率。

2.3.4 遥感数据处理效果分析

2.3.4.1 去云结果目视分析

分别采用暗元法和 BSHTI 算法进行薄云雾去除实验。两种方法的实验结果与原图如图 2－6 所示。从目视效果看，两种方法基本都达到了去云的目的，但效果有优劣之分。其中，暗元法结果，云雾覆盖下影像的空间与纹理信息丢失十分严重，影像模糊，色调改变过于突兀，且存在明显的“分块效应”，这是由于云层厚度是渐变的，人为将其分割成一层层导致的。BSHTI 法不仅对薄云雾有较好的去除效果，云下地物的空间与纹理信息保存完整，影像清晰，色调过渡较为平滑，“分块效应”不明显，目视效果远远优于其他两种方法，说明该方法是有效的。

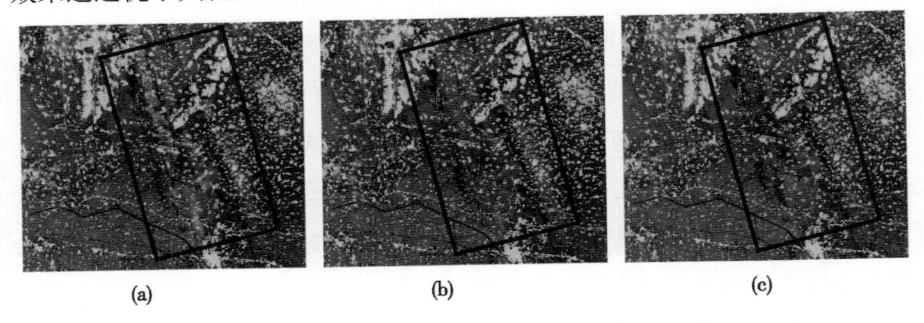

图 2－6 原始影像（a）、暗元法（b）和 BSHTI 法（c）去云结果

2.3.4.2 去云结果定量评价

选用均值、平均梯度和信息量等指标，对两种去云方法结果的空间与光谱效果和原始影像进行定量评价（表 2－5）。均值为影像像素灰度值的平均值，均值越大，影像亮度越高。由于原始影像受薄云雾影响面积较大，云雾噪声颜色为白色，因此去云处理使得原云雾覆盖区影像各波段像素的灰度值减小，从而降低整幅影像的亮度。将两种去云处理结果的均值与原始影像比较可发现，在可见光波段降低范围较大，其中暗元法结果降低了 0.165 0～0.256 4，BSHTI 法结果降低了 0.334 1～0.547 6；而在近红外和中红外波段降低范围较小，其中暗元法结果降低了0.008 7～0.113 1，BSHTI法结果降低了0.059 1～0.251 2。分析原因，是可见光与近红外波长较短，对云雾散射作用明显，对薄云雾影响较为敏感。但暗元法结果第4波段的均值比原始影像却有所上升，因该算法不稳定所致，并且BSHTI法各波段的均值都小于暗元法，说明BSHTI法能够更好的达到去除薄云雾的效果。

平均梯度表示了影像中细微反差的程度，进而反映影像空间与纹理信息，梯度越大，影像越清晰。云雾可降低影像对比度，纹理模糊，经过去云处理后，地物边界更加清晰，纹理信息增强，影像对比度增大。从表2－5中可以看出，两种去云方法结果的平均梯度均比原始影像有所提高，其中暗元法结果提高了0.080 2～2.063 3，BSHTI法结果提高了0.052 9～1.072 9，各波段平均梯度介于暗元法结果与原始影像之间。原因是BSHTI法结果中原云雾覆盖区的像素值比暗元法低，整幅影像的灰度级减小，导致平均梯度较小。

表2－5　两种去云方法评价与统计结果

去云结果影像	波段	均值	均值差值	平均梯度	平均梯度差值	信息熵	信息熵差值	均方根误差
原始影像	1	59.834 7		1.171 2		4.061 9		
	2	46.024 1		2.502 1		8.382 0		
	3	41.517 6		4.417 1		13.404 2		
	4	93.085 9		7.039 2		19.376 5		
	5	49.850 3		8.588 9		24.735 4		
	7	32.543 9		12.318 8		30.083 1		
暗元法	1	59.598 7	−0.236 0	1.251 4	0.080 2	3.959 9	−0.102 0	2.506 6
	2	45.767 7	−0.256 4	2.692 5	0.190 4	8.259 0	−0.123	3.668 8
	3	41.352 6	−0.165 0	4.763 1	0.346	13.259 4	−0.144 8	4.000 5
	4	93.511 1	0.425 2	7.849 9	0.810 7	19.258 7	−0.117 8	10.510 3
	5	49.841 6	−0.008 7	10.652 2	2.063 3	24.637 6	−0.097 8	5.381 7
	7	32.430 8	−0.113 1	13.577 9	1.259 1	29.993 2	−0.089 9	4.856 4

（续表）

去云结果影像	波段	均值	均值差值	平均梯度	平均梯度差值	信息熵	信息熵差值	均方根误差
BSHTI 法	1	59.392 6	-0.442 1	1.224 1	0.052 9	4.161 8	0.099 9	1.454 5
	2	45.69	-0.334 1	2.605 9	0.103 8	8.516 6	0.134 6	1.447 7
	3	40.97	-0.547 6	4.621 1	0.204 0	13.644 3	0.240 1	3.303 1
	4	93.026 8	-0.059 1	7.255 4	0.216 2	19.621 8	0.245 3	19.770 6
	5	49.599 1	-0.251 2	9.661 8	1.072 9	24.870 8	0.135 4	3.982 8
	7	32.320 7	-0.223 2	12.367 3	0.048 5	30.208 2	0.125 1	3.329 0

信息熵反映了影像信息量，信息熵越大说明影像包含的信息量越丰富。好的薄云雾去除方法在不损失影像信息量的前提下可达到最优去云效果。将两种方法的信息熵与原始影像作比较，暗元法结果的信息熵比原始影像稍低，影像信息在一定程度上有所损失，而 BSHTI 法结果的信息熵略有增加，说明该方法在去除薄云雾的同时较好地保持了原始影像的信息。从表 2 -6 中可以明显看到 BSHTI 法结果各波段的均方根误差都小于暗元法结果。综合以上分析，BSHTI 法无论在目视效果还是在客观定量评价中，都具有更好薄云雾去除效果，算法更加稳定可靠。

2.3.4.3 大气校正结果分析

将经过薄云雾去除处理与影像辐射定标后，将影像转换为 BIP 格式，利用 FLAASH 大气校正模型对影像进行大气校正。模型各参数设置如表 2 -6所示。

表 2 -6 FLAASH 模型参数设置

辐射率缩放系数	中心经纬度	传感器高度（km）	地面高程（km）	像元大小（m）	飞行时间
10	33.17°N 117.64°E	705	5	33	2009 -04 -09 T02：33：28

大气模型	水汽吸收波段/nm	气溶胶模型	气溶胶去除方法	能见度/km
Mid-Latitude Summer	820	Rural	2-Band（K-T）	40

FLAASH 大气校正后的结果如图 2 – 7 所示。从图中可以看出，经过大气校正后，影像亮度和对比度有所提高，地物边界较为平滑，其中在城镇等较亮处变化较为明显，在植被和水体等较暗处变化则不太明显。为验证 FLAASH 大气校正结果，分别在原始影像的经大气校正后影像中选取典型地物的光谱特征并计算两幅影像的归一化植被指数，用于分析评价。

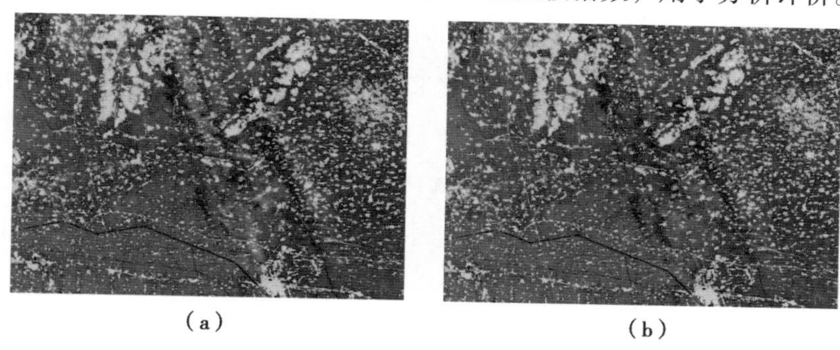

图 2 – 7 原始影像（a）和 FLAASH 大气校正结果（b）

2.3.4.4 典型地物光谱特征分析

在原始影像和经过大气校正的影像上分别选取植被、城镇和水体 3 种典型地物的感兴趣区域，生成它们的反射率曲线图，如图 2 – 8 所示。

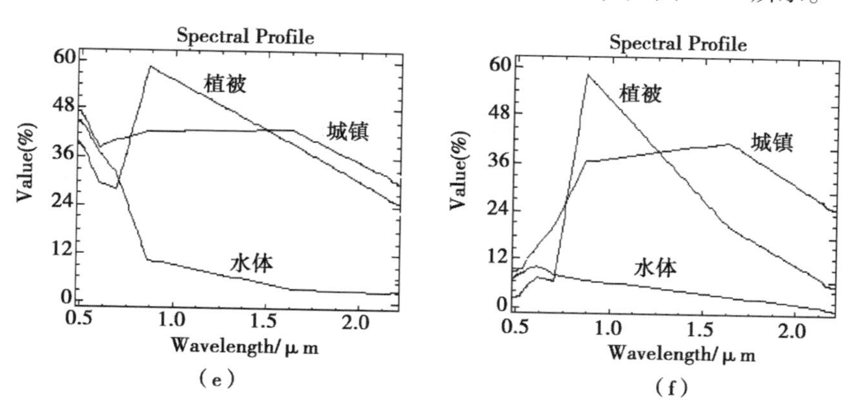

图 2 – 8 原始影像地物光谱曲线（e）和大气校正后影像地物光谱曲线（f）

从图 2 – 8 中可以看到，大气校正前后 3 种地物的光谱曲线均发生了较大改变。校正后影像中 3 种地物在可见光波段的反射率有很大幅度的降低，其中在蓝光波段降低值尤为明显，水体反射率在蓝光波段小于绿光波段，植被反射率在绿光波段出现峰值，在近红外波段的反射峰也得到明显增强；在中红外第5波段植被的反射率远远小于城镇，第7波段水体的反射率接近于0。原因是ETM+1~7波段波长逐渐增大，而大气散射随波长增大而减小。由此说明FLAASH大气校正较好地消除了大气散射的影响。

2.3.4.5 归一化植被指数（NDVI）分析

大气校正可明显改善植被在红光和近红外波段的反射率。因此，可通过植被的NDVI值进一步分析与评价FLAASH大气校正效果。分别计算原始影像和经过大气校正后影像的NDVI值，并统计各自直方图分布情况。

从图2-9（h）可看出，校正后NDVI直方图较影像校正前NDVI直方图（图2-9（g））整体右移，最小值、最大值和频率最高点比校正前明显增大，直方图曲线更加平滑。经统计，校正前后NDVI影像均值为0.376 7和0.547 8，标准差为0.167 8和0.175 4，充分说明了FLAASH大气校正较好地减小了大气对ETM+影像的影响。

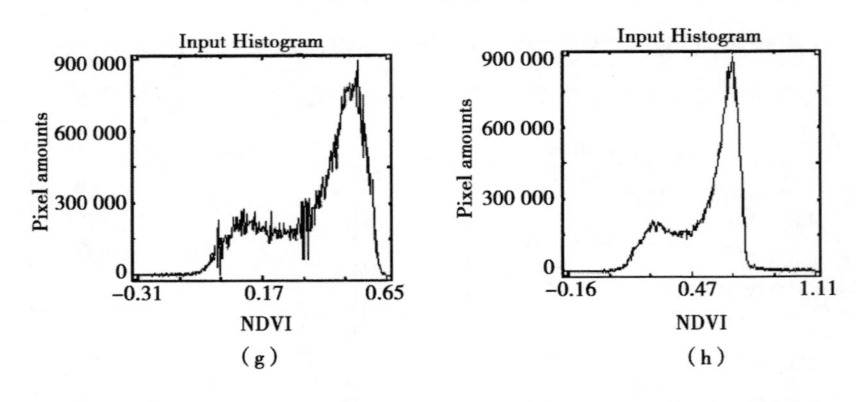

图2-9 影像校正前NDVI直方图（g）和校正后NDVI直方图（h）比较

参考文献

［1］陈超，秦其明，王金梁，等．农地遥感图像融合质量评价方法比

较［J］. 农业工程学报，2011，27（10）：95～100

［2］邓磊，李京，聂娟，等. 抑制斑点噪声的 SAR 与多光谱图像融合方法［J］. 自然灾害学报，2008，17（6）：87～90

［3］顾晓鹤，韩立建，王纪华，等. 中低分辨率小波融合的玉米种植面积遥感估算［J］. 农业工程学报，2012，28（3）：203～209

［4］何贵青，郝重阳. 特征量积和 IHS 变换的多源遥感图像融合方法［J］. 火力与指挥控制，2006，31（11）：88～91

［5］晁锐，张科，李言俊. 一种基于小波变换的图像融合算法［J］. 电子学报，2004，32（5）：750～753

［6］姜芸，臧淑英，王军. 多源遥感影像数据融合技术研究［J］. 测绘与空间地理信息，2009，32（2）：46～50

［7］李晖晖，郭雷，刘坤. 基于 Curvelet 变换的 SAR 与可见光图像融合研究［J］. 光电子·激光，2009，20（8），1110～1113

［8］李军，李月琴，李德仁. 小波变换用于高分辨率全色影像与多光谱影像的融合研究［J］. 遥感学报，1999，3（2）：116～120

［9］李卫国，赵丽花. 中高分辨率遥感影像在小麦监测中的比较研究［J］. 江苏农业学报，2011，27（4）：736～739

［10］林友明，鲍凯. Landsat-7 扫描行校正器异常对图像数据的影响及其处理方法［J］. 遥感信息，2005，2：33～35

［11］刘洋，白俊武. 遥感影像中薄云的去除方法研究［J］. 测绘与空间地理信息，2008，31（3）：120～125

［12］罗彩莲，陈杰，乐通潮. 基于 FLAASH 模型的 Landsat ETM + 卫星影像大气校正［J］. 防护林科技，2008（5）：46～51

［13］孙小芳，吴文英. 基于 ARSIS 概念的遥感影像小波包融合［J］. 遥感信息，2007，1：15～17，92

［14］王宏，敬忠良，李建勋. 多分辨率图像融合的研究与发展［J］. 控制理论与应用，2004，21（1）：145～151

［15］王文杰，唐娉，朱重光. 一种基于小波变换的图象融合算法

[J]. 中国图像图形学报，2001，6（11）：1130～1135

[16] 谢华美，何启翱，郑宁，等. 基于ERDAS二次开发的遥感图像同态滤波薄云去除算法的改进 [J]. 北京师范大学学报，2005，41（2）：150～153

[17] 许榕峰，徐涵秋. ETM + 全色波段及其多光谱波段图像的融合应用 [J]. 地球信息科学，2004，6（1）：99～104

[18] 杨航，张霞，帅通，等. OMIS-II图像大气校正之FLAASH法与经验线性法的比较 [J]. 测绘通报，2010（8）：4～6，10

[19] 杨校军，陈雨时，张晔. FLAASH模型输入参数对校正结果的影响 [J]. 遥感信息，2008，6：32～37，101

[20] 郑盛，赵祥，张颢，等. HJ-1卫星CCD数据的大气校正及其效果分析 [J]. 遥感学报，2011，15（4）：709～721

[21] Berk A，Bernstein L S，Anderson G P，et al. MODTRAN cloud and multiple scattering upgrades with Application to AVIRIS-editions of 1991 and 1992 [J]. Remote Sens Environ，1998，65（3）：367～375

[22] Burt P J，Kolczyski R J. Enhanced Image Capture through Fusion [J]. International Conference on Computer Vision. 1993，1：173～182

[23] Chavez P S，Sides S C，Anderson J A. Comparison of three different methods to merge multiresolution and multispectral data：Landsat TM and SPOT Panchromatic [J]. PE&RS，1991，57（3）：295～303

[24] Gang H，Yun Z，Bryan M. A wavelet and IHS integration method to fuse high resolution SAR with moderate resolution multispectral images [J]. Journal of the American Society for Photogrammetry and Remote Sensing，2009，75（10）：1213～1223

[25] Gao B C，Kaufman Y J，Han W，et al. Correction of thin cirrus path radiance in the 0.4～1.0 mm spectral region using the sensitive 1.375 mm cirrus detecting channel [J]. Journal of Geophysical Research，1998，103（D24）：32169～32176

[26] Genderen J L Van, Pohl C. Image fusion: Issues, techniques and applications [J]. Intelligent Image Fusion, Proceedings EARSEL Workshop, Strasbourg, France, 1994, 9: 18 ~ 26

[27] Isaacs R G, Wang W C, Worsham R D, et al. Multiple scattering LOWTRAN and FASCODE models [J]. Applied Optics, 1987, 26 (7): 1272 ~ 1281

[28] Jianbo Hu, Wei Chen, Xiaoy u Li, Xingyuan He. A haze removal module for multi-spectral satellite imagery [J]. Urban Remote Sensing Joint E-vent, 2009

[29] L. Alparone, S. Baronti, A. Garzelli et al. Landsat ETM + and SAR image fusion based on generalized intensity modulation [J]. IEEE Trans. on Geoscience and Remote Sensing, 2004, 42 (12): 2832 ~ 2839

[30] Liang S, Morisette J T, Fang H, et al. Atmospheric correction of Landsat ETM + land surface imagery: II. Validation and applications [J]. IEEE Trans Geosci Remote Sens, 2002, 40 (12): 2736 ~ 2746

[31] Michener W K, Houhoulis P F. Detection of vegetation changes associated with extensive flooding in a forested ecosystem [J]. Photogrammetric Engineering and Remote Sensing, 1997, 63 (12): 1363 ~ 1374

[32] Ranchin, T., Wald, L.. Fusion of high spatial and spectral resolution images: the ARSIS concept and its implementation [J]. Photogrammetric Engineering & Remote Sensing, 2000, 66 (1): 49 ~ 61

[33] Thierry R, Bruno A, Luciano A. Image fusion-the ARSIS concept and some successful implementation schemes [J]. ISPRS Journal of Photogrammetry &Remote Sensing, 2003, 58: 4 ~ 18

[34] Vermote E, Tanre D, Deuze J L, et al. Second simulation of the satellite signal in the solar spectrum (6S) [J]. IEEE Trans Geosci Remote Sens, 1997, 35 (3): 675 ~ 686

[35] Wu Yanbin, Fu Meichen, Li Liangjun. Remote sensing image fu-

sion by multi-ary wavelet transform combining multiple dimension texture features [J]. Transactions of the CSAE, 2010, 26 (12): 231 ~ 236

[36] Yocky, D. A., Image merging and data fusion using the discrete two dimensional wavelet transform [J]. Journal of Opt. Soc. Am. A., 1995, 12 (9): 1834 ~ 1841

[37] Zheng Sheng, Zhao Xiang, Zhang Hao, et al. Atmospheric correction on CCD data of HJ-1 satellite and analysis of its effect [J]. Journal of Remote Sensing, 2011, 15 (4): 709 ~ 721

第3章　农作物气候与环境遥感监测

农作物的产量高低与品质优劣状况除受品种基因型决定外，还与其生长的气候环境条件密切相关。当气候环境条件的变化适应农作物生长时，产量与品质可得到有效保障；当气候环境不符合农作物生长需求时，常常会造成减产或品质下降，有时甚至会导致绝产。如连年出现的区域性作物干旱、洪涝、极端热冷冻害等。传统的气候环境监测方法多采用基于观测站的定点监测方法，需要投入大量人力、物力和财力，而且只能获得少量的点上信息，难以满足农业生产管理的及时、大范围信息需求。遥感技术具有覆盖范围广、空间分辨率高、重访周期短、数据获取快捷方便等优点，能够及时、客观地获取大范围的空间综合信息，可对农作物生长的气候环境进行长期、有效的监测。

3.1　农作物冠层温度遥感监测

作物冠层温度是大气—土壤—植被系统内物质和能量交换的结果。当作物受到干旱、病虫害等不利因素胁迫时，叶片蒸腾作用消耗的热量减少，显热能量增加，导致冠层温度异常升高。冠层温度能够很好的反应作物健康状况，对于作物生产管理如灌溉、施肥、防治病虫害等具有很好的信息辅助作用。

HJ卫星是我国自行研制并发射成功的用于环境与灾害监测预报的小卫星，有效载荷为两台可见光相机（CCD1、CCD2）和一台红外相机

（IRS），其中，IRS 相机只有一个热红外通道（10. 5 ~ 12. 5μm），这一特点与美国陆地资源卫星 Landsat 5 上搭载的 TM 传感器第 6 通道（10. 4 ~ 12. 5μm）非常相似，但由于其热红外通道的空间分辨率仅为 300m。目前，大多数的 LST 反演研究仍是采用热红外通道空间分辨率较高的 TM（120m）和 ETM +（60m）数据。由于 TM、ETM + 数据重返周期（16d）太长、作为非国产数据较难获取等，不利于动态监测。相比之下，HJ 卫星具有重返周期短、幅宽大、数据获取容易等优点。本章利用单通道算法对 HJ-1B 卫星影像进行 LST 反演，并结合 TM 影像的反演结果进行对比验证，定量分析 LST 与不同土地利用类型的关系，旨在探讨利用 HJ-1B 数据监测农作物冠层温度的方法。

3. 1. 1 遥感数据选择与预处理

选取覆盖宝应县全区域且云量较少的 2009 年 4 月 26 日 HJ-1B 卫星 IRS、CCD 影像以及 Landsat 卫星 TM 影像各 1 景。HJ 卫星、Landsat 遥感影像获取时间分别为北京时间 11：06 和 10：42，其中 IRS 相机的第 4 通道为热红外波段，空间分辨率为 300m，CCD 相机的第 3、第 4 通道（30m 空间分辨率）以及 IRS 相机的第 2 通道（150m 空间分辨率）分别为红光、近红外、短波红外波段；TM 数据的红光、近红外、短波红外波段分别为第 3、第 4、第 5 通道（30m 空间分别率），第 6 通道为热红外通道，空间分辨率为 120m。两类遥感数据的红光、近红外、短波红外波段用于提取植被指数，热红外通道用于地表温度反演。

预处理过程包括对影像进行辐射定标即将灰度值转化为辐射亮度值，并采用 1：10 万地形图对影像进行几何校正，保证误差在 1 个像元之内，采用相对简便且较准确的 COST 模型进行大气校正，将传感器接受到的辐射亮度、反射率等转化为地表真实值。由于不同传感器以及相同传感器不同通道间的空间分辨率都存在差异，计算之前先统一重采样为 30m。

3.1.2　遥感数据几何校正

原始遥感影像一般都存在不同程度的几何变形。相对于地面真实目标物而言，遥感影像的几何变形是平移、缩放、旋转、偏扭、弯曲以及其他原因综合作用的结果，产生畸变的影像给随后的解译分析工作带来困难。几何校正就是为消除影像的几何畸变而进行的校正工作。几何校正分为几何粗校正和几何精校正。粗校正一般由影像接收部门根据遥感平台、地球、传感器的各种参数进行处理；精校正是由用户部门根据不同的使用目的和需求，进行投影、比例尺变换等进一步的几何校正，以满足实际生产的需要。

几何校正采用 ERDAS IMAGINE 遥感软件进行，主要步骤如下。

（A）选择同名控制点：通过选择同名控制点建立待匹配的两幅影像坐标系的对应点关系。控制点应具有清晰、易分辨、易定位，且不随时间变化的特点，如道路交叉点、建筑边界、农田界限等，在影像特征变化大的地区应多选些。控制点应尽量满幅均匀分布，且有足够的数量以保证几何精校正的精度。

（B）多项式纠正模型：多项式变换模型（Polynomial）是遥感影像校正过程中应用较多的数学纠正模型。控制点确定后，分别读取其参考影像和待校正影像上的参考坐标（X，Y）和待校正像元坐标（x，y），根据多项式变换模型建立影像坐标和参考坐标的关系式：

$$x = \sum_{i=0}^{N} \sum_{j=0}^{N-i} a_{ij} X^i Y^j \text{ , } y = \sum_{i=0}^{N} \sum_{j=0}^{N-i} b_{ij} X^i Y^j$$

其中：a_{ij}，b_{ij}为多项式的系数，N 是多项式的次数。N 的数值取决于影像变形的程度、控制点的数量和地形位移的大小。

（C）多项式次数 N 确定之后，可计算每个控制点的均方根误差（$RMSE$）：

$$RSME = \sqrt{\frac{(x - x`)^2 + (y - y`)^2}{n}}$$

其中：（x，y）是原影像中控制点坐标，（$x^{`}$，$y^{`}$）是多项式计算得到的控制坐标。计算坐标和原始坐标的差值大小代表了每个控制点几何校正的精度，通过每个控制点的均方根误差，可获得累计的总体均方根误差，根据实际需求调整旧控制点或选取新的控制点，重新计算 *RMS*，不断重复以上过程，使之误差控制在所要求的精度之内。

重采样：几何校正过程中影像会进行拉伸，重采样可以更正像元的灰度值。常见方法包括最邻近法（Nearest neighbor）、双线性内插法（Bi-linear）和三次卷积内插法（Cubic convolution）。采用最邻近法进行重采样，该方法简单，处理速度快，且输出图像能够保持原像元值。

针对研究区域，选用二次多项式校正模型和最邻近内插法重采样，校正误差控制在 0.5 个像元之内。

3.1.3　遥感数据大气校正

卫星传感器与陆地表面之间隔着大气层，辐射能量在传输过程中势必会受大气的影响。因此，为了获得地表的真实反射率、辐射亮度等参数，必须要对遥感影像进行大气校正。目前的大气校正主要可分为两类：一类是建立在辐射传输理论上的如 MODTRAN（moderate resolution transmission）模型和 6S（second simulation of satellite signal in the solar spectrum）模型，这类模型比较复杂，所需实测参数较多且不易获得；另一类是基于影像的如 DOS 模型、COST 模型等，这类模型的特点是所需参数少，不需要实测资料，故选取相对简便且较准确的 COST 模型进行大气校正，模型可描述为：

$$\rho = \pi d^2 (L_{sat} - L_p)/(E_0 \cos\theta_z T_z)$$

式中，ρ 为地表反射率；d 为日地天文距离，选值 1.00；L_{sat} 为传感器接收到的辐亮度；L_p 为大气层辐亮度；E_0 为大气顶层的太阳平均辐照度；θ_z 为太阳天顶角，与太阳高度角互为余角；T_z 为大气透过率。

L_{sat} 可以通过辐射定标获得，公式为：

$$L_{sat} = \frac{DN}{A} - L_0$$

式中，DN 为像元灰度值，A 为定标系数增益，L_0 为定标系数偏移量。

L_p 表达式如下：

$$L_p = L_{\min} - L_{1\%}$$

式中，$L_{\min}$为频数累加和达到像素总数1%的像素DN值对应的辐射亮度值。

$L_{1\%}$表达式如下：

$$L_{1\%} = \frac{0.01 \cdot \cos\theta_z \cdot T_z \cdot E_0}{\pi d^2}$$

由于HJ-1B卫星CCD2相机第3、第4波段和TM数据十分相似，暂不考虑波段微小差异的影响，根据TM3、4波段的设置，分别选取0.85和0.91作为CCD2相机3、4通道的大气透过率。

3.1.4 遥感植被指数提取

不同土地类型上相同的植被变化引起的地表温度变化程度是不同的，而归一化植被指数（Normalized Difference Vegetation Index，NDVI）较难揭示这一现象。选用综合红光、近红外和短波红外的减化比值植被指数（Reduced Simple Ratio，RSR），由于短波红外通道反射率的减小是由其对水分强吸收造成的，在监测综合植被覆盖和湿度信息的农田土地类型具有NDVI所不具备的优势。NDVI和RSR的计算公式如下：

$$NDVI = \frac{\rho_{NIR} - \rho_R}{\rho_{NIR} + \rho_R} \qquad RSR = \frac{\rho_{NIR}}{\rho_R} \cdot \frac{\rho_{MIR\cdot\max} - \rho_{MIR}}{\rho_{MIR\cdot\max} - \rho_{MIR\cdot\min}}$$

式中，ρ_R、ρ_{NIR}、ρ_{MIR}分别表示为红光、近红外、短波红外通道的反射率值；$\rho_{MIR\cdot\max}$、$\rho_{MIR\cdot\min}$表示短波红外通道反射率的最大值和最小值，分别取反射率直方图两端1%处的值。

3.1.5 农作物冠层温度反演方法

地表温度可以表示为：

$$T_S = \frac{T_B}{1 + (\lambda_e \times T_B / C)\ln\varepsilon}$$

式中，T_S是地表温度，T_B为地表辐射亮度对应的亮温，λ_e为有效中心波长，$C = 1.438\,768\,69 \times 10^2 \mathrm{m} \cdot \mathrm{K}$，$\varepsilon$ 为地表比辐射率。有效中心波长 $\lambda_e = 11.511 \mu\mathrm{m}$。亮温的计算可以根据 Plank 公式推导：

$$T_B = K_2 / \ln[1 + K_1 / B(\lambda, T)]$$

式中，对于 HJ-1B 数据：$K_1 = 579.20 \mathrm{W} \cdot \mathrm{m}^2 \cdot \mathrm{sr} \cdot \mu\mathrm{m}$，$K_2 = 1\,245.58$ K。B（λ，T）为辐射亮度值，由原始 DN 值图像经辐射定标后所得。地表比辐射率根据覃志豪等人提出的 NDVI 阈值法计算，见表 3－1。

表 3－1 地表比辐射率计算公式

NDVI 取值范围	比辐射率计算公式
NDVI < －0.185	$\varepsilon = 0.995$
－0.185 < NDVI < 0.157	$\varepsilon = 0.970$
0.157 < NDVI < 0.727	$\varepsilon = 1.0094 + 0.047\ln$（NDVI）
NDVI > 0.727	$\varepsilon = 0.990$

研究区域中农田内的主要植被为大面积的小麦，此外还有油菜、蔬菜等其他植被，但种植面积较小且分散，在 HJ 卫星 300m 热红外分辨率下讨论意义不大，因此将所有农田都视作麦田。作物冠层温度可采用线性混合模型来估算，表达式为：

$$T_{canopy} = [T_{surface} - T_{soil} \times (1 - f_c)] / f_c$$

式中，T_{canopy}表示植被冠层温度；$T_{surface}$表示地表的混合温度（即反演出的 LST）；T_{soil}为裸土温度；f_c为植被覆盖度，其求算方法参照侯英雨等人文献。由于此时小麦处于开花期，植被覆盖度很高（普遍处于 0.85 以上)，因此认为反演出的麦田表面温度即为小麦冠层温度。

3.1.6　农作物冠层温度的空间分布

由于无法获得实测 LST 值，利用比较成熟的 TM 数据反演结果来验证 HJ-1B 数据的反演精度。图 3－1 给出了基于 HJ-IRS 和 TM 数据的 2009 年 4 月 26 日宝应县地表温度反演结果。

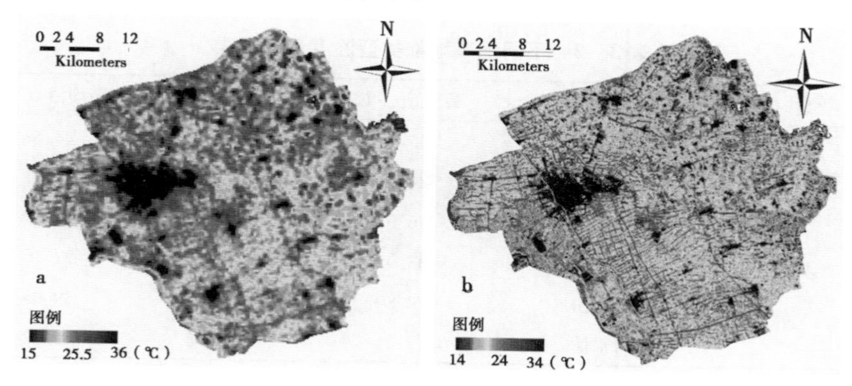

图 3－1　IRS（a）和 TM（b）数据反演地表温度专题图

从图 3－1 看出，利用两个遥感数据反演温度空间分布趋势相似，均表现为 LST 城镇 > LST 麦田 > LST 水体；其中，HJ-1B 影像反演出的地表温度的最大值和最小值分别为 35.72℃ 和 15.85℃，平均值为 22.87℃；TM 反演的 LST 最大值、最小值、平均值分别为 33.95℃、14.88℃、21.91℃，平均值相差 0.96℃，误差为 4.38%，两种数据的反演结果数值上相差不大。由于城镇人类活动排放的热量造成地表温度升高，而植被的蒸腾和水体蒸发消耗热量导致表面温度相对较低，总体呈现出较明显的城市热岛效应（Urban Heat Island，UHI）。另外，图 3－1（a）的整体视觉效果比较模糊，其中以城镇、村庄、公路等区域尤为明显，这是由于 HJ 卫星的热红外通道只有 300m 的空间分辨率，而城镇、村庄、公路下垫面性质复杂、受人类活动的影响大，地表温度在小面积区域内即有可能出现较大幅度的变化。HJ-1B 影像 LST 反演结果与 TM 的结果空间分布相似，数值上相差不大，说明 HJ-1B 影像反演地表温度的精度可以接受。

3.1.7 不同类型地物反演温度分析

为定量分析不同类型地物温度的反演结果，分别对城镇（包括村庄和主要道路）、麦田、水体三类地物类型的反演结果进行掩膜处理，并统计各自的最大值、最小值和平均值，结果见表 3－2。

表 3－2 不同地表地物类型温度反演结果

数　据	地物类型	最大值（℃）	最小值（℃）	平均值（℃）
HJ-1B	城镇	35.72	24.48	28.37
	麦田	24.24	17.08	19.51
	水体	16.93	15.05	16.29
TM	城镇	33.95	23.14	27.16
	麦田	22.80	17.68	19.03
	水体	17.21	14.88	16.12

由表 3－2 可以看出，HJ-1B 影像在各类地物类型的反演结果与 TM 结果的差异都不大，城镇、麦田、水体三类地物的 LST 反演结果平均值的差值表现为：ΔLST 城镇（1.21℃）＞ΔLST 麦田（0.48℃）＞ΔLST 水体（0.17℃），其中小麦冠层温度平均值相差 0.48℃，误差为 2.52%，考虑到数据获取时间相差半小时左右，如果去除这部分的时间内的升温影响，两类数据的反演结果差距可能会更小，因此，可以认为采用 HJ-1B 数据进行作物冠层反演的结果是比较准确的。定量比较不同土地类型的地表温度，仍然可以得到城镇地表温度大于农田和水体这一结果。分析不同土地类型 LST 的变化幅度，对于 IRS 数据，城镇、麦田、水体的 LST 变化幅度分别为：11.24℃、7.16℃和 1.88℃，与之对应的 TM 数据，3 种类型的 LST 变化幅度为：10.81℃、5.12℃以及 2.33℃，城镇用地的 LST 变化幅度大于麦田和水体。图 3－1、表 3－2 从定性、定量两个方面分析了 IRS 和 TM 数据反演地表温度的一致性，结果表明二者反演的差异不大，其中

麦田上的 LST 相差 0.5℃以内，可以认为 HJ 卫星反演此时期小麦冠层温度是可行的。

3.1.8　地表反演温度与植被指数的关系

为进一步研究地表温度与不同土地类型的关系，本文还分析了 NDVI 和 RSR 两种植被指数与地表温度的关联性。由于水体与陆地热力学性质不同，此处暂不予讨论，样点只在城镇、麦田、道路、村庄范围内选取。图 3－2 给出了基于 HJ 卫星 IRS 数据反演的地表温度与 NDVI 和 RSR 的二维散点图和回归结果。由图可见，地表温度与 NDVI 呈线性负相关，表达式为 $y = -13.103x + 27.039$，y 表示 LST，x 为 NDVI，决定系数为 0.787 4；与 RSR 呈幂函数负相关，模型表示为 $y = 22.41x^{-0.1381}$，决定系数为 0.822 8，两个方程都通过了 0.01 的显著性检验。

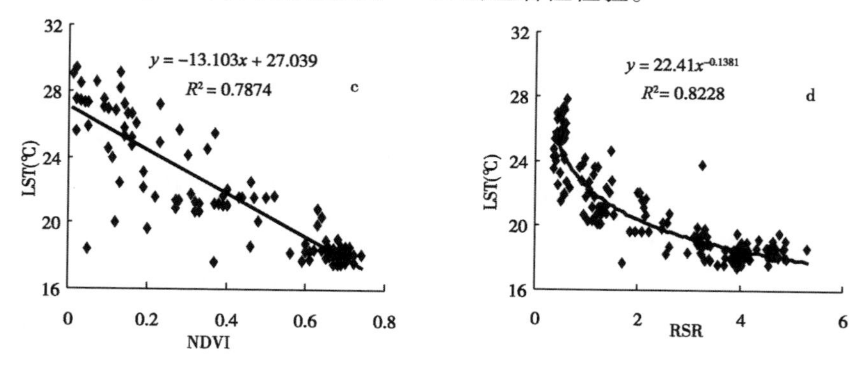

图 3－2　地表温度与 NDVI（c）、RSR（d）的关联性

图 3－2c、图 3－2d 均表明植被指数高的地区地表温度低于植被指数低的地区，这是因为植物叶片的蒸腾消耗热量，而植被指数则反映了植被覆盖程度，植被指数高的地区植被覆盖程度也高，导致该区域的 LST 较低。由 LST 与 RSR 的关系还可以看出，随 RSR 指数增加，地表温度递减的速率逐渐降低，尤其是 RSR 大于 3 的样点，LST 基本稳定在 18～20℃，变化幅度很小，说明在 RSR 高值区，植被的降温作用已不甚明显，LST 趋

于稳定，降低了对遥感影像空间分辨率的要求。研究中农田植被主要为开花期的小麦，植被覆盖程度很高，因此冠层温度变化幅度小，降低了对遥感影像空间分辨率的要求，农田土地类型上 IRS 数据的 LST 反演结果与 TM 相差很小（0.5℃以内），结合其重返周期小、幅宽大、容易获取等优势，可以认为运用国产 HJ 卫星影像进行大面积、动态监测农作物生长是可行的。

3.2 农作物旱情遥感监测

水分供应正常与否的关键变量，其时空分布及变化对地表水热平衡、蒸散发、土壤温度、农业墒情和区域干旱状况等都会产生显著的影响。土壤水分的变化不仅导致土壤光谱反射特性的变化，同时导致植被出现不同程度的生理适应反应，从而使植被光谱特性发生变化。因此，农作物干旱遥感监测研究主要是围绕土壤水分的遥感反演方法开展的。

农作物干旱遥感监测应用的波段包括热红外、近红外、可见光及微波波段。利用热红外波段可获取地表温度日变化幅度，获得热惯量，结合热模型从而监测土壤水分。可见光和近红外遥感通过测量地面对太阳辐射的反射来估计土壤含水量，主要利用植被指数和植被状态指数，并将它们加以变化改进，以便更适合于监测气候与地形条件。微波遥感主要通过测量雷达后向散射系数测量监测土壤水分含量，研究表明，利用微波方法探测其波长 1/4 厚度的土壤含水量时效果比较好，波长越长，穿透能力越强，受植被覆盖度的影响也越小。

3.2.1 试验布置与数据处理

研究区为江苏省宿迁市，介于 33°8′～34°25′N，117°56′～19°10′E，年均降水量为 892.3mm，由于受季风影响，年际间变化不大，但分布不均，易形成春旱、夏涝、秋冬干燥天气。受大气环流异常影响，研究区2012年3~5月降水量较往年同期偏少7成，干旱较为严重。采用手持式GPS定位仪在宿迁市区、沭阳县、泗阳县以及泗洪县各选取10个具有代表性的麦田样点并进行取土采样（图3-3）。

取样时间为2012年3月25日、26日两天，该时期研究区小麦为拔节期。取样期间无降水过程，部分样点麦田土壤出现干裂，小麦叶片萎蔫，受旱较重。用土钻采取土样，用0.01g精度的天平称取土样的重量，记作土样的湿重M，在105℃的烘箱内将土样烘6~8h至恒重，然后测定烘干土样，记作土样的干重Ms，则土壤含水量W可表示为：

$$W = \frac{M - Ms}{Ms} \times 100\%$$

取土深度为0~10m、10~20m和40~50cm，为方便讨论，将各层次的含水量记为10cm、20cm、50cm处的土壤含水量。

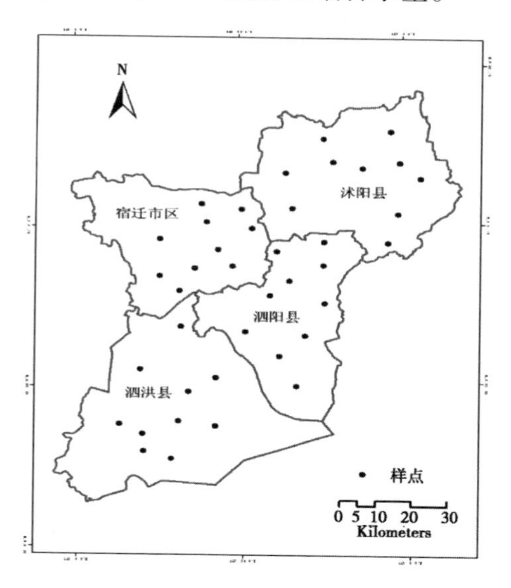

图3-3 研究区及样点分布情况

选用我国自主研发的环境与灾害监测小卫星（HJ-1A/1B卫星）。HJ-1B卫星上搭载设计原理完全相同的两台CCD相机和一台IRS相机，同时具备可见光、近红外和热红外波段，可进行地表温度、土壤含水量等参数的反演。选择覆盖宿迁市全域且云量较少的 2012 年 3 月 26 日 HJ-1B CCD1、IRS 数据各 1 景，成像时间为 10：41（北京时间），及已经校正过的 TM 数据 1 景。遥感影像预处理过程包括：首先采用校正过的 TM 影像对 CCD 和 IRS 影像进行几何精纠正，保证平均误差在 1 个像元以内；再对 CCD 和 IRS 影像进行辐射定标，将 DN 值图像转化为具有物理意义的辐亮度图像，定标公式及系数均来自影像头文件；最后采用具有较高波谱还原精度的 MODTRAN 模型对 CCD 影像进行大气校正，以获取真实地表反射率。

3.2.2 温度植被干旱指数

土壤湿度与地表温度 *Ts* 密切相关，根据地表能量守恒，土壤蒸发、冠层叶片蒸腾作用越小，带走潜热能量就越小，地表感热能量大，*Ts* 就高；反之，蒸发、蒸腾作用大，潜热增加，感热能量降低，导致 *Ts* 低。而土壤湿度是影响土壤蒸发及冠层蒸散阻抗的重要因素。

在不同土壤表层含水量和地表覆盖条件下，*Ts* 和 *NDVI* 的散点图呈现出一种三角形空间（图 3 –4）。图 3 –4 中点 A 代表干旱裸地（高 *Ts*，低 *NDVI*），点 B 代表湿度达到饱和的裸地（低 *Ts*，低 *NDVI*），C 点表示完全植被覆盖的稠密冠层（冠层蒸腾从最大到无），AC 边为干边，表示低土壤湿度，低蒸发、蒸腾，BC 为湿边，代表水分充分状况下的地表蒸发、蒸腾即潜在蒸散。

温度植被干旱指数（Temperature Vegetation Dryness Index，TVDI）在此基础上定义为：

$$TVDI = \frac{T_S - T_{S\min}}{T_{S\max} - T_{S\min}};$$

$$T_{S\max} a_1 + b_1 \times NDVI; T_{S\min} = a_2 + b_2 \times NDVI;$$

式中，T_S 是特征空间内某给定像素的地表温度值；*NDVI* 为该像素的

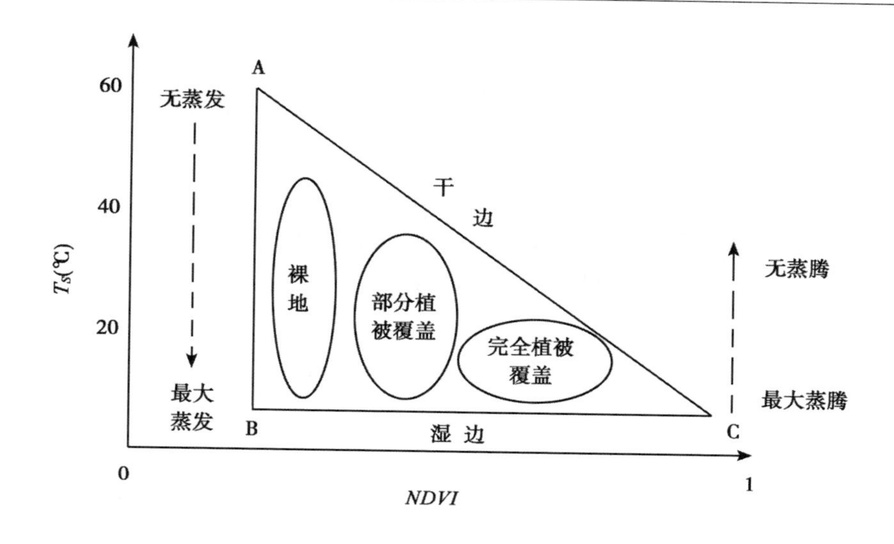

图 3-4　*NDVI* 与 T_S 关系的特征空间

归一化植被指数；$T_{S,max}$和 $T_{S,min}$分别表示该 *NDVI* 对应的干湿边上的地表温度；a_1、b_1、a_2、b_2 分别为干、湿边方程的斜率和截距，可通过线性拟合获取。*TVDI* 是一个归一化值，介于 0 ~ 1 之间，其值越高表示土壤湿度越低，反之，土壤湿度越高。

3.2.3　NDVI-Ts 特征空间与 TVDI 空间分布

根据上述方法，采用 ENVI 软件分别对影像进行 *NDVI* 和 T_S 反演，采用 IDL 编程构建 *NDVI-T*s 特征空间，其中 *NDVI* 选择大于等于 0 的范围，步长为 0.01，再根据线性回归法拟合干、湿边方程，各回归方程均通过 $t = 0.01$的显著性检验，结果见图 3-5。由图 3-5 可以看出，*NDVI*-T_s 特征空间干边的斜率为负值，湿边的斜率为正值，说明地表温度的最大值随着地表植被覆盖增加而逐渐降低，同时地表温度的最小值有升高的趋势；湿边方程的斜率虽然为正值，但斜率较小，即湿边接近平行于 *NDVI* 轴，符合 *NDVI*-T_s 特征空间的理论模型。

根据得到的干、湿边方程计算影像各像元的 *TVDI* 值，由此得到 2012

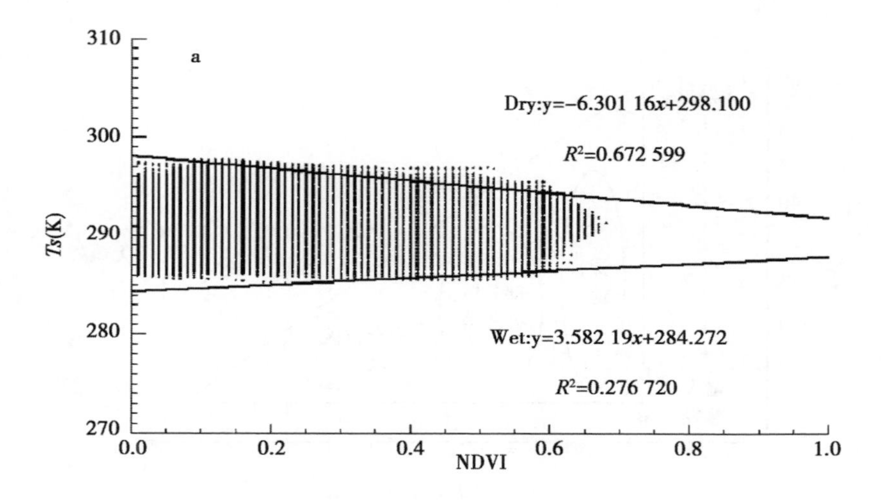

图 3－5 *NDVI*－T_S 散点图及干、湿边方程

年 3 月 26 日宿迁 *TVDI* 指数分布情况，见图 3－6。图 3－6 中无效值部分为水体，*TVDI* 按照 0～0.3、0.3～0.5、0.5～0.7、0.7～1 分成 4 个等级，根据 *TVDI* 与土壤湿度的关系，可以发现宿迁全市较干旱区域主要集中在市、县的城区附近，较湿润区域主要分布在水体周围，这是因为人类活动频繁的地区地表温度高，蒸发、蒸腾作用相对更加强烈，带走大量水分。定性分析结果采用 *TVDI* 作为土壤水分含量的监测指标是合理的。

3.2.4 TVDI 与土壤含水量的关系

根据 40 个麦田样点实测土壤含水量数据，分析 *TVDI* 指数与不同深度土壤含水量之间的关系（图 3－7）。

依据 GPS 定位仪确定的样点矢量文件提取遥感影像中对应样点的 *TVDI* 值，绘制 *TVDI* 与 10cm、20cm、50cm 深度土壤含水量的散点图，以定量验证 *TVDI* 作为土壤含水量监测指标的有效性，见图 3－7。

由图 3－7 可以看出，各层土壤含水量均与 *TVDI* 指数显著负相关，即随着 *TVDI* 指数增加，土壤含水量呈明显减小趋势，相关系数分别为

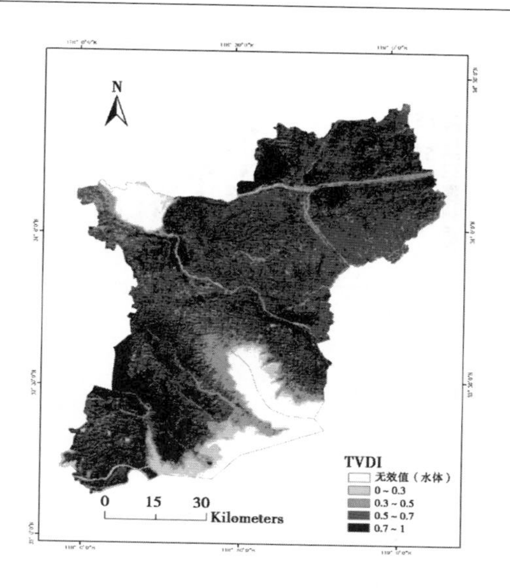

图3-6　宿迁市*TVDI*指数空间分布

-0.768、-0.643、-0.363，其中*TVDI*与10cm、20cm深度土壤含水量的相关性达到$\alpha=0.01$的显著性水平，*TVDI*与50cm深度土壤含水量的相关性也达到了$\alpha=0.05$的显著性水平；随着取土深度增加土壤含水量与*TVDI*的相关性减弱，表层土壤与*TVDI*的相关性好于深层土壤，这是由于遥感数据获取的是土壤表层光谱信息，越接近表层，反演结果越准确。定量分析结果表明，采用*TVDI*指数作为麦田土壤（尤其是表层土壤）旱情的监测指标是比较准确的。

3.2.5　*TVDI*与*NDVI*、T_S间的关系

由于*TVDI*是基于*NDVI*-T_s特征空间建立的，还需对*NDVI*和T_s对*TVDI*的敏感性进行分析，以讨论它们各自对*TVDI*的贡献。根据40个样点的矢量图提取对应点*TVDI*和*NDVI*、T_s值，制作*TVDI*分别与*NDVI*、T_s的散点图（图3-8）。

由图3-8可见，随着地表温度升高，*TVDI*呈增大的趋势，回归方程

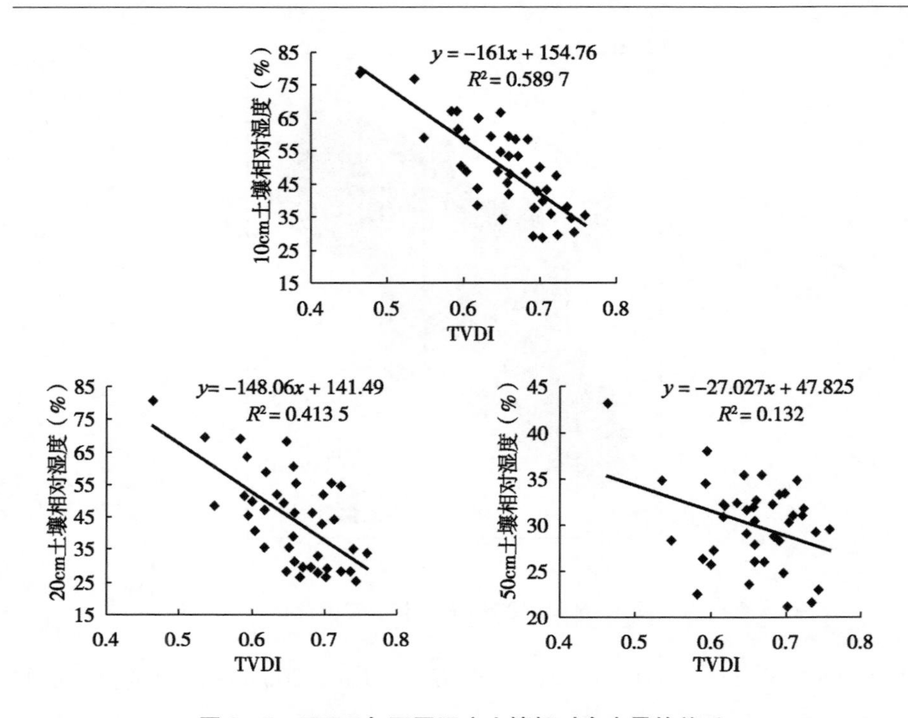

图 3－7 TVDI 与不同深度土壤相对含水量的关系

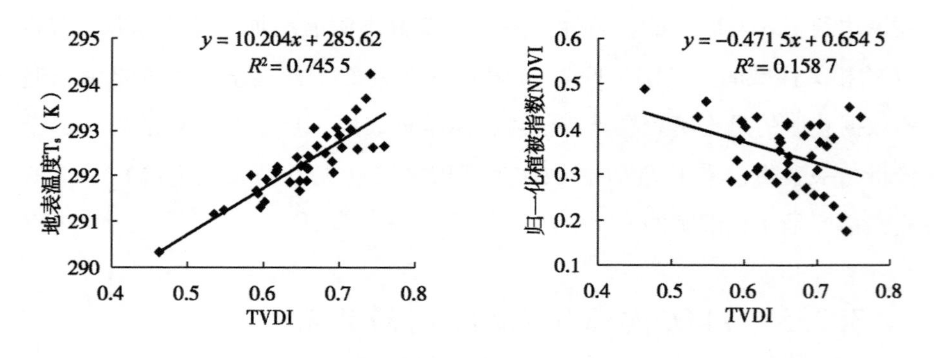

图 3－8 *TVDI* 与 *NDVI*、T_S 的定量关系

的决定系数达 0. 745 5，T_s 与 *TVDI* 的相关系数为 0. 863，通过了 $\alpha=0.01$ 的显著性检验；*NDVI* 随着 *TVDI* 的增大而减小，回归方程的决定系数为 0. 158 7，*NDVI* 与 *TVDI* 的相关系数为 －0. 398，达到 $\alpha=0.05$ 的显著性水平。表明 T_s 与 *NDVI* 均能反映一定的旱情信息，T_s 反映旱情的能力强于

NDVI。这是因为在其他条件一定时，土壤蒸发、植被蒸腾作用决定于地表温度，温度越高蒸发、蒸腾作用越强，耗水量越大，导致土壤含水量降低，反之土壤含水量越高，因此 T_s 对土壤含水量起直接影响作用；而大量研究表明，植被覆盖对地表温度具有一定的降温作用，*NDVI* 越高则 T_s 越低，导致土壤含水量变高（即 *TVDI* 降低），但由于是间接作用，*NDVI* 对土壤含水量的影响能力不如 T_s。

参考文献

[1] 阿布都瓦斯提·吾拉木，秦其明，朱黎江．基于6S模型的可见光、近红外遥感数据的大气校正［J］．北京大学学报（自然科学学报），2004，40（7）：611～618

[2] 冯海霞，秦其明，蒋洪波，等．基于HJ-1A/1B CCD数据的干旱监测［J］．农业工程学报，2011，27（增刊1）：358～365

[3] 侯英雨，孙林，何延波，等．利用EOS-MODIS数据提取作物冠层温度研究［J］．农业工程学报，2006，22（12）：8～12

[4] 李卫国，李花，黄义德．HJ卫星遥感在水稻长势分级监测中的应用［J］．江苏农业学报，2010，26（6）：2106～1209

[5] 孙丽，王飞，吴全．干旱遥感监测模型在中国冬小麦区的应用［J］．农业工程学报，2010，26（1）：243～249

[6] 覃志豪，李文娟，徐斌，等．陆地卫星TM6波段范围内地表比辐射率的估计［J］．国土资源遥感，2004，3：28～32

[7] 唐曦，束炯，乐群．基于遥感的上海城市热岛效应与植被的关系研究［J］．华东师范大学学报（自然科学版），2008（1）：119～128

[8] 王伟，申双和，赵小艳，等．两种植被指数与地表温度定量关系的比较研究［J］．长江流域资源与环境，2011，20（4）：439～444

[9] 张元元．应用 FY-2 地表蒸散产品监测西南特大干旱 [J]．气象，2011，37 (8)：999 ~ 1005

[10] 赵广敏，李晓燕，李宝毅．基于地表温度和植被指数特征空间的农业干旱遥感监测方法研究综述 [J]．水土保持研究，2010，17 (5)：245 ~ 250

[11] 赵少华，秦其明，张峰，等．基于环境减灾小卫星 (HJ-1B) 的地表温度单窗反演研究 [J]．光谱学与光谱分析，2011，31 (6)：1152 ~ 1156

[12] 朱怀松，留校锰，裴欢．热红外遥感反演温度研究现状 [J]．干旱气象，2007，25 (2)：17 ~ 21

[13] Alderfasi A, Nielsen D C. Use of crop water stress index for monitoring water status and scheduling irrigation in wheat [J]. Agricultural Water Management, 2001, 47 (1): 69 ~ 75

[14] Enland A W, Galantowicz J F, Schretter. The radio brightness thermal inertia measure of soil moisture [J]. Remote Sensing, 1992, 30 (1): 132 ~ 139

[15] Fensholt R and Sendhoh I. Derivation of a shortwave infrared water stress index from MODIS near and shortwave infrared data in a semiarid environment [J]. Remote Sensing of Environment, 2003, 87 (1): 111 ~ 121

[16] Goetz S J. Multi-sensor analysis of NDVI, surface temperature and biophysical variables at a mixed grassland site [J]. International Journal of Remote Sensing, 1997, 18 (1): 71 ~ 94

[17] Jimenez Munoz J C, Sobrino J A. A generalized single-channel method for retrieving land surface temperature from remote sensing data [J]. Journal of Geophysical Research, 2003, 108: 4688 ~ 4696

[18] Nishida K, Nemani R R, Runnig SW, et al. An operational remote sensing algorithm of land surface evaporation [J]. Journal of Geophysical Research, 2003, VOL. 108, NO. D9, 4270, doi: 10. 1029/2002JD002062

[19] Qin Z., Dall' Olmo G. and P. Berliner. Derivation of split window algorithm and its sensitivity analysis for retrieving land surface temperature from NOAA-advanced very high resolution radiometer data [J]. Geophysical Research, 2001, 106 (D19): 22655 ~ 22670

[20] Sandholt, Rasmussen K, Anderson J. A Simple Interpretation of the Surface Temperature/vegetation Index Space for Assessment of the Surface Moisture Status [J]. Remote Sensing of Environment, 2002, 79: 213 ~ 224

[21] Wan Z. M. and Dosier J. A.. A generalized split-window algorithm for retrieving land surface temperature from space [J]. IEEE Transactions on Geosciences and Remote Sensing, 1996, 34 (4): 892 ~ 905

[22] Wan Z M, Wang P X, Li X W. Using MODIS Land Surface Temperature and Normalized Difference Vegetation Index Products for Monitoring Drought in the Southern Great Plains, USA [J]. International Journal of Remote Sensing, 2003, 24: 1 ~ 12

第4章　农作物长势遥感监测

作物长势是指作物生长发育过程中的形态相，其强弱一般通过观测植株的叶面积、叶色、叶倾角、株高、茎粗和茎蘖数等形态变化进行衡量，有时也使用其生理生化指标如叶片叶绿素含量、氮素含量、水分含量以及生物量等辅佐判别。不同的时段或不同的光、温、水、气（CO_2）和土（土壤）的生长条件下，作物的长势（生长状况）有所不同。遥感监测是根据作物对光谱的反射特性，利用敏感波段及其组合可以反射作物生长的空间信息的特点，实现对作物长势的监测。作物长势遥感监测是利用遥感数据对作物的实时苗情、环境动态和分布状况进行宏观的估测，及时了解作物的分布概况、生长状况、肥水行情以及病虫草害动态，便于采取各种管理措施，为作物生产管理者或管理决策者提供及时准确的数据信息服务。

4.1　农作物不同生长时期长势遥感监测

近年来，多数学者使用 NOAA/AVHRR、EOS/MODIS 数据进行农作物长势监测研究，取得较好的进展。但由于这些影像的空间分辨率较低，常常会造成“同谱异物”、“异物同谱”的现象，使得监测精度降低，同时也不适用于地形复杂、耕作制度异样的地区。本节利用中分辨率卫星影像数据并结合实地 GPS 定位调查，研究卫星影像植被指数与农作物不同生长时期长势指标间的定量关系，建立相关长势指标监测模型或算法，提出农作物长势快速监测的技术或方法。

4.1.1　冬小麦苗期长势遥感监测

叶面积指数和叶片氮素含量是决定冬小麦返青后长势的重要生长指标，也是制定栽培管理措施（如施肥、灌溉、中耕等）的必要依据。

4.1.1.1　试验设置与数据处理

选用的TM5影像数据成像时间为2006年2月13日，覆盖区域在32°21′～33°54′N和119°02′～120°24′E（图4－1中方框标注区），包括射阳、阜宁、建湖、盐都、宝应、兴化、高邮、江都等10多个县（区），属江苏省弱筋小麦主产区，此时冬小麦正处在返青初期。图4－1中圆形符点为样方点。每个样方点均采用差分GPS，选取500m×500m样方的面积，用数码相机拍摄小麦长势照片，并进行田间取样，每个样方取六个有代表性的样点（图4－2），综合分析或测试植株的叶面积指数、含氮量等指标。叶面积指数采用称重法测定。叶片氮素含量采用半微量凯氏定氮法测定。

图4－1　影像区域与样方观测点

TM影像数据均进行几何校正与大气校正，几何精校正误差小于1个像素点。归一化植被指数（Normalized vegetation index，NDVI）利用ENVI软件中的BAND MATH模块提取。

另外，2005年2月19日相同区域内高邮、江都、姜堰3个县共20个

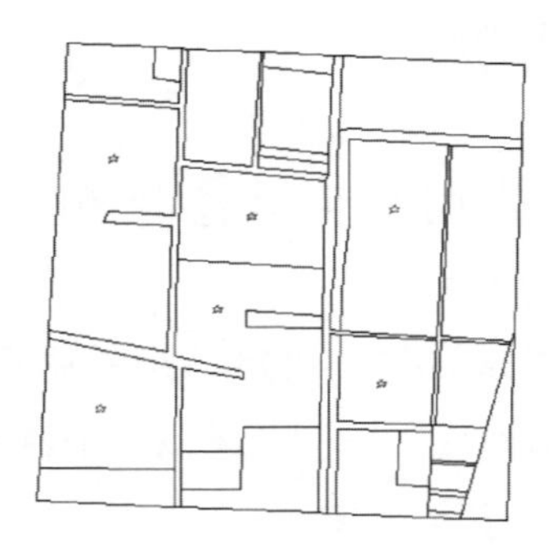

图 4-2 研究样方取样点

点的试验数据，用于分析小麦叶面积指数和植株含氮量与植被指数的定量关系。试验取样与测试方法同前。

4.1.1.2 冬小麦苗期植被指数的变化

图 4-3 是冬小麦返青初期遥感影像的 NDVI（Normalized vegetation index，归一化植被指数）的散点图。可以看出，纬度与 NDVI 呈现极明显的负线性相关变化（R^2 = 0.909 4），即，随着纬度的升高（由南向北）NDVI 逐渐减小，由 0.311 减少到 0.142，变幅高达 119.01%，形成极显著的差异，表明冬小麦在返青初期 NDVI 的地域性差异已有明显显露。NDVI 的这一变化趋势比较符合南北温光差异下的作物光谱反射特征，因为与监测区北部相比，南部区域由于气温回升较快，作物长势也相对较好。小麦返青初期呈现出的这种典型光谱反射特征，为利用 NDVI 监测冬小麦长势提供了依据。

4.1.1.3 冬小麦苗期 LAI 的变化

图 4-4 是利用遥感影像的 NDVI 反演的小麦叶面积指数（LAI）与实地观测的 LAI 的 1:1 关系图。可以看出，一方面，利用 NDVI 监测的 LAI 与实测的 LAI 较为一致，二者之间的均方差根（Root Mean Square Error，RMSE）为 0.111，决定系数为 0.953 4，由于此期的 LAI 值相对较小，因此未见到饱和现象。另一方面，小麦叶面积指数的地域性差异较大，未能完全呈现一致的变化态势，表明返青初期冬小麦的长势不尽一致。基于这一结论可以对苗期长势差异的原因做进一步分析，以期采取必要的耕作与

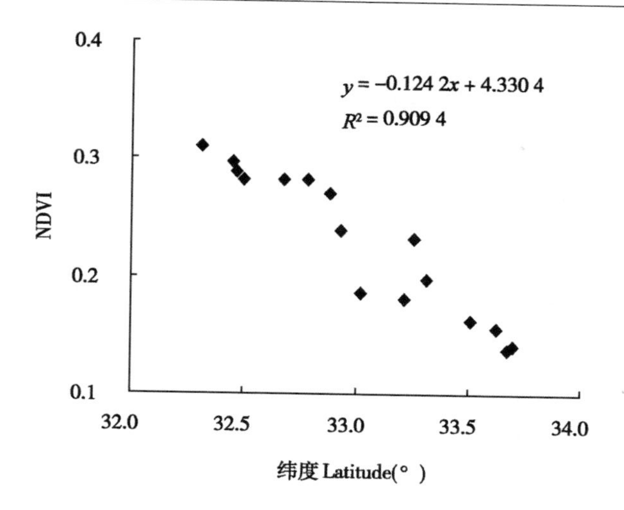

图 4－3　NDVI 与地理纬度的关系

栽培调控措施。

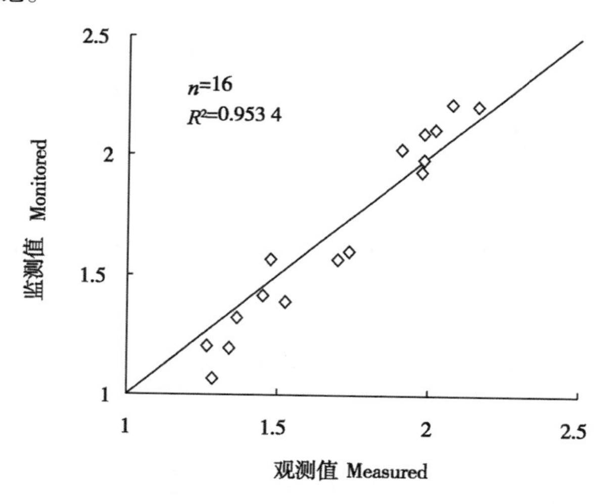

图 4－4　LAI 监测值与观测值的比较

4.1.1.4　冬小麦苗期植株氮含量的变化

图 4－5 是利用 GPS 样方点实测的小麦植株氮素含量的散点图，从图中可以看出，虽然邻近样点小麦植株氮素含量差异不显著，且也无明显规律性变化可言。但是，从样点的整体变化情况看，小麦植株氮素含量呈现明显的地域性变化态势，即，随着纬度的南移，小麦植株氮素含量明显地

提高。这可能是由于南部气温较北部高，小麦提早返青吸收氮素多的缘故。从栽培的角度讲，此时要从土壤肥力、基本苗数以及土壤墒情等多方面注意调节小麦植株的长势变化，以培育适宜的长势群体。图 4 －6 是利用遥感影像的 NDVI 监测的小麦植株氮素含量与实地观测的植株氮素含量的1 ∶1 关系图。可以看出，利用 NDVI 监测的小麦植株氮素含量与实测的植株氮素含量较为一致，二者之间的 RMSE 为 0. 085% ，决定系数为0. 873 1。表明，利用遥感影像的 NDVI 可以快速、准确地监测返青期小麦的植株氮素营养状况。

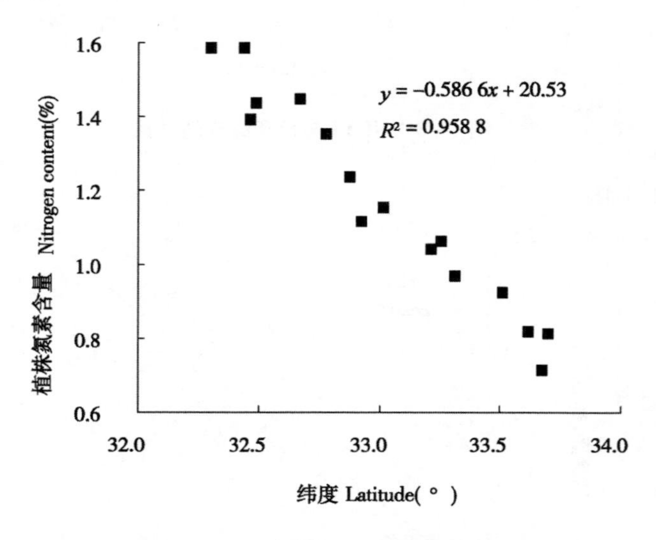

图 4 －5　植株氮素含量与地理纬度的关系

4. 1. 2　冬小麦拔节期长势遥感监测

冬小麦起身拔节阶段，进入了营养生长和生殖生长并进阶段，决定着小麦群体的库源特征，是冬小麦一生中的生长发育关键期，此期对水肥最为敏感。依据实时监测的叶面积、叶色、叶片氮含量或地上部干重等苗情生理与形态指标的异同，对植株长势做出分析预报，实施相应的肥水管理与调控措施，有利于实现优质高产的目的。

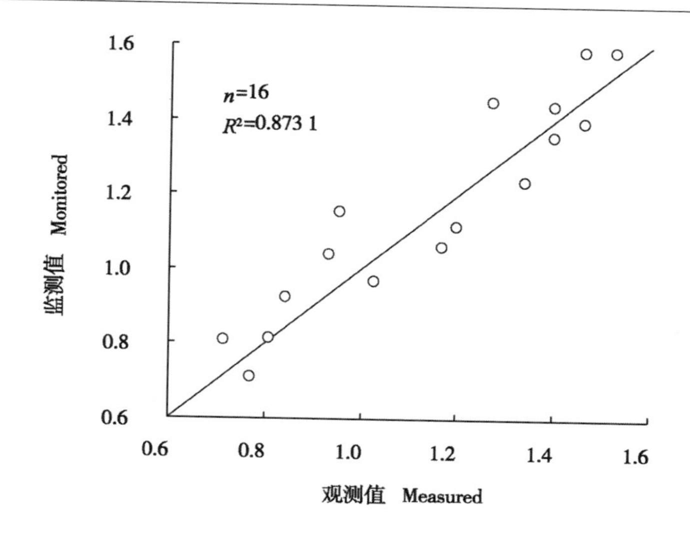

图 4－6　植株氮素含量监测值与观测值的比较

4.1.2.1　数据获取与利用

试验一，2005 年在江苏省的泰兴、兴化 2 县设置样点 20 个，每个样点均采用差分 GPS 定点调查和取样。小麦品种为扬麦 11 号、扬麦 15 号、宁麦 9 号 3 个品种，调查内容为拔节期的叶面积指数、生物量、植株含氮量。生物量每点 3 区按 0.5m ×0.5m 面积取植株的地上部分，采用 CID-31 型叶面积仪测定叶面积指数；在 105℃下杀青 40min，然后在 80℃烘干并称取干重；凯氏定氮法测定植株含氮量。TM 影像数据在 2006 年 3 月 23 日（拔节期）获得。

试验二，2003 年在河南省的西华、淮阳和太康 3 县设置样点 20 个，GPS 样点调查、取样以及分析测试情况同试验一。小麦品种为豫麦 34 号、豫麦 47 号、豫麦 49 号 3 个品种。TM 影像数据在 2004 年 3 月 22 日（拔节期）获得。

以试验一数据为基础，结合拔节期小麦的苗情与长势特点，建立基于植被指数的小麦拔节期长势监测模型。试验二的资料用于对模型的检验。采用观测值与预测值之间的根均方差（RMSE）表示模型的监测精度，并绘制实测值与监测值之间的 1∶1 关系图，来检验监测模型的可靠性。

TM 影像数据均进行几何校正与大气校正，几何精校正误差小于 1 个像素点。植被指数 DNVI 和比值植被指数（Ratio vegetation index，RVI）利用 ENVI 软件中的 BAND MATH 模块提取。

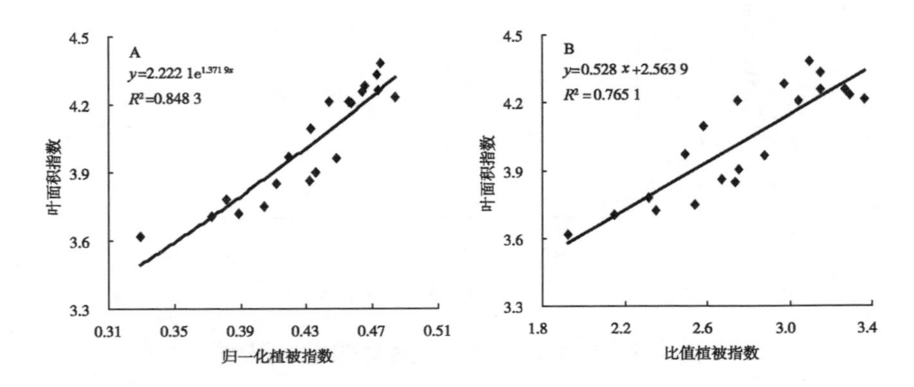

图 4-7 拔节期叶面积指数与 NDVI（A）和 RVI（B）植被指数的关系

4.1.2.2 拔节期叶面积指数与植被指数的关系

分析叶面积指数与植被指数的关系，建立了基于 NDVI 和 RVI 的叶面积变化的散点图（图 4-7）。可以看出，小麦拔节期的叶面积指数大多数集中在 3.7～4.4 之间，样点间差异明显，说明小麦样点间苗情长势不尽相同。同期 TM 影像的 NDVI 值也较大（图 4-7A），多数样点在 0.39～0.49，存在明显差异态势。NDVI 和小麦拔节期叶面积指数之间的相关性较好，呈现显著的指数正相关关系，拟合方程为 $y = 2.222\,1 \times e^{1.371\,9NDVI}$，决定系数为 0.848 3。图 4-7B 为 RVI 与小麦拔节期叶面积指数之间的关系图，可以看出，多数样点的遥感影像的 RVI 值集中在 2.4～3.3，样点存在较大差异。RVI 与小麦抽穗期的叶面积指数之间呈现线性正相关关系，拟合方程为 $y = 0.528 \times RVI + 2.563\,9$，决定系数为 0.765 1，相关性较 NDVI 小。因此，在对小麦拔节期的叶面积指数变化动态进行监测时，应使用遥感影像的 NDVI 数据及相应模型。

4.1.2.3 拔节期植株地上部生物量与植被指数的关系

拔节期植株地上部生物量是反映小麦拔节期群体大小的重要农学参

数，与籽粒产量和品质的形成有较大关系，是进行肥水调控的重要群体质量指标。图4－8是小麦地上部生物量与NDVI和RVI之间关系的散点图。由图4－8C可以看出，小麦拔节阶段地上部生物量主要集中在4 200～5 200kg/hm²，样点间存在明显差异，变幅约达25%，表明小麦群体大小存在明显差异。与同期TM影像的NDVI之间呈的线性正相关关系，即随着NDVI值的增大，地上部生物量增加，反之，则生物量减少。二者之间的拟合方程为 $y = 1\ 900.1 \times e^{2.091NDVI}$，决定系数达0.774 6。图4－8D为RVI和小麦地上部生物量之间的关系图，地上部生物量随RVI呈现显著线性正相关的变化趋势，线性拟合方程为 $y = 1\ 032.1 \times RVI + 1\ 850.7$，决定系数为0.827 7。与NDVI相比，RVI具有明显的监测优势。因此，在对小麦拔节期地上部生物量进行监测时，利用TM影像的RVI数据及其模型比较好。

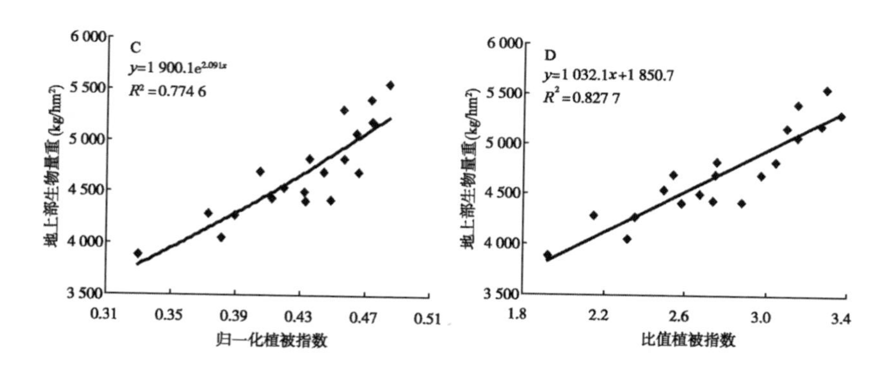

图4－8　拔节期地上部生物量与NDVI（C）和RVI（D）植被指数的关系

4.1.2.4　拔节期植株氮素含量与植被指数的关系

小麦拔节阶段营养体（叶片、叶鞘）已基本建成，光合势强，干物质积累增加，氮吸收相对加快，氮含量也较前期明显提高。对植株氮素含量实施监测，便于及时对小麦群体长势进行管理调控。分析拔节期间的小麦植株氮素含量与植被指数间的关系，分别建立了基于*NDVI*和*RVI*的拔节期的植株氮素含量变化的散点图（图4－9E和图4－9F）。可以看出，拔节阶段的植株氮素含量集中在3.1%～3.5%，变异幅度明显，显示植株营养水平地区间差异较大。与同期影像的 *NDVI* 值之间呈现显著线性正相关关系。即，随着 *NDVI* 的增大或减少，植株氮素含量呈现明显提高或降低的趋势。二者之间的拟合方程为 $y = 4.3469 \times NDVI + 1.4141$，决定系数为 0.823 8，达显著水平。与同期影像的 *NDVI* 不同，*RVI* 值与植株氮素含量之间呈现一般的线性正相关关系，二者之间的拟合方程为 $y = 0.4285 \times RVI + 2.1051$，决定系数为 0.78。因此，在对小麦拔节期植株氮素含量进行监测时，应选用 TM 影像的 NDRVI 数据和其相应的模型。

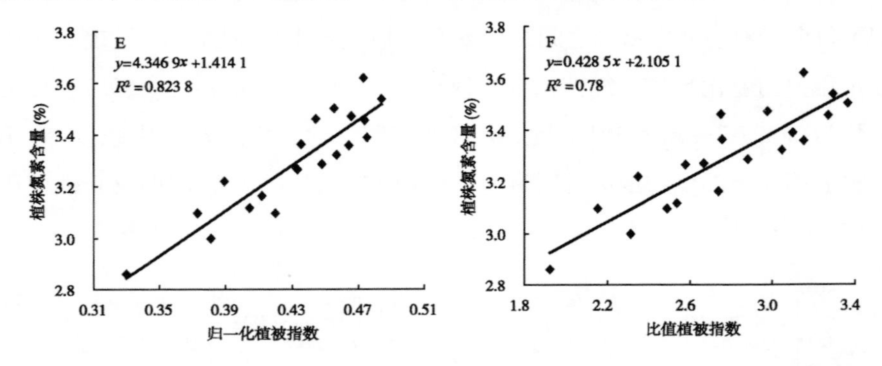

图 4－9　拔节期植株含氮量与 NDVI（E）和 RVI（F）植被指数的关系

4.1.2.5　基于植被指数小麦群体指标监测模型的验证

利用 2003 年河南省的试验数据对小麦拔节期的基于 *NDVI* 的叶面积指数和植株氮素含量监测模型（$y = 2.2221 \times e^{1.3719 NDVI}$，$y = 4.3469 \times NDVI + 1.4141$）、基于 *RVI* 的地上部生物量模型监测（$y = 1032.1 \times RVI + 1850.7$）进行了进一步检验。

由图 4－10 河南省小麦拔节期 3 个小麦群体质量指标实测值与监测值之间的 1∶1 关系图，可以看出，叶面积指数、地上部生物量和植株氮素含量分别集中在 3.2～4.1、3 700～4 400kg/hm² 和 2.8%～3.2%，与江苏小麦存在地域间的差异。叶面积指数（图 4－10G）、地上部生物量（图 4－10H）和植株氮素含量（图 4－10I）的监测值与实测值之间较为吻合，RMSE 值分别为 0.19kg/hm²、106.13kg/hm² 和 0.136%，表面模型具有较好的监测性和通用性。

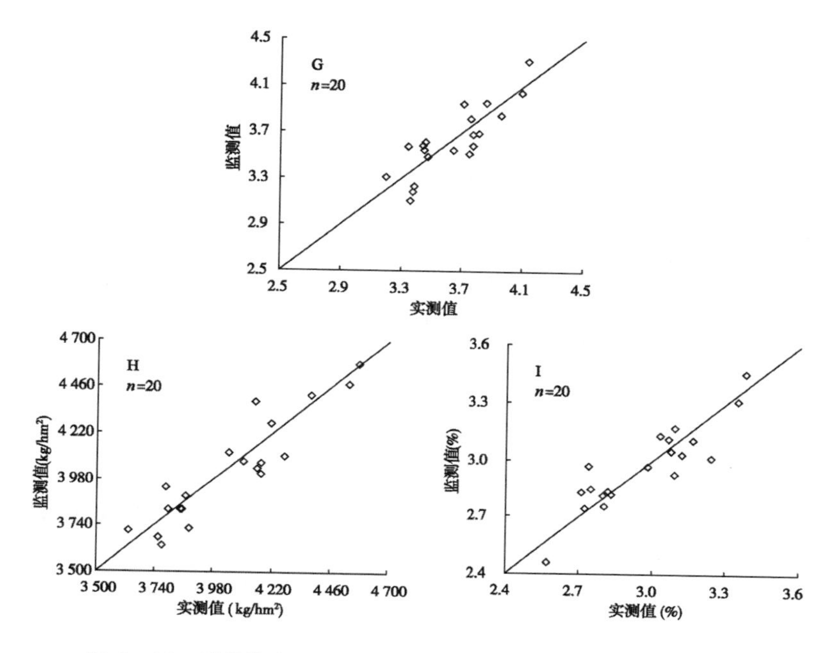

图4-10　拔节期冬小麦LAI（G）、生物量（H）和植株氮素含量（I）监测值与模拟值比较

4.1.3　冬小麦抽穗期长势遥感监测

小麦抽穗期是小麦生长的关键阶段，田间群体较大、郁蔽，抵抗力弱，常遇高温高湿天气，是病虫害的多发时期。加强对小麦抽穗期苗情长势的及时监测，是制定和采取科学管理措施的必要前提。

4.1.3.1　试验数据与处理

试验一，2005年在江苏省的泰兴、姜堰两县设置样点20个，每个样点均采用差分GPS定点调查和面积按50cm×50cm取样。调查内容包括小麦抽穗期叶面积指数、生物量、植株含氮量取样与分析测定。遥感数据为2006年4月18日（抽穗期）的TM影像数据。

试验二，2004年在江苏省的姜堰、海安两县设置样点20个，GPS样点调查、取样以及分析情况同试验一。遥感数据为2005年4月24日（抽穗期）的 TM 影像数据。

试验三，2003 年在河南省的西华、淮阳和太康三县设置样点 20 个，每个样点均采用差分 GPS 定点并记录地理位置信息，并测试每个样点小麦叶面积指数、生物量、植株含氮量指标值。测试方法同试验一。遥感数据为 2004 年 4 月 15 日（抽穗期）的 TM 影像数据。

TM 影像数据利用 1：100 000地形图进行几何纠正，然后再利用地面实测的 GPS 样方控制点进行几何精校正，确保校正误差小于 1 个像素点。大气辐射校正和反射率转换是利用地面定标体的实测反射率数据和对应的卫星影像的原始 DN 值，采用经验线性法转换获取。

4.1.3.2 抽穗期 LAI 与植被指数的关系

综合分析了小麦抽穗期叶面积指数（Leaf area index，LAI）的变化态势及其与植被指数的关系，分别绘制出 NDVI、RVI 与叶面积变化关系的散点图（图 4 - 11），并进行线形或非线性方程拟合，建立了相应的回归方程。

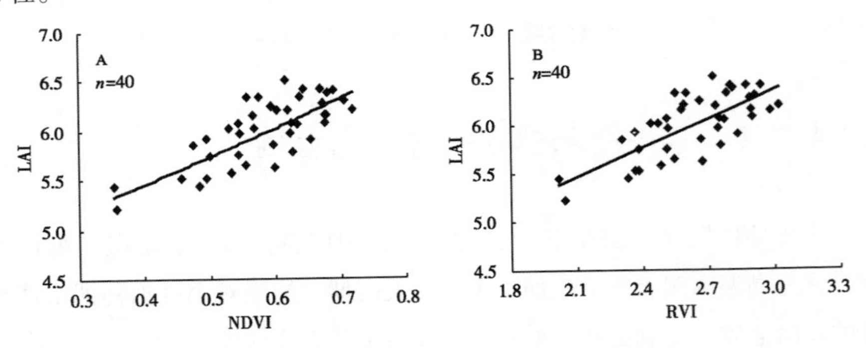

图 4 - 11 抽穗期 LAI 与 NDVI（A）和 RVI（B）的关系

由图 4 - 11A 可以看出，抽穗期小麦的叶面积指数大多数集中在5.5 ~ 6.5，群体郁蔽程度较大，同期遥感影像的 NDVI 值也较大，多数样点在 0.5 ~ 0.7，存在明显差异态势。NDVI 和小麦抽穗期叶面积指数之间的相关性较好，呈现显著的非线性正相关关系，拟合方程为 $y = 4.4825 \times e^{0.4905 NDVI}$，决定系数为 0.854 4*。图 4 - 11B 为 RVI 与小麦抽穗期叶面积指数之间的关系图，可以看出，多数样点的遥感影像的 RVI 值集中在

2.4～3.0，样点存在较大差异。RVI与小麦抽穗期的叶面积指数之间呈现线性正相关关系，拟合方程为 $y = 0.9955 \times RVI + 3.3678$，决定系数为0.751，相关性较NDVI小。因此，在对小麦抽穗期的叶面积指数变化动态进行监测时，使用遥感影像的NDVI数据比较好。

4.1.3.3　抽穗期生物量与植被指数的关系

小麦植株地上部生物量是小麦茎秆、叶片和穗的总称，是反映小麦群体大小的群体质量指标。图4－12是小麦植株地上部生物量与NDVI和RVI之间关系的散点图。

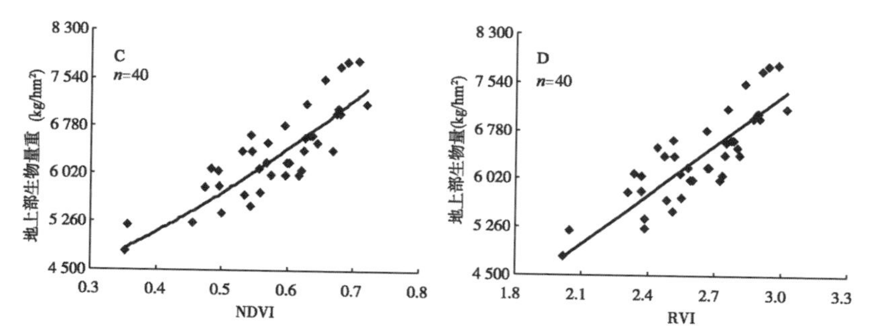

图4－12　抽穗期地上部生物量与*NDVI*（C）和*RVI*（D）的关系

由图4－12C可以看出，小麦抽穗阶段的植株地上部生物量主要集中在5 500～6 800kg/hm²，地区间存在明显差异，变幅约达60%。与期TM影像的NDVI之间呈显著的指数正相关关系，即随着NDVI值的增大，植株地上部生物量也明显增加，反之亦然。二者之间的拟合方程为 $y = 3214.4 \times e^{1.1537NDVI}$，决定系数达0.8437*。图4－12D为RVI和小麦植株地上部生物量之间的关系图，植株地上部生物量随RVI呈现线性正相关的变化趋势，线性拟合方程为 $y = 2607.8 \times RVI - 489.35$，决定系数为0.7946。相比之下，*NDVI*具有明显的监测优势。因此，在对小麦抽穗期植株地上部生物量进行监测时，应利用TM影像的*NDVI*数据。

4.1.3.4　抽穗期植株氮素含量与植被指数的关系

小麦籽粒中将近2/3的氮素来源于抽穗前储存在植株体内氮素的转运。因此，抽穗期的氮素含量常被作为是植株重要的生理和营养指标，也被利用为反映土壤供氮能力的间接理化指标。分析抽穗期的氮素含量与植被指数间的关系，分别建立了基于 *NDVI* 和 *RVI* 的抽穗期的氮素含量变化的散点图（图 4 - 13E 和图 4 - 13F）。可以看出，抽穗阶段的植株氮素含量集中在 3.0% ~3.4%，变异幅度明显。与同期影像的 NDVI 值之间呈现线性正相关，随着 *NDVI* 的增大或减少，植株氮素含量逐渐提高或降低。二者之间的拟合方程为 $y = 1.2624 \times NDVI + 2.4728$，决定系数为 0.780 9。

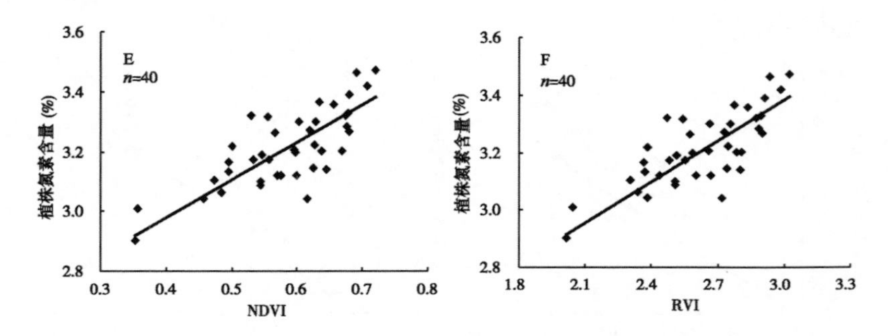

图 4 - 13　抽穗期植株含氮量与 *NDVI*（E）和 *RVI*（F）的关系

与同期影像的 *NDVI* 不同，*RVI* 值与植株氮素含量之间的关系呈现明显的线性正相关，二者之间的拟合方程为 $y = 0.4771 \times RVI + 1.9547$，决定系数为 0.811 1*。因此，在对小麦抽穗期植株氮素含量进行监测时，应选用 TM 影像的 *RVI* 数据。

4.1.4　冬小麦开花期长势遥感监测

冬小麦在开花期对水分、气温最为敏感，低温或少雨干旱会使小麦授粉不良，影响结实率和千粒重。遇温暖多阴雨的天气，弱长势群体还易感染赤霉病、白粉病，严重时会导致减产甚至绝产。及时、大范围监测冬小麦花期的生长态势，获取农田长势信息，采取有效的肥水管理与调控措施制，对于稳产或增产意义重大。

4.1.4.1　数据获取与处理

2007年在河南省的孟县（112°33′~112°55′E，34°50′~35°02′N）设置样点20个，与卫星过境时间同期，每个样点均采用差分GPS定点调查和取样。花期调查内容包括叶面积指数、生物量、叶片含氮量、叶片色素含量及叶片水分含量。干物重的测量，先在105℃下杀青20min，随后在75℃下烘干，最后称取烘干重量。叶面积指数采用称重法测定。叶片氮素含量采用半微量凯氏定氮法测定。叶片色素含量采用80%丙酮提取法测定。叶片水分含量采用烘干比重法测定。

卫星影像为印度星（P-6）数据，宽幅141km，几何分辨率为23.5m，重复周期24d。其波段频谱特征，波段2（绿光，B2）为0.52~0.59nm，波段3（红光，B3）为0.62~0.68nm，波段4（近红外，B4）为0.77~0.68nm，波段5（短波红外，B5）1.55~1.70nm。卫星过境时间为2007年5月1日，此时小麦正处在开花期。

大气辐射校正和反射率转换是利用地面定标体的实测反射率数据和对应的卫星影像的原始DN值，采用经验线性法转换获取。NDVI、RVI和绿度植被指数（Green vegetation index，*GVI*）的算法分别描述如下：

$$NDVI = (R_{B4} - R_{B3})/(R_{B4} + R_{B3})$$

$$RVI = R_{B4}/R_{B3}$$

$$GVI = (R_{B2} - R_{B3})/(R_{B2} + R_{B3})$$

式中，R_{B4}为P-6第4通道近红外波段的光谱反射率，R_{B3}为第3通道红光波段的光谱反射率，R_{B2}为第2通道绿光波段的光谱反射率。其具体数值利用ENVI软件中的BAND MATH模块提取。

4.1.4.2　LAI、生物量与光谱信息的关系

依据试验数据，冬小麦花期的*LAI*在3.52~10.16，平均值为7.45，变异系数为29.57%。生物量在12 690~18 067kg/hm²，平均值为16 717 kg/hm²，变异系数为12.20%。说明该地区冬小麦花期长势存在明显差异。通过对相关试验点的卫星遥感光谱数据分析，部分光谱特征也存在明显的差异，如*RVI*在4.1~7.1，*NDVI*在0.54~0.72，卫星遥感光谱信息

与冬小麦长势指标间的这种关联差异性为利用遥感技术监测冬小麦花期长势提供了可能（表4－1）。

表4－1　LAI、生物量与卫星遥感光谱信息的相关系数

光谱信息	R_{B2}	R_{B3}	R_{B4}	R_{B5}	RVI	NDVI	GVI
LAI	－0.633 9	－0.707 1	0.601 3	－0.464 7	0.745 3*	0.774 3*	0.604 2
生物量（kg/hm^2）	－0.681 6	－0.706 5	0.408 6	－0.290 2	0.739 0*	0.718 2*	0.657 3

注：*表示相关显著。

进一步对冬小麦的*LAI*和生物量与P-6卫星遥感光谱信息进行相关性分析，将它们之间的相关系数列于表4－1。可以看出，P-6卫星遥感影像B2、B3和B4通道的反射率R_{B2}、R_{B3}、R_{B5}与*LAI*呈负相关关系，B4通道的反射率R_{B4}、*RVI*、*NDVI*和*GVI*与*LAI*呈正相关关系。相关关系的大小依次为：$NDVI > RVI > R_{B3} > R_{B2} > GVI > R_{B4} > R_{B5}$，其中，*NDVI*与*LAI*的相关性最好，达显著水平。说明，*NDVI*是遥感能监测花期*LAI*较理想的植被指数。这一结论与前人的研究一致。将*NDVI*与*LAI*进行线性拟合，可建立花期*LAI*的监测模型：

$$LAI = 31.412NDVI - 14.262 \quad (R^2 = 0.699\,6)$$

与*LAI*稍有不同，生物量与卫星遥感光谱信息相关关系的大小依次为：$RVI > NDVI > R_{B3} > R_{B2} > GVI > R_{B4} > R_{B5}$，其中，*RVI*与生物量的相关性最大，达显著水平。说明，可以利用*RVI*监测花期生物量的变化。将*RVI*与生物量进行线性拟合，建立花期生物量（Plant Biomass Weight，*PBW*）的监测模型为：

$$PBW = 1\,443.9RVI + 8\,545.3 \quad (R^2 = 0.646\,1)$$

4.1.4.3　叶片色素含量与光谱信息的关系

冬小麦花期叶片叶绿素含量在2.96～3.55mg/gFW，平均值为3.37mg/gFW，变异系数为6.22%。类胡萝卜素在0.297～0.456mg/gFW，平均为0.377mg/gFW，变异系数为18.42%。说明该地区冬小麦花期叶片色素含量存在明显的差异性，也表明各样点花期光合同化性能有很大异同。

对冬小麦花期叶片叶绿素含量和类胡萝卜素含量与 P-6 卫星遥感光谱信息进行相关性分析，将它们之间的相关系数列于表 4 – 2。

表 4 – 2　叶片色素含量与卫星遥感光谱信息的相关系数

光谱信息	R_{B2}	R_{B3}	R_{B4}	R_{B5}	RVI	NDVI	GVI
叶绿素含量（mg/gFW）	–0.650 6	–0.679 6	0.319 0	0.052 6	0.683 9	0.728 3*	0.756 0*
类胡萝卜素含量（mg/gFW）	–0.570 4	–0.599 5	0.515 8	–0.368 4	0.678 1*	0.654 2	0.459 8

由表 4 – 2 可以看出，卫星遥感影像 B2 和 B3 通道的反射率 R_{B2}、R_{B3} 与叶片叶绿素含量呈负相关关系，B4、B5 通道的反射率 R_{B4}、R_{B5}、*RVI*、*NDVI* 和 *GVI* 与叶片叶绿素含量呈正相关关系。相关关系的大小依次为：$GVI > NDVI > RVI > R_{B3} > R_{B2} > R_{B4} > R_{B5}$，其中，*GVI* 与叶片叶绿素含量的相关性最好，达显著水平。表明可以利用 *GVI* 监测花期叶片叶绿素含量变化动态。

将 *GVI* 与叶片叶绿素含量进行线性拟合，可建立花期叶片叶绿素含量（Leaf Chlorophyll Content，*LChC*）的监测模型：

$$LChC = 3.711GVI + 2.686 \ (R^2 = 0.671\,5)$$

与叶片叶绿素含量有所不同，卫星遥感影像 B2、B3 和 B5 通道的反射率 R_{B2}、R_{B3}、R_{B5} 与叶片类胡萝卜素含量呈负相关关系，B4 通道的反射率 R_{B5}、*RVI*、*NDVI* 和 *GVI* 与叶片类胡萝卜素含量呈正相关关系。叶片类胡萝卜素与卫星遥感光谱信息相关关系的大小依次为：$RVI > NDVI > R_{B3} > R_{B2} > R_{B4} > GVI > R_{B5}$，其中，*RVI* 与叶片类胡萝卜素含量的相关关系最好。说明，*RVI* 是遥感能监测花期叶片类胡萝卜素含量较好的植被指数。

将 *RVI* 与叶片类胡萝卜素进行线性拟合，可建立花期叶片类胡萝卜素（Leaf Carotenoids Content，*LCaC*）的监测模型：

$$LCaC = 0.045\,1RVI + 0.121\,5,\ (R^2 = 0.559\,8)$$

4.1.4.4 叶片氮素含量、水分含量与光谱信息的关系

叶片含水量与根系活力和功能叶的光合能力呈极显著正相关。叶片氮素含量和叶片水分含量可以作为间接反应土壤供氮量能力与墒情水平的重要指标。冬小麦花期叶片氮素含量在3.05%～4.53%，平均为4.06%，变异系数为9.7%；叶片水分含量在74.2%～79.2%，平均为77.4%，变幅在5%以上，达到显著差异水平。说明该地区冬小麦花期叶片水分含量与叶片水分含量存在明显的差异性，也表明各样点花期土壤供氮能力与墒情存在较大异。

表4－3 叶片氮素含量、水分含量与光谱信息的相关系数

光谱信息	R_{B2}	R_{B3}	R_{B4}	R_{B5}	RVI	NDVI	GVI
叶片含水量（%）	−0.631 4	−0.673 2	0.580 7	−0.340 8	0.701 4*	0.735 6*	0.618 2
叶片含N量（%）	−0.434 6	−0.652 1	0.591 1	−0.189 9	0.678 6	0.703 8*	0.620 4

表4－3为冬小麦花期叶片氮素含量和叶片水分含量与卫星遥感光谱信息间的相关系数，可以看出，冬小麦花期叶片氮素含量和叶片水分含量与卫星遥感光谱信息的相关性较为一致，只是相关系数的大小异同而已。表现为，与R_{B2}、R_{B3}、R_{B5}呈负相关关系，与R_{B4}、*RVI*、*NDVI*和*GVI*呈正相关关系。叶片氮素含量与卫星遥感光谱信息相关关系的大小依次为：$NDVI > RVI > R_{B3} > R_{B2} > GVI > R_{B4} > R_{B5}$，其中，*NDVI*与叶片氮素含量的相关性最好，达显著水平。表明可以利用*NDVI*监测花期叶片氮素含量的变化动态。将*NDVI*与叶片氮素含量进行线性拟合，建立花期叶片氮素含量（Leaf Nitrogen Content，*LNC*）的监测模型为：

$$LNC\ (\%) = 5.326\,3NDVI + 0.381\,1\quad (R^2 = 0.638\,5)$$

与叶片氮素含量稍有不同，叶片水分含量与卫星遥感光谱信息相关关系的大小依次为：$NDVI > RVI > R_{B3} > GVI > R_{B4} > R_{B2} > R_{B5}$，其中，*NDVI*与叶片水分含量的相关关系较好。可以选用*NDVI*对花期叶片水分含量进行监测。将*NDVI*与叶片水分含量进行线性拟合，建立花期叶片水分含量

（Leaf Water Content，*LWC*）的监测模型：

$$LWC\ (\%) = 21.902NDVI + 62.278\ (R^2 = 0.7015)$$

4.1.5　水稻分蘖期长势遥感监测

水稻抽穗期是水稻生长的关键阶段，田间群体较大、郁蔽，抵抗力弱，常遇高温高湿天气，是病虫害的多发时期。加强对水稻抽穗期苗情长势的及时监测，是制定和采取科学管理措施的必要前提。利用 TM 影像数据，在分析影像植被指数与叶面积指数、生物量以及植株氮素含量三个群体质量指标之间关系的基础上，建立相关监测模型，实现了对这些生长指标的监测。

4.1.5.1　数据获取与处理

在江苏省的洪泽、宝应、高邮 3 个县，共设置样点 20 个。每个样点均采用差分 GPS 定点调查和取样。调查内容包括水稻抽穗期叶面积指数、生物量、植株含氮量。生物量每点 3 区按 0.5m×0.5m 面积取植株的地上部分，采用 CID-31 型叶面积仪测定叶面积指数；在 105℃下杀青 40min，然后在 80℃烘干并称取干重；凯氏定氮法测定植株含氮量。TM5 影像数据成像时间为 2006 年 9 月 9 日，此时水稻正处在抽穗期。影像数据结合地面实测的 GPS 控制点进行几何纠正、大气校正和反射率转换，方法同前节。

4.1.5.2　水稻 LAI 与 NDVI 的关系

分析水稻抽穗期叶面积指数的变化态势及其与植被指数的关系，形成 NDVI 与叶面积指数（LAI）变化关系的散点图（图 4－14），并进行线形或非线性方程拟合，建立了相应的回归方程。可以看出，抽穗期水稻的叶面积指数大多数集中在 5.5～8.5，群体郁蔽程度较大，同期遥感影像的 NDVI 值也较大，多数样点在 0.5～0.7，存在明显差异态势。NDVI 和水稻抽穗期叶面积指数之间的相关性较好，呈现显著的非线性正相关关系，拟合方程为 $y = 2.28339 \times e^{1.6655NDVI}$，决定系数为 0.8202。

4.1.5.3　水稻地上部生物量与 RVI 的关系

水稻植株地上部生物量是水稻茎秆和叶片的总称，是反映水稻群体大小的群体质量指标。图 4－15 是水稻植株地上部生物量与 RVI 之间关系的散点图。由图可以看出，水稻抽穗段的植株地上部生物量主要集中在 6 200～9 000kg/hm^2，地区间存在明显差异，变幅约达 60%。植株地上部生物量随 RVI 呈现线性正相关的变化趋势，线性拟合方程为 $y=741.76\times RVI+4\ 253.2$，决定系数为 0.767 6。因此，应利用 TM 影像的 RVI 数据对水稻抽穗期植株地上部生物量进行监测。

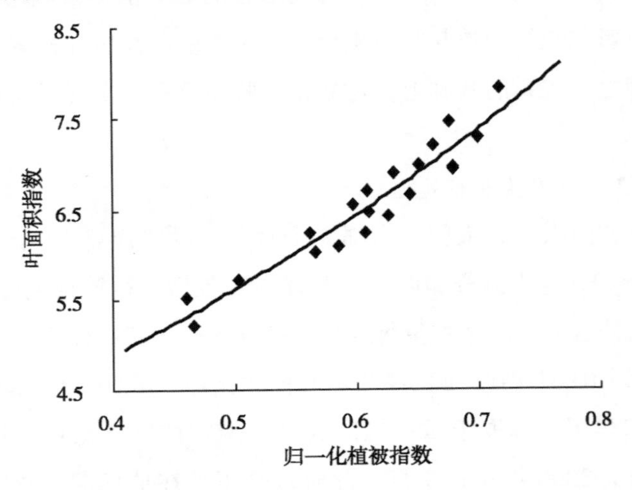

图 4－14　水稻 LAI 与 NDVI 的关系

4.1.5.4　植株氮素含量与 NDVI 的关系

水稻籽粒中将近 2/3 的氮素来源于抽穗前储存在植株体内氮素的转运。因此，抽穗期的氮素含量常被作为是植株重要的生理和营养指标，也被利用为反映土壤供氮能力的间接理化指标。分析抽穗期的氮素含量与植被指数间的关系，建立了抽穗期植株氮素含量随 NDVI 变化的散点图（图 4－16）。可以看出，抽穗阶段的植株氮素含量集中在 3.0%～3.5%，变异幅度明显，与同期影像的 NDVI 值之间呈现线性正相关，随着 NDVI 的增大，植株氮素含量逐渐提高。二者之间的拟合方程为 $y=1.296\ 2\times NDVI+2.447\ 1$，决定系数为 0.636 4。因此，可选用 TM 影像的 NDVI 数据

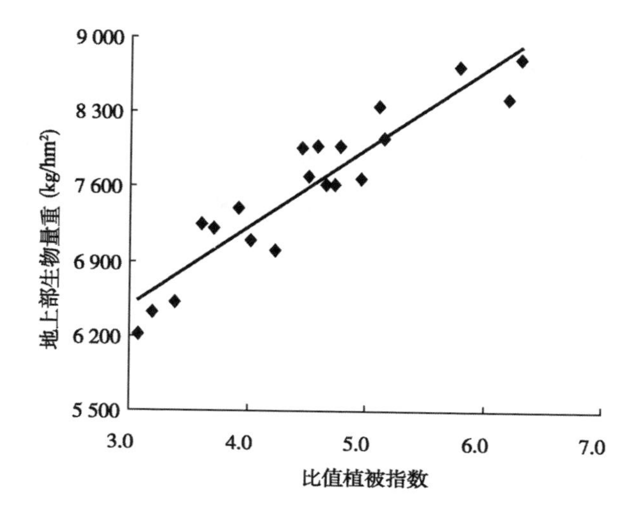

图 4－15　水稻地上部生物量与 RVI 的关系

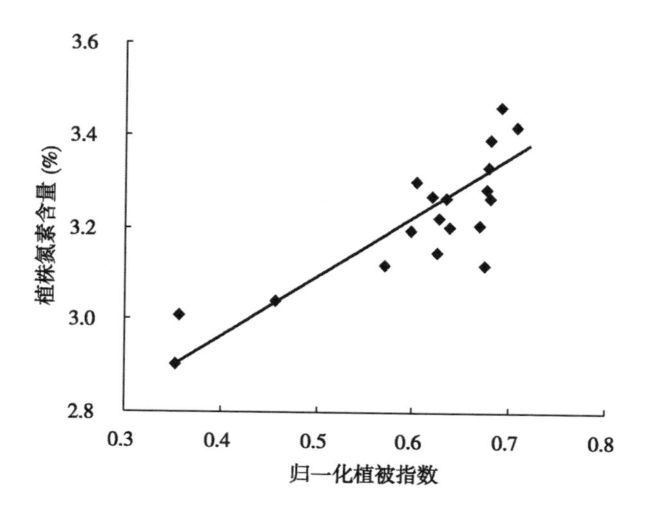

图 4－16　水稻植株含氮量与 NDVI 关系

对水稻抽穗期植株氮素含量进行监测。

4.1.6 水稻抽穗期长势遥感监测

利用卫星影像数据开展水稻长势分级监测研究，制作能够直观反映水稻长势优劣等级的分级监测专题图，可为农学家和农业技术推广人员获取水稻区域长势状况提供信息支持。

4.1.6.1 遥感数据源及利用

利用 HJ-1A 卫星数据，研究区域选在姜堰市。卫星过境时间为 2009 年 7 月 2 日。当日天气晴朗，少云，卫星影像质量较好。影像数据结合地面实测的 GPS 控制点进行几何纠正、大气校正和反射率转换，方法同前。地面实测控制点是采用美国 Trimble 公司的 Juno ST 手持 GPS 接收机确定。在姜堰市水稻种植面积较大的几个乡镇选择了 16 个试验样点，采集地理坐标并调查水稻品种信息和生长状况等数据。

4.1.6.2 基于专题制作的长势遥感监测流程

首先，利用已有的行政边界矢量图，制作姜堰市的感兴趣区域（AOI）文件，裁剪姜堰市的影像区域范围，选取 4、2、1 波段合成判读和目视解译所用的底图影像。然后，将经过几何校正的 HJ-1A 卫星影像数据利用 ERDAS 软件中的编程模块运算出 NDVI 影像。再依据水稻 NDVI 数据与叶面积指数的关系模型，计算出整个影像区域的水稻 LAI 数据。结合当地主栽品种 LAI 数据与样点实测 LAI 数据进行水稻长势分级。最后经过整饬，制作出水稻长势遥感分级监测专题图。专题图制作流程如图 4－17。

4.1.6.3 水稻不同长势等级分布状况监测

水稻种植面积准确提取是水稻长势遥感分级监测非常重要的前期工作。表 4－4 为分级后得到的各长势等级水稻的面积分布情况。

表 4－4　分类后得到的姜堰市各长势等级水稻的面积分布

长势等级	叶面积指数	面积（hm^2）	所占比例（%）
长势旺盛	>2.0	4 725.15	12.3
长势正常	1.88～2.0	23 826.3	61.9

（续表）

长势等级	叶面积指数	面积（hm^2）	所占比例（%）
长势偏弱	1.65～1.88	5 517.47	14.4
长势较差	<1.65	4 395.23	11.4

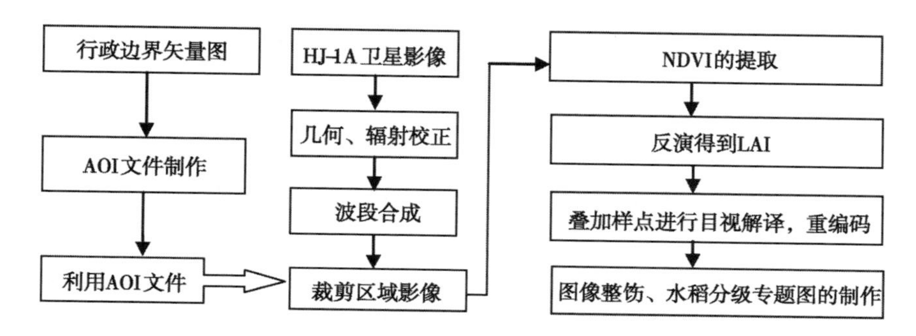

图 4－17　水稻长势遥感监测流程

由表 4－4 可以看出，水稻长势旺盛（LAI >2.0）的面积，占水稻种植总面积的 12.3%；水稻长势正常或偏弱（LAI 值介于 1.65 和 2.0 之间）的面积，占总面积的 76.3%；水稻长势较差（LAI <1.65）的面积，占种植总面积的 11.4%，主要分布在靠近城镇和地势低洼的地区，表明在田间管理上还存在一些问题，仍具有可挖掘的产量潜力。如对于长势较弱的水稻田块调节灌溉水层，适当增施分蘖肥，可达到增蘖壮茎的目的。

一般来说，7 月初水稻的 LAI 在 1.5～2，根据 LAI 的具体数值，可以初步进行水稻长势分级。依据 LAI 的具体数值，叠加遥感影像底图和试验样点水稻长势状况的相关数据进行校正，最终得到该市的水稻长势遥感监测分级专题图（图 4－18）。依据水稻长势分级监测专题图，研究人员和农业技术推广人员能直观明晰了解所辖区域水稻生长优劣与分布状况，可以客观、有针对性地实施生产管理与技术指导。

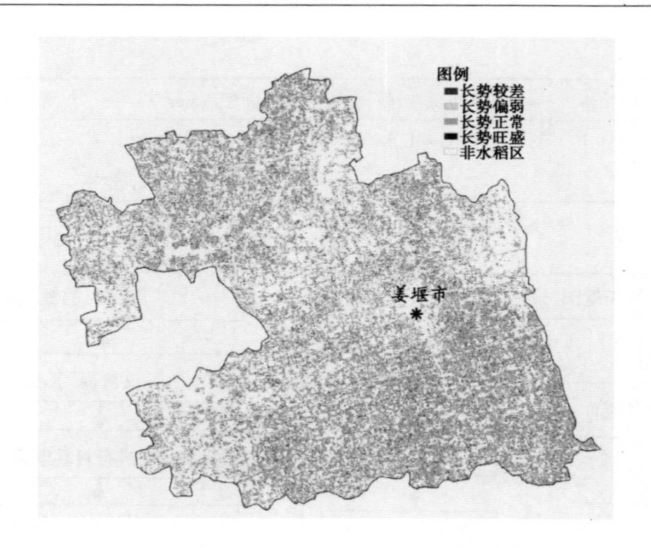

图 4－18　姜堰市水稻长势遥感监测信息

4.2　基于多源遥感的农作物长势监测

使用 LANDSAT5/TM、HJ/CCD、CBERS/CCD 以及 P-6 星等中分辨遥感影像监测农作物长势，虽取得了一定的研究效果，但仍存在混合像元的问题，影响解译精度，尤其在水网密布、耕作范围小、地势起伏不定的地区。使用高分辨率的卫星影像（如 ALOS、IKONOS、SPOT5 等）有助于进一步提高监测精度，利用多源遥感监测农作物长势研究也越来越受到学术界重视。

4.2.1　基于中高分辨率遥感数据的长势监测

利用中高分辨率影像进行农作物长势精确监测是农业遥感日益发展的需求。选取相同大小的研究区域，研究了利用高分辨率影像和中分辨率影像进行冬小麦长势监测的基本方法。

4.2.1.1　数据选择与处理

选用2010年5月25日的ALOS/AVNIR-2影像和2010年5月24日的HJ-A/CCD影像。其中，ALOS卫星是日本于2006年发射的卫星，轨道高度为691.65km，卫星上载有可见光与近红外辐射计（AVNIR-2），空间分辨率为10m，波谱范围覆盖蓝光（0.42～0.50μm）、绿光（0.52～0.60μm）、红光（0.61～6.9μm）、近红外（0.76～0.89μm），AVNIR-2幅宽为70km。

此时研究区冬小麦处于抽穗期。影像数据处理，结合地面实测的GPS控制点进行几何纠正、大气校正和反射率转换，方法同前节。分别在ALOS和HJ裁剪相同范围大小的研究区域。地面实测控制点是采用美国Trimble公司手持GPS接收机，在研究区小麦种植面积较大的地方选择了16个试验样点和5个200m×200m的小麦样方，采集地理坐标并记录小麦的品种和LAI等生长状况数据。

4.2.1.2　中高分辨率遥感数据光谱特征分析

冬小麦的反射光谱特征可以综合地反映其生理生化过程，当生长条件不一样或发生变化时，冬小麦的光谱特征也会发生明显的变化。ALOS影像一个像元实际面积为10m×10m。HJ影像一个像元实际面积为30m×30m，相当于包含9个ALOS影像像元。因此，在一些面积小于900m^{2}的不规则的小田块，由于地块周边环境的影响，使得小麦的光谱特征发生了改变，NDVI值不能准确反映田块小麦的长势状况。

表4－5　不同遥感内影像样点NDVI及特征值

样点	NDVI			样点	NDVI		
	ALOS	HJ	变化率		ALOS	HJ	变化率
1	0.387 6	0.455 1	14.83%	9	0.375 7	0.437 0	14.03%
2	0.391 0	0.442 3	11.60%	10	0.337 8	0.422 7	20.09%
3	0.373 0	0.446 9	16.54%	11	0.347 7	0.433 1	19.72%
4	0.369 2	0.429 1	13.96%	12	0.397 0	0.460 1	13.71%
5	0.351 8	0.428 4	17.88%	13	0.372 3	0.467 2	20.31%

（续表）

样点	NDVI			样点	NDVI		
	ALOS	HJ	变化率		ALOS	HJ	变化率
6	0. 344 3	0. 448 0	23. 15%	14	0. 316 4	0. 406 0	22. 31%
7	0. 327 6	0. 408 1	19. 73%	15	0. 339 2	0. 425 9	20. 36%
8	0. 356 2	0. 446 9	20. 30%	16	0. 354 5	0. 411 3	13. 81%
变幅	0. 316 ~ 0. 397	0. 406 ~ 0. 467		标准差	0. 023	0. 018	
平均值	0. 358 9	0. 435 5		变异系数	6. 46%	4. 20%	

分别提取 ALOS 和 HJ 影像中 16 个取样点的 NDVI 值，分析其相关特征值如表 4－5 所示。经对比可知，ALOS 影像 16 个样点的 NDVI 值都分别小于 HJ 影像的 NDVI 值，ALOS 影像样点 NDVI 的变幅在 0. 316 ~ 0. 397 平均值为 0. 358 9，其变异系数为 6. 46%，HJ 影像样点 NDVI 值的变幅在 0. 406 ~ 0. 467，平均值为 0. 435 5，其变异系数为 4. 20%，说明两种遥感影像的小麦光谱特征差异较大，ALOS 卫星的光谱特征变异性较 HJ 影像大，更有利于识别小麦的长势变化情况。HJ 影像的光谱特征对农田大小与周边田埂环境监测效果不明显，势必导致对小麦长势监测误差的加大。

4. 2. 1. 3　中高分辨率遥感长势监测比较

对 ALOS 和 HJ 影像小麦采样点的 NDVI 值进行相关对比分析，发现两组 NDVI 值的变化趋势基本一致，但数值大小相差不一（图 4－19）。ALOS 和 HJ 影像采样点的 NDVI 值之间的相关系数仅为 0. 567 2，两者之间不能相互替代，但均与采样点 LAI 存在明显的响应关系。

为避免监测误差，应分别建立 ALOS 和 HJ 影像 NDVI 与 LAI 的转换模型。ALOS 影像的拟合方程为：

$$LAI_{ALOS} = 10.018NDVI + 1.0507 \ (R^2 = 0.8612)$$

HJ 影像的拟合方程为：

$$LAI_{HJ} = 12.34NDVI - 0.7289 \ (R^2 = 0.809)$$

利用 LAI 遥感监测模型，将 ALOS 影像和 HJ 影像的 NDVI 数据转换获得研究区小麦的 LAI 信息，分析可知：该区抽穗期小麦 LAI 大多集中在

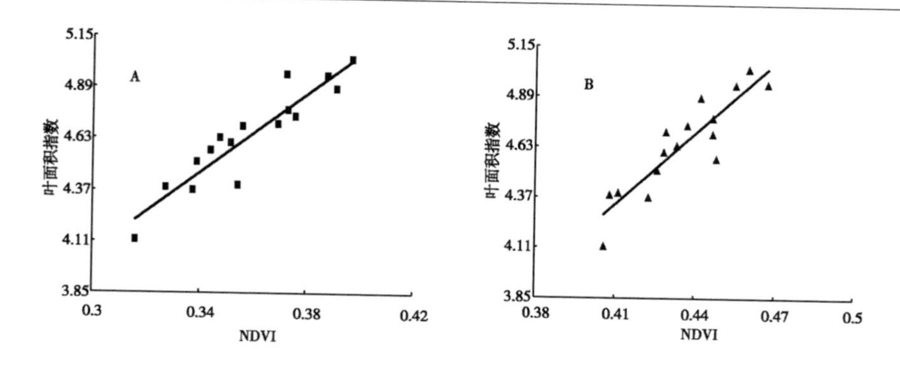

图4-19 ALOS、HJ星影像NDVI与叶面积指数的关系

4.0~5.0，标准差为0.251，变异系数为5.40%，表明小麦长势存在明显差异。小麦长势的差异直接影响最终的品质和产量，依据当地小麦品种的LAI等级指标，对区域小麦LAI信息进行分级，同时叠加采样点信息和实际LAI进行修正，得到该区域的小麦长势分级遥感监测信息图（图4-20）。小麦长势分级遥感监测信息图的生成可为基层农业部门快速获取区域小麦长势信息、及时指导田间生产提供可靠的信息支持。

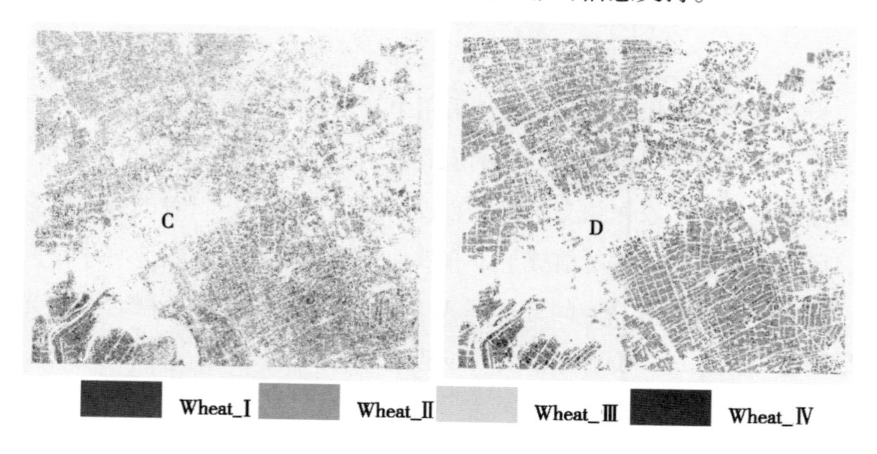

图4-20 基于ALOS影像（C）和HJ影像（D）的小麦长势分级监测图

利用ArcGIS系统软件获得各等级长势的小麦面积分布情况（表4-6）。由表4-6可知，ALOS影像和HJ影像监测研究区小麦整体长势正常，分别占整个研究区域的67.18%和68.54%。长势旺盛的地方大部分位于

研究区域的南部，即金湖县的东北部地区和宝应县的东南部，这里离市中心较远，地势平坦，较适合小麦的生长，其种植面积也相对较大，长势相对旺盛，分别占 11.88% 和 11.13%。长势偏弱和较差的地方大多位于城镇周围，且分布零散，受到城镇建设的影响小麦的长势较差，共占研究区域的 20% 以上。中高分辨率影像的联合监测为作物长势精确监测提供了一条很好的出路。

表 4-6　研究区小麦各长势等级的面积分布

图　例	类　别	叶面积指数	面积（hm^2）		所占比例（%）	
			ALOS	HJ	ALOS	HJ
Wheat_ Ⅰ	长势旺盛	>5.0	2 868.34	2 945.37	11.88	11.13
Wheat_ Ⅱ	长势正常	4.5~5.0	16 218.20	18 143.62	67.18	68.54
Wheat _ Ⅲ	长势偏弱	4.0~4.5	2 861.38	3 098.58	11.85	11.71
Wheat _ Ⅳ	长势较差	<4.0	2 195.12	2 283.79	9.09	8.63

4.2.2　基于数据融合的冬小麦长势监测

为了提高对农作物监测精度，采用中、高分辨率融合技术是一种有效的方法。高分辨率影像对于分散的农作物种植面积具有很高的识别能力，而中分辨影像对于农作物光谱特征有较高的识别能力，二者的有效结合使用，可在保证使用成本的前提下，有效地提高监测精度。本节将中空间分辨率的 HJ-1A 数据和高空间分辨率 ALOS 数据融合，在分析融合数据光谱特征的基础上，进一步对冬小麦的长势进行监测。

4.2.2.1　数据选取与处理

选用 2010 年 4 月 13 日 HJ-1A/CCD1 遥感影像、2010 年 5 月 25 日空间分辨率为 10m 的 ALOS/AVNIR-2 多光谱影像和分辨率为 2.5m 的全色波段对江苏省金湖县的冬小麦长势进行监测。影像数据处理，结合地面实测的 GPS 控制点进行几何纠正、大气校正和反射率转换，方法同前节。

在金湖县研究区随机选取冬小麦生长 40 个样点，每个样点距离道路田埂30m以上，以保证样点的纯净，样点之间相距约15m。在冬小麦拔节期和灌浆期进行实验数据的采集。利用Juno ST手持式GPS接收机，采集样点地理坐标，并利用SunScan便携式叶面积仪测定冬小麦样点的叶面积（Leaf area index，LAI）。生物量（Plant biomass，PB）选用1平方尺样框内冬小麦植株，在105℃下杀青20min，然后75℃烘干并称重。冬小麦叶绿素含量（Leaf chlorophyll content，LChC）、叶片含氮量（Leaf nitrogen content，LNC）和含水量（Leaf water content，LWC）利用TYS-3N植株养分速测仪进行测量，每个数值均是多次测量求取的平均值。

4.2.2.2 中高分辨率数据融合方法

影像融合是将对同地一目标的多传感器影像数据和其他非遥感信息的综合处理过程，最大限度地提高影像信息的利用率，获得比单一影像更精确、更丰富的综合影像数据。本节利用Wav. IHS变换、PCA变换和GS变换3种像素级融合方法进行融合研究。

Wav. IHS变换：IHS变换（Intensity-Hue-Saturation，彩色变换）融合是一种常用的信息融合方法，IHS显色系统在视觉上定性描述色彩时比RGB颜色空间更直观、更符合人们的视觉效果。IHS变换首先将较低空间分辨率的影像从RGB空间转换到IHS空间，得到色度H，亮度I和饱和度S3个分量，同时将高分辨影像进行对比度拉伸使之替代I分量，最后经IHS逆变换到RGB颜色空间，从而得到高空间分辨率的融合影像。传统的IHS融合方法大大提高了影像的可读性，具有良好的目视判读效果，但存在严重的光谱畸变，而IHS和小波变换（Wavelet）相结合的融合方法（简称Wav. IHS变换）可以缓解这一问题。Wav. IHS方法综合了IHS和Wavelet的优点，将全色波段和IHS变换分解的I分量同时进行小波变换，用小波分解后的全色波段高频信息代替I分量的高频信息，并进行小波反变换完成融合影像的重构。

PCA变换：PCA变换［（Principle Component Analysis，主成分变换）主成分分析］是一种多维正交线性变换，具有影像增强、信息压缩的作用。与IHS变换相似，首先将低分辨率的多光谱影像进行主成分变换，对高分辨率影像进行灰度拉伸使其替代变换后的第一分量，然后经主成分逆变换回原始空间。融合后的影像不仅提高了影像的空间分辨率和光谱分辨率，也较好地保留了原影像的高频信息，使得目标细节特征更加清晰，光谱信息更加丰富，但也存在光谱退化现象。

GS 变换：GS 变换（Gram-Schmidt，光谱锐化）融合方法通过对多维影像进行正交化，消除冗余信息，最大限度的保留光谱差异。具体步骤如下：第一步，从低分辨率影像波谱中复制出一个全色波段，对该全色波段和多光谱波段进行 GS 变换，并把全色波段作为第一个波段；第二步，用高空间分辨率的全色波段替换 GS 变换后的第一个波段；最后，应用 GS 反变换构成融合后的波谱波段。GS 变换不仅运算速度快，且光谱信息失真小，是一种高保真的遥感影像融合方法。

4.2.2.3 遥感融合数据评价方法

从信息量、空间质量和光谱质量 3 个角度，选取均值、标准差、平均梯度、交叉熵和相关系数来评价融合影像的效果。

均值（Average Value）是影像像元灰度平均值，是影像对人眼的平均亮度。该值反映了融合后影像灰度分布情况和亮度大小。均值适中，影像质量良好。均值定义公式为：

$$\mu = \frac{1}{M \times N}\sum_{i=1}^{M}\sum_{j=1}^{N}F(i,j)$$

其中，M、N 为影像的行列数；$F_{(i,j)}$ 为融合影像的像元值。

标准差（Standard deviation）反映了影像灰度值的离散程度，是衡量影像信息量和反差大小的重要指标之一。标准差越大，影像灰度值的分布越分散，反差越大，则影像的信息量越多，视觉效果越明显。标准差定义公式如下：

$$std = \sqrt{\frac{1}{M \times N}\sum_{i=1}^{M}\sum_{j=1}^{N}[F(i,j) - \mu]^2}$$

平均梯度（Average Grads）是评价影像清晰程度的重要指标，反映了影像中微小细节的表现能力和纹理变换特点。平均梯度值越大，影像越清晰。平均梯度定义如下：

$$\bar{G} = \frac{1}{M \times N}\sum_{i=0}^{M-1}\sum_{j=0}^{N-1}\sqrt{\left[\left(\frac{\partial F(i,j)}{\partial i}\right)^2 + \left(\frac{\partial F(i,j)}{\partial j}\right)^2\right]/2}$$

交叉熵（Cross Entropy）：信息量增加是影像融合的基本要求。交叉熵用来反映融合影像的光谱信息量，以及与原影像对应像元的差异程度。熵值越小，说明与原影像的差异越小，携带的信息量越多，细节越丰富，融合质量越好。交叉熵定义公式如下：

$$CE_{S,F} = \sum_{i=0}^{L-1} P_{s_i}\log_2\frac{P_{s_i}}{P_{F_i}}$$

其中，S 表示原影像，F 表示融合影像；P_i 为灰度值为 i 时的像元数占总像元的百分比；L 为总像元数。

相关系数（Correlation Coefficient）：相关系数表示融合影像和原影像的相关程度，常用来评价融合影像的光谱保真度。相关系数越大，表示两幅影像越相关，即光谱保真度越好。定义如下：

$$CC = \frac{\sum_{i=1}^{M}\sum_{j=1}^{N}\left((F(i,j) - \bar{F}) \times (A(i,j) - \bar{A})\right)}{\sqrt{\sum_{i=1}^{M}\sum_{j=1}^{N}(F(i,j) - \bar{F})^2 \times \sum_{i=1}^{M}\sum_{j=1}^{N}(A(i,j) - \bar{A})^2}}$$

其中，$A(i,j)$ 为原影像的像元值，$F(i,j)$ 为融合影像的像元值。

4.2.2.4　中高分辨率遥感数据融合效果评价

采用 Wav. IHS 变换、PCA 变换和 GS 变换 3 种像素级融合方法，将 HJ 多光谱影像与 ALOS 影像全色波段融合并重采样，使 HJ 影像的空间分辨率提高到 10m，融合效果（假彩色图像）部分截图如图 4－21 所示。

从图 4－21 目视可以看出，3 种方法融合后影像与原始影像相比清晰度都显著提高，纹理特征显著增强，细节信息更加丰富。其中，道路、河流轮廓更加清晰可见，田块间的边界信息更加明显，易于判读和识别。从色彩效果上看，PCA 融合影像和 GS 融合影像亮度较低，颜色偏暗，地物之间的对比度较差。Wav. IHS 融合影像整体较亮，色彩鲜艳，反差较大，最接近原始影像。

从影像空间质量、信息量和光谱保真度 3 个方面对融合影像进行客观

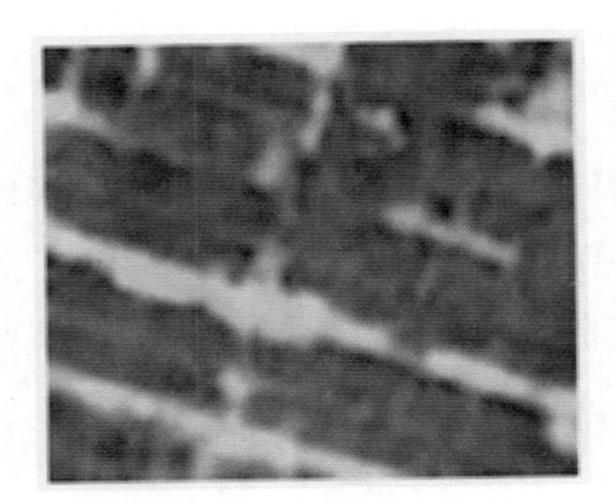
原始 HJ 影像

Wav.IHS 变换

PCA 变换

GS 变换

图 4-21 融合后假彩色图像与原图像效果比较

定量评价，结果如表 4-7 所示。

表 4-7 中高分辨率遥感数据不同融合方法效果定量评价

融合方法	波段	均值	标准差	平均梯度	交叉熵	相关系数
Wav. IHS 变换	NIR	57.36	36.38	2.31	1.83	0.98
	R	32.99	23.40	3.90	4.21	0.95
	G	34.10	23.45	5.51	6.73	0.93
	平均	41.48	27.75	3.91	4.26	0.96
PCA 变换	NIR	16.93	38.17	8.60	10.29	0.93
	R	10.30	22.37	5.70	8.05	0.95
	G	10.89	21.84	3.91	5.37	0.94
	平均	12.71	27.46	6.07	7.90	0.94

（续表）

融合方法	波段	均值	标准差	平均梯度	交叉熵	相关系数
GS 变换	NIR	58.27	39.04	8.58	9.39	0.94
	R	32.68	21.30	5.75	6.94	0.95
	G	33.82	21.14	3.93	4.52	0.93
	平均	41.59	27.16	6.09	6.95	0.94

均值和平均梯度从不同角度反映了影像的空间质量。一般情况下，均值适中，则融合影像质量较好；平均梯度值越大，影像越清晰，细节信息表现越好。原始影像的均值为41.54，Wav. IHS、PCA 和 GS 融合影像均值分别为41.48、12.71、41.59，其中，与原始影像相比，Wav. IHS 融合影像和 GS 融合影像的均值变化不大，PCA 融合影像的均值最小，与原始影像相差最大，因此，PCA 融合影像的平均亮度最低。3 种融合方法的平均梯度值排序为 GS（6.09）＞PCA（6.07）＞Wav. IHS（3.91），说明 3 种融合方法中，GS 融合影像清晰度最好，细节表现力最强。因此，就融合影像空间质量而言，3 种融合方法中 GS 变换的融合影像空间质量最好。

增加信息量、提高信息利用率是影像融合目的之一。标准差和交叉熵是衡量信息丰富程度的重要指标。标准差越大，反差越大，视觉信息越明显；交叉熵越小，携带的信息量丰富，说明融合影像的质量越好。由表4－7可知，3 种方法融合影像的标准差值排序为 Wav. IHS（27.75）＞PCA（27.46）＞GS（27.16），交叉熵大小排序为 Wav. IHS（4.26）＜GS（6.95）＜PCA（7.90）。其中，Wav. IHS 融合影像的标准差最大，交叉熵最小，说明携带的信息量最多。因此，就融合影像信息量评价而言，Wav. IHS 变换方法产生的信息量更充分，融合效果更好，GS 变换方法次之。

光谱保真能力是评价融合效果的重要方面。相关系数反映了融合前后影像光谱信息的改变程度，相关系数越大，光谱保真度越好。3 种融合方法的相关系数分别为 0.96、0.94、0.94，其中 Wav. IHS 融合影像与原始影像的相关系数最大，说明其光谱保真效果最好。因此，就光谱质量而言，Wav. IHS 变换方法的融合光谱质量相对最好，PCA 变换法次之。

综上所述，通过对 3 种融合方法进行目视主观评价和客观定量评价，发现 Wav. IHS 变换方法的融合效果最好。

4.2.2.5　融合数据植被指数与长势指标关系分析

利用 ERDAS Imagine 遥感软件提取冬小麦拔节期（4 月 13 日）HJ 影像数据和融合的 WI. HJ 影像数据的归一化植被指数（NDVI）、比值植被指数（RVI）和土壤调整植被指数（SAVI），结果如表 4－8 和表 4－9 所示。

从表 4－8 可以看出，拔节期 LAI 在与生物量（BP）达到显著相关的同时，与植被指数 NDVI、RVI 和 SAVI 的关联性均达到显著水平。BP 与植被指数 NDVI 和 RVI 的关联性也均达到显著水平。在此说明了利用 HJ 星遥感监测拔节期长势的可行性。从表 4－9 可知，融合遥感数据（WI. HJ）植被指数 NDVI、RVI 和 SAVI 分别与 LAI 和 BP 相关性不但呈现显著水平，而且达到极显著相关水平。说明 WI. HJ（融合影像）在可突出边界田块特征的同时，明显增强了波段的光谱信息，进一步改进了遥感植被指数对长势信息的捕获与监测能力。

表 4－8　HJ 遥感数据植被指数与各长势指标之间的相关性

	LAI	PB	LChC	LNC	LWC	NDVI	RVI	SAVI
LAI	1							
PB	0.72*	1						
LChC	0.02	0.10	1					
LNC	−0.06	−0.22	0.63*	1				
LWC	0.25	0.02	0.11	−0.42	1			
NDVI	0.75**	0.73*	0.41	0.36	0.21	1		
RVI	0.71*	0.64*	0.10	0.23	0.27	0.63*	1	
SAVI	0.63*	0.53	0.11	0.19	0.17	0.71*	0.36	1

注：** 表示显著水平为 0.01，* 表示显著水平为 0.05

表 4－9　WI. HJ 遥感数据植被指数与各长势指标之间的相关性

	LAI	PB	LChC	LNC	LWC	NDVI	RVI	SAVI
LAI	1							
PB	0.89 **	1						
LChC	0.02	0.07	1					
LNC	－0.04	－0.07	0.49	1				
LWC	0.23	0.09	0.11	－0.06	1			
NDVI	0.85 **	0.74 **	0.59	0.42	0.49	1		
RVI	0.82 **	0.74 **	0.03	0.30	0.31	0.65 *	1	
SAVI	0.75 **	0.84 **	0.07	0.27	0.26 *	0.70 *	0.78 **	1

4.3　基于模型的冬小麦生物量遥感监测

生物量是反映冬小麦长势的重要群体指标之一。LAI 与生物量之间有较好的关联性，可以利用遥感（植被指数）反演的 LAI 间接地获取生物量信息。这种方法是基于遥感信息和冬小麦长势指标间的关联性实现的，模型的经验性较强，在不同地域、不同时间的适用性较差。冬小麦生物量形成于光合作用，并在过程中受到外界温度、土壤水分、氮素等因素的影响，因此，在对大面积冬小麦生物量监测预报中应考虑其形成的生理生态过程。

本节采用中分辨率遥感数据与作物模拟技术相结合的方法，基于冬小麦生物量形成的生理生态过程，在建立冬小麦生物量估算模型的基础上，进一步开展区域冬小麦生物量监测预报。

4.3.1　数据获取与利用

选择江苏省的泰兴和兴化两市为研究区域。两地冬小麦品种为宁麦 13、宁麦 14、扬麦 16 和扬麦 18。试验取样时期为冬小麦拔节期，调查内容包括冬小麦的品种类型、群体长势、病虫害、日平均气温等信息。为获得区域有代表性的生物量信息，确立地面调查样点 20 个，样点间距离在 2km 以上。选取面积较大、能代表附近长势的大田块作为监测样点，采用对角线测定方法，取 5 个小样方，样方间距 3m 左右，每个小样方面积为 0.11m^2（1 平方尺）。

在冬小麦拔节期，利用 GPS 对试验样点精确定位，测定冠层光谱及生理生化参数。利用 GreenSeeker 冠层光谱仪和 SunScan 叶面积指数仪分别测定地物光谱信息（NDVI、VI、REDrefc、NIRrefc）和冬小麦叶面积指数（LAI）。为了减少由于光照等条件的影响，地面光谱采集定于上午 10：00～12：00 进行。采集时以每样点光谱测定 20 次，求平均值作为该采样点相应的光谱信息。剪取小样方中冬小麦植株于取样袋中，置室内烘箱烘干并称取其重量，计算单位公顷的生物量干重。

选用 2012 年 3 月 26 日中分辨的 HJ-1A 影像数据，该数据来自对地观测系统数据共享平台。采用遥感影像处理系统 ERADS 对卫星影像进行处理。首先利用地形图对影像进行几何校正，然后利用 GPS 样方控制点对卫星影像进行几何精校正。最后进行大气校正（利用地面定标体的实测反射率数据与同时期卫星影像的原始灰度值，采用经验线性法转换）。泰兴遥感数据用于冬小麦 LAI 反演模型的建立，兴化遥感数据用于冬小麦生物量预测和专题图制作。

4.3.2 冬小麦生物量模型描述

冬小麦生物量（*Biomass*）指的是植物经光合同化后积累的有机物总量，包括根、茎、叶、籽粒。生物量可简单分为地上部分（茎、叶、穗）和地下部分（根）两类。本节仅对冬小麦地上部生物量（*Above -Plant Biomass Weight*，*APBW*）进行研究，结合李卫国等人的冬小麦估产模型算法，进行冬小麦生物量模型（Winter wheat biomass model，WBM）描述。

冬小麦生长过程中，生物量（*APBW*）可通过以下公式获得：

$$APBW_i = \int_1^i dAPBW_i$$

式中，$APBW_i$表示第 1 到第 i 天的地上部干物质（kg/hm²）的积累量，$dAPBW_i$为第 i 天冬小麦植株地上部干物质日增重［kg/（hm^2·d）］，i 为从播种到拔节期时的天数（d）。其中，$dAPBW_i$算法如下：

$$dAPBW_i = dPAW_i - dGWW_i - dMWW_i$$

式中，$dPAW_i$、$dGRC_i$、$dMRC_i$ 分别表示第 i 天冬小麦光合同化量（*Daily Plant Assimilation Weight*，kg/（hm^2·d），生长呼吸消耗量（*Daily Growth Wasting Weight*，kg/（hm^2·d）维持呼吸消耗量（*Daily* Maintaining *Wasting Weight*，kg/（hm^2·d）。

GWW_i和 MWW_i的算法如下：

$$GWW_i = dPAW_i \times Gr$$

$$MWW_i = APBW_i \times Gm \times Q_{10}{}^{(Tem-25)/10}$$

式中，Gr（*Growth Respiration* 表示生长呼吸系数）取值为 0.33。Gm（*Maintaining Respiration* 为冬小麦维持呼吸系数），取值为 0.016。Q_{10}为呼吸作用的温度系数，取值为 2，Tem 为日平均气温（℃）。

光合同化是植株利用太阳能，通过光合作用形成有机物和贮存能量的过程。在太阳光辐射中只有可见部分能被用于植株光合作用，其占太阳总辐射的 47%～48%。另外，在植株生长过程中会有少部分太阳辐射被植株冠层反射流失。植株每日对太阳辐射的有效使用量采用日光合有效辐射（$dPAR$，daily Photosynthetically Active Radiation，MJ/m^2）描述，其算法可通过下式获得：

$$dPAR = \mu \times dR \times (1 - \alpha)$$

上式中，μ 为可见光辐射量占太阳光总辐射的比率，取值 0.475。dR（daily Radialization）为每日太阳总辐射量（MJ/m^2），α 为小麦群体反射率，取值为 8%。

植株日光合同化量 dPAW_i参照高亮之等人的模拟算法得到：

$$dPAW_i = \left(\frac{1 + dPAR}{1 + dPAR \times e^{(-K \times LAI_i)}}\right) \times \frac{\omega \times DL}{K} \times$$

$$\delta \times \min(F_N, F_W)$$

式中，K 为群体消光系数，LAI 为叶面积指数，δ 为 CH_2O 与 CO_2 间的转换系数，取值为 0.68。ω 为实验系数，取值 0.35。F_N、F_W分别为氮素和水分影响因子，具体算法参照李卫国等人文章。

冬小麦生物量模型中 LAI 的变化影响预测结果。先利用遥感植被指数进行 LAI 反演，再利用 LAI 修订模型，进一步对生物量进行预测。利用 NDVI、RVI 和 DVI 3 种植被指数与 LAI 指数方程、线性方程、对数方程以及幂函数方程进行比较分析，选出变化最敏感的植被指数与模型，用于 LAI 的反演。

4.3.3 不同植被指数与 LAI 的关系

利用 GPS 样点矢量数据提取泰兴冬小麦拔节期遥感数据的近红外波段和红光波段反射率值，并计算 NDVI、RVI 和 DVI。将 3 种植被指数与实测 LAI 分别进行拟合，如图 4－22 所示。从图中可以看出，3 种植被指数与 LAI 之间拟合度较好，均呈正相关关系。其中，NDVI 与 LAI 呈指数相关关系，决定系数为 0.717 4，RVI、DVI 与 LAI 分别呈线性相关关系，决定系数为 0.708 9和 0.638。说明在冬小麦拔节期三种植被指数中，NDVI 是反演 LAI 的最佳植被指数。该模型将用于修订冬小麦生物量预测模型的参数。

4.3.4 生物量模型运行与验证

根据冬小麦估算生物量模型的设计特点，利用兴化试验区的品种参数，气象资料，对兴化冬小麦生物量进行预测。用泰兴冬小麦反演的 LAI 对生物量模型参数进行修订，将修订过的模型计算兴化的冬小麦样点生物量数据，并利用兴化实测生物量数据检测生物量预测模型精度。

利用兴化冬小麦生物量预测值和实测值数据，建立了冬小麦生物量预测值与实测值间的 1∶1 的关系图（图 4－23）。

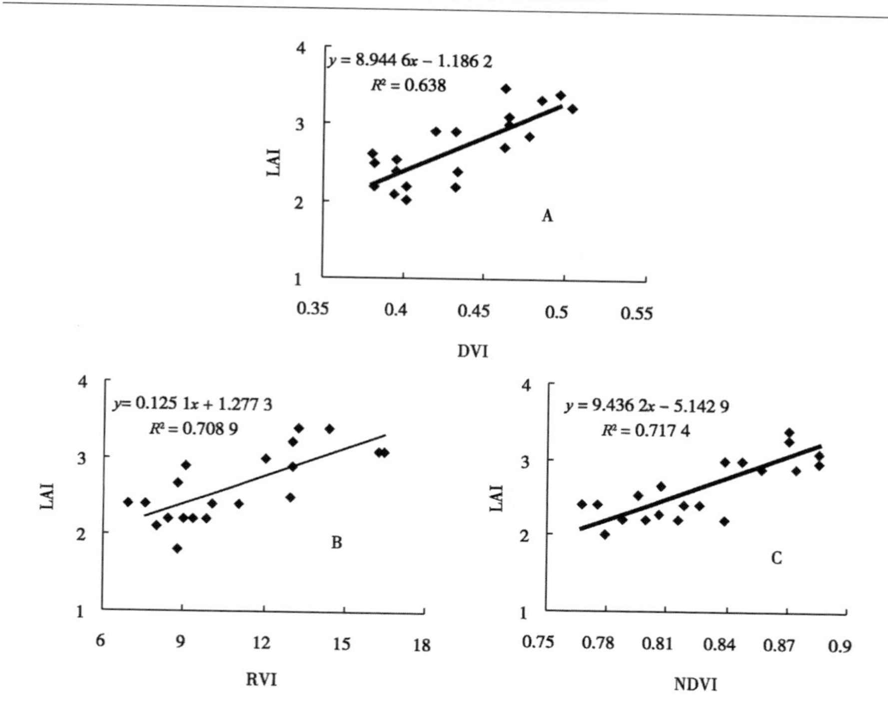

图 4－22　NDVI（A）、RVI（B）和 DVI（C）三种植被指数与 LAI 的关系

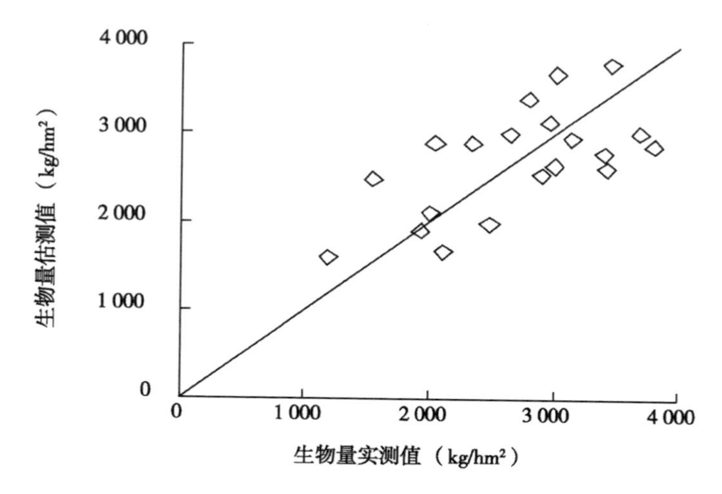

图 4－23　冬小麦生物量实测值与预测值的比较

由于兴化 2012 年受白粉病、赤霉病等影响，生物量比往年数据较低，且在实际调查过程中发现零星出现死株现象，导致减产。利用生物量模型预测冬小麦生物量为：1 897.03～3 800.78kg/hm^2，平均为 2 866.33kg/hm^2。实测的生物量为 1 932.30～3 689.44kg/hm^2，平均为 2 711.75kg/hm^2，表明两者吻合度较好。说明利用模型可以预测生物量，但由于环境因子和模型自身的参数的影响，个别数据存在偏差较大，未能达到完全一致的预测状态，这在以后研究中需多深入研究。

4.3.5 区域冬小麦生物量遥感监测预报

将兴化样点生物量预测数据与遥感数据的 NDVI、RVI 和 DVI 植被指数进行关联性拟合，如图 4－24 所示。从图中看出，预测生物量值与 NDVI、RVI 和 DVI 关系模型的决定系数分别为 0.723 9、0.682 和 0.712 7，其中，与 NDVI 间的相关性最好。下面将利用预测生物量与 NDVI 间的关系模型进行区域（遥感）生物量信息的转换。

利用已有的兴化行政边界矢量图，制作兴化市 AOI 文件，并裁剪 HJ 星影像数据中兴化市的影像区域，经过波段组合成为一幅影像。并经过分类与解译，提取兴化的小麦种植面积为 71 152hm^2，提取面积与实际面积较为符合。

在 ERDAS 软件中，利用估算模型预测的样点产量数据与 NDVI 进行线性转换，并结合样点实测生物量数据，确定四个长势分级范围，即，生物量－Ⅰ（生物量≥3 000kg/hm^2），表示长势旺盛。生物量-Ⅱ（2 500kg/hm^2≤生物量＜3 000kg/hm^2），表示长势正常。生物量-Ⅲ（2 000kg/hm^2≤生物量＜2 500kg/hm^2），表示长势较弱。生物量-Ⅳ（生物量＜2 000kg/hm^2），表示长势较差，参见图 4－25。从图中可看出，长势正常与较好的冬小麦多为集中成片区域，集中在兴化东南方向，这与该区域的合理灌溉及施肥等有关。长势较差的集中于道路旁边以及靠近城镇的地段。

最后，在 ARCGIS 软件中对兴化小麦生物量各等级的分布面积进行统

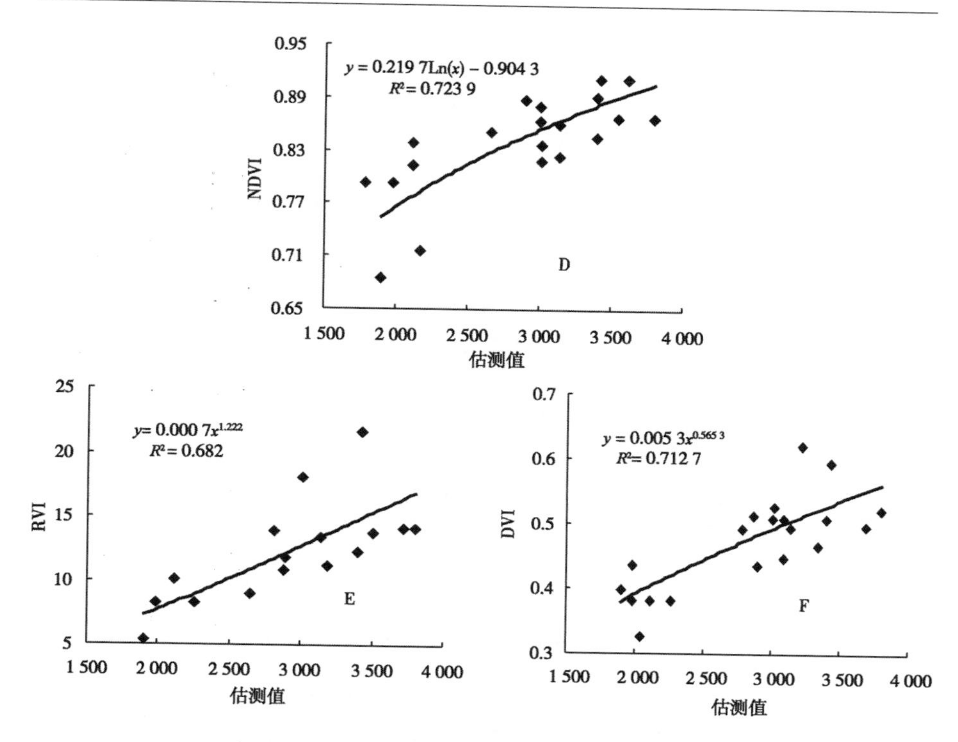

图 4－24　NDVI（D）、RVI（E）、DVI（F）三种植被指数与模拟生物量的关系

计（表 4－10），从表中看出，生物量-Ⅰ在图中所占比例较小，占总面积的 0.39%。生物量-Ⅱ占种植总面积的 46.5%。生物量-Ⅲ占种植总面积的 30.71%。生物量-Ⅳ占种植总面积的 22.4%。生物量是群体长势的重要指标之一，群体的生物量间接反映长势情况。

结合当地小麦管理实际需求，依据生物量划分 4 个长势等级，基本反映了当地冬小麦拔节期的生长状况。2012 年兴化长势较弱和较差的地区面积较大，这与实地调查较符合。2012 年白粉病、赤霉病、灰飞虱大范围暴发，其中也不排除自身品种、种植方式和管理等问题。对生物量较低的田块或区域加强病虫害防治与管理，有利于实现增产目的。

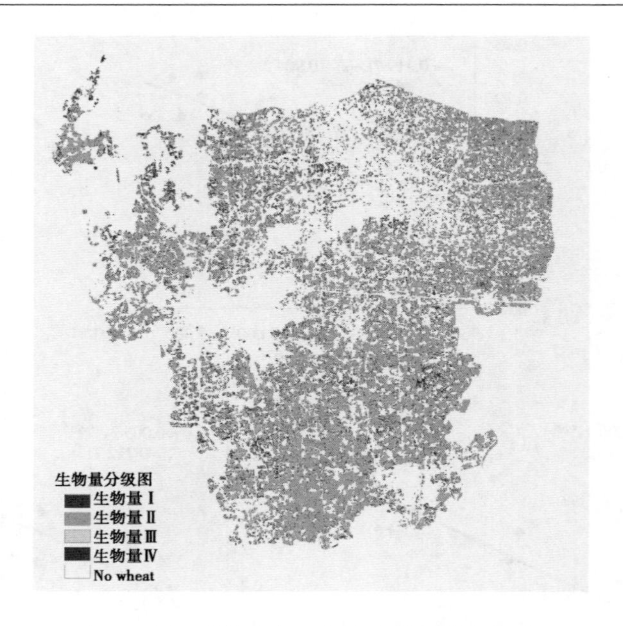

图 4－25　兴化市冬小麦生物量遥感监测图

表 4－10　不同生物量等级冬小麦面积分布情

图　例	类　别	生物量范围 (kg/hm²)	面积 (hm²)	所占比例 (%)
生物量-Ⅰ	长势旺盛	生物量≥3 000	278.93	0.39
生物量-Ⅱ	长势正常	2 500≤生物量＜3 000	33 090.9	46.5
生物量-Ⅲ	长势较弱	2 000≤生物量＜2 500	21 802.6	30.71
生物量-Ⅳ	长势较差	生物量＜2 000	15 979.5	22.4

参考文献

［1］曹卫星，郭文善，王龙俊，等．小麦品质生理生态及调优技术［M］．北京：中国农业出版社，2005：4～7

［2］程乾．基于 MOD13 产品水稻遥感估产模型研究［J］．农业工程学报，2006，22（3）：79～83

［3］黄彦，朱艳，王航，等．基于遥感与模型偶合的冬小麦生长预测

[J]. 生态学报 . 2011，31（4）：1073 ~ 1084

[4] 江东，王乃斌，杨小唤，等 . NDVI 曲统与农作物长势的时序互动规律 [J]. 生态学报，2002，22（2）：247 ~ 252

[5] 李花 . 水稻长势与产量遥感监测研究 [D]. 安徽农业大学硕士学位论文，2010

[6] 李晶，任志远 . 基于 SPOTNDVI 的陕西省耕地复种指数时空变化 [J]. 干旱区资源与环境，2011，25（10）：86 ~ 91

[7] 李琴，陈曦，刘英，等 . 干旱区区域蒸散发量遥感反演研究 [J]. 干旱区资源与环境，2012，26（8）：108 ~ 112

[8] 李卫国，李花 . 利用 HJ-1A 卫星遥感进行水稻产量分级监测预报研究 [J]. 中国水稻科学，2010，24（4）：385 ~ 390

[9] 李卫国，李正金，杨澄 . 基于 CBERS 遥感的冬小麦长势分级监测 [J]. 中国农业科技导报，2010，12（3）：1 ~ 5

[10] 李卫国，石春林 . 基于模型和遥感的水稻长势监测研究进展 [J]. 中国农学通报，2006，22（9）：457 ~ 461

[11] 李卫国，王纪华，赵春江，等 . 基于遥感信息和产量形成过程的小麦估产模型 [J]. 麦类作物学报，2007，27（5）：904 ~ 907

[12] 李卫国，王纪华，赵春江，等 . 小麦抽穗期长势遥感监测的初步研究 [J]. 江苏农业学报，2007，23（5）：499 ~ 500

[13] 李卫国，朱艳，戴廷波，等 . 水稻直链淀粉含量的生态模型研究 [J]. 应用生态学报，2005，16（3）：491 ~ 495

[14] 李卫国 . 作物长势遥感监测应用现状和展望 [J]. 江苏农业科学，2006，3：12 ~ 15

[15] 李向阳，朱云集，郭天财 . 不同小麦基因型灌浆期冠层和叶面温度与产量和品质关系的初步分析 [J]. 麦类作物学报，2004，24（2）：88 ~ 91

[16] 李欣，王连喜，李琪，等 . 宁夏近 25 年植被指数变化及其与气候的关系 [J]. 干旱区资源与环境，2011，25（9）：161 ~ 166

[17] 李正金．冬小麦长势与产量 Land/TM 遥感监测研究 [D]．南京信息工程大学硕士学位论文，2010

[18] 梁红霞，马友华，黄文江，等．基于遥感数据的冬小麦长势监测和变量施肥研究进展 [J]．麦类作物学报，2005，25（3）：119~124

[19] 刘爱霞，王长耀，刘正军．基于 RS 和 GIS 的干旱区棉花信息提取及长势监测 [J]．地理与地理信息科学，2003，19（4）：101~104

[20] 刘良云，赵春江，王纪华，等．冬小麦播期的卫星遥感及应用 [J]．遥感信息，2005，1：28~31

[21] 马新明，李琳，廖祥正．不同水分处理对小麦生育期后期光合特性及籽粒品质的影响 [J]．河南农业大学学报，2004，38（1）：13~16

[22] 蒙继华，吴炳方，杜鑫，等．基于 HJ-1A/B 数据的冬小麦成熟期遥感监测 [J]．农业工程学报，2011，27（3）：225~230

[23] 蒙继华，吴炳方，李强子，等．农田农情参数遥感监测进展及应用展望 [J]．遥感信息，2010（3）：35~43

[24] 任建强，刘杏认，陈仲新，等．基于作物生物量估计的区域冬小麦单产预测 [J]．应用生态学报．2009，20（4）：872~878

[25] 石宇虹，朴瀛，张菁．应用 NOAA 资料监测水稻长势的研究 [J]．应用气象学报，1999，10（2）：243~248

[26] 王纪华，黄文江，李保国．估测作物冠层生物量的新植被指数的研究 [J]．光谱学与光谱分析，2010，30（2）：512~517

[27] 王纪华，赵春江，黄文江，等．农业定量遥感基础与应用 [M]．北京：科学出版社，2008：141~190

[28] 王正兴，刘闯，HUETE AIfredo．植被指数研究进展：从 AVHRR-NDVI 到 MODIS-EVI [J]．生态学报，2003，23（5）：979~987

[29] 吴文斌，杨桂霞．用 NOAA 图像监测冬小麦长势的方法研究 [J]．中国农业资源与区划，2001，22（2）：58~62

[30] 辛景峰，宇振荣．利用 NOAA NDVI 数据集监测冬小麦生育期的研究 [J]．遥感学报，2001，5（6）：442~447

[31] 闫岩，柳钦火，刘强，等. 基于遥感数据与作物生长模型同化的冬小麦长势监测与估产方法研究 [J]. 遥感学报，2006，10（5）：804~811

[32] 杨学明，钱存鸣，姚金保，等. 江苏淮南地区弱筋小麦生产的现状、优势和发展策略 [J]. 中国农学通报，2004，20（3）：108~111

[33] 张霞，张兵，卫征，等. MODIS 光谱指数监测小麦长势变化研究 [J]. 中国图像图形学报，2005，10（4）：420~424

[34] 张明伟，周清波，陈仲新，等. 基于 MODIS EVI 时间序列的冬小麦长势监测 [J]. 中国农业资源与区划，2007，28（2）：29~33

[35] 赵丽花. 基于遥感数据的小麦长势空间变异监测研究 [D]. 中国矿业大学硕士学位论文，2011

[36] 周清波，刘佳，王利民，等. EOS-MODIS 卫星数据的农业应用现状及前景分析 [J]. 农业图书情报学刊，2005，17（2）：202~205

[37] 朱蕾，徐俊峰，黄敬峰，等. 作物植被覆盖度的高光谱遥感估算模型 [J]. 光谱学与光谱学分析，2008，8（8）：1827~1831

[38] Toshihiro sakamoto，Masayuki Yokozawa，Hitoshi Toritani，et al. A crop phenology detection method using time series MODIS data [J]. Remote Sensing of Environment，2005，96：366~374

第 5 章 农作物产量遥感监测预报

我国是农作物种植大国，及时、准确、大范围对农作物产量进行监测预报，对于农业经济发展和粮食政策制定具有极为重要的现实意义。传统农作物估产，采用人工区域调查方法，速度慢、工作量大、成本高，很难及时、大范围获取到农作物产量信息。卫星遥感以其快速及时、信息量大、省工省时等优势，为解决上述问题提供了十分有效的手段。

5.1 基于生态因子的冬小麦产量遥感监测

常用的遥感估产方法主要是通过分析遥感光谱信息与小麦长势指标（如生物量、叶面积指数等）的定量关系，并借助小麦长势指标与产量之间的相关性，间接地估测小麦产量。冬小麦产量的形成受灌浆期间的生态条件影响较大，有必要综合灌浆期间的生态条件研究小麦籽粒产量的形成动态。本部分利用 P-6 卫星遥感数据，基于小麦花前群体长势指标反演和灌浆期间的生态因素，构建一种较为简便、适用的小麦产量遥感估测模型，并检测模型的估测性。

5.1.1 数据获取与利用

2007 年在河南省孟州市、沁阳市各设置样点 20 个，与卫星过境时间同期，每个样点均采用差分 GPS 定点调查并取样。调查内容包括生物量

（地上部干物重）、叶片含氮量、土壤水分含量。成熟时取籽粒样测产。地上部干物重测定，先在105℃下杀青20min，随后在75℃下烘干，最后称取烘干重量。叶片氮素含量采用半微量凯氏定氮法测定。土壤水分含量采用烘干比重法测定。产量测定采用实取实测法，即各样点均利用50m×50m样框，按照田块对角线5点取样，每个点1m^2，共取5m^{2}籽粒，然后自然风干（含水量约13%），称取重量。气温、日照等气象数据由各县气象部门提供。试验中孟州市的数据用于建立基于卫星遥感的小麦产量估测模型。沁阳市的资料用于对模型的检验。

卫星影像选用印度星（P-6）数据，过境时间为2007年5月1日，此时小麦正处在开花期。首先利用1∶100 000地形图对P-6影像进行几何纠正，然后再利用地面实测的GPS样方控制点对影像进行几何精校正，确保校正误差小于1个像素点。大气辐射校正和反射率转换是利用地面定标体的实测反射率数据和对应的卫星影像的原始DN（Digital number）值，采用经验线性法转换获取。

5.1.2　基于生态因子的冬小麦产量估测模型

5.1.2.1　产量温度影响因子模型

灌浆期间的气温变化对冬小麦产量形成的影响用产量温度影响因子（Temperature factor，*TF*）表示。*TF* 计算如下式：

$$TF_i = \begin{cases} \cos[(T_i - T_b)/(T_{ol} - T_b) \times \pi/2] & T_b \leqslant T_i < T_{ol} \\ 1 & T_{ol} \leqslant T_i \leqslant T_{oh} \\ \cos[(T_m - T_i)/(T_m - T_{oh}) \times \pi/2] & T_{oh} < T_i \leqslant T_m \\ 0 & T_m < T_i,\ or\ T_i < T_b \end{cases}$$

$$TF = (\sum_{i=1}^{n} TF_i)/n$$

上式中，TF_i为日均气温变化对产量形成的影响因子；T_i（℃）为灌浆期日均气温；T_m（℃）、T_b（℃）分别为籽粒灌浆的最高温度上限和最低温度下限，分别取值35℃和16℃；T_{ou}（℃）、T_{ol}（℃）为籽粒灌浆的最适宜上限温度和最适宜下限温度，分别取值23℃和20℃。n（d）为冬小麦籽粒灌浆总天数（开花到成熟的天数）。

5.1.2.2 产量日照影响因子模型

日照对冬小麦产量的影响小于温度影响，但灌浆期间的日照是冬小麦功能叶片进行光合作用的能源，对产量的合成起着重要作用。众所周知，籽粒产量有2/3～3/4是在灌浆期间合成的。日照不足时，会直接影响到叶片的光合强度和碳水化合物的同化，明显制约籽粒光合产物的积累。灌浆期间日照对冬小麦产量的影响用日照影响因子（Sunlight factor，SF）表示，SF的算法描述如下式：

$$SF_i = \begin{cases} 1 & S_h < S_i \\ 1 - (S_h - S_i)/(S_h - S_l) & S_l \leqslant S_i \leqslant S_h \\ 0 & S_i < S_l \end{cases}$$

$$SF = \left(\sum_{i=1}^{n} SF_i\right)/n$$

上式中，SF_i为单日日照时数对产量形成的影响因子；S_i（h）为灌浆期间单日日照时数；S_h（h）、S_l（h）分别为产量形成的适宜日照时数和最低下限日照时数，分别取10h和2h。

5.1.2.3 产量土壤水分影响因子模型

灌浆期间的土壤水分变化对冬小麦籽粒产量形成的影响用产量水分影响因子WF（Water factor）表示。WF计算如下：

$$WF = \begin{cases} 1 - (W - W_b)/(W_{ol} - W_b) & W_b \leqslant W < W_{ol} \\ 1 & W_{ol} \leqslant W \leqslant W_{oh} \\ 1 - (W_m - W)/(W_m - W_{oh}) & W_{oh} < W \leqslant W_m \\ 0 & W_m < W, or\ W < W_b \end{cases}$$

上式中，W为小麦始花期的土壤含水量；W_m、W_b分别为籽粒灌浆的最高土壤含水量上限和最低土壤含水量下限，分别取田间持水量的90%和40%；W_{ou}、W_{ol}为籽粒灌浆的最适宜上限土壤含水量和最适宜下限土壤含水量，分别取田间持水量的80%和60%。

5.1.2.4　产量氮素影响因子模型

在籽粒灌浆期间，根系活力和功能叶光合能力与植株叶片含氮量极显著正相关。因此可以通过小麦叶片的含氮量间接反应土壤供氮量对籽粒产量形成的影响。灌浆期间土壤供氮状况对冬小麦产量形成的影响作用采用氮素影响因子（Nitrogen factor，NF）表示，NF 具体算法如下：

$$NF = \begin{cases} 1 & N_h < N \\ 1 - (N_h - N)^2/(N_h - N_l)^2 & N_l \leqslant N \leqslant N_h \\ 0 & N < N_l \end{cases}$$

上式中，N（%）为小麦始花期地上部植株实际氮素含量。N_h（%）地上部植株临界含氮量，N_l（%）为地上部植株最小含氮量，分别取值4.8%和0.4%。

5.1.2.5　基于生态因子的冬小麦产量模型

冬小麦产量（Wheat yield，WY）的估测模型构建如下：

$$WY = (WBW \times HI) \times \sqrt[m]{TF \times SF \times WF \times NF}$$

$$WBW = 6\,743.1 \times \exp(1.569\,8 \times NDVI)$$

上式中，WBW（kg/hm^2）为利用遥感预测的始花期地上部生物量，HI 为冬小麦品种的收获指数，$NDVI$ 为冬小麦始花期的遥感植被指数，m为生态条件影响参数，本模型取4。对 WBW 进行灌浆期气温、光照、氮营养和水分因子综合订正后，即可得到冬小麦成熟期的实际产量 WY（kg/hm^2）。

5.1.3　基于生态因子的冬小麦产量估测模型验证

选用沁阳市的试验数据，对冬小麦产量遥感估测模型进行了检验，各样点实测数据和估测数据列于表5－1，可以看出，模型的监测值与实测值较为接近，平均相对误差为6.45%。

表 5－1　冬小麦产量含量实测值与监测值的比较

样点	纬度（°）	经度（°）	估测值（kg/hm²）	实测值（kg/hm²）
QY-01	35°01′09.6″	112°50′22.4″	8 434.47	7 980.14
QY-02	35°01′43.5″	112°49′47.0″	7 797.39	8 140.22
QY-03	35°01′42.7″	112°50′20.5″	7 804.59	8 160.08
QY-04	35°02′18.7″	112°50′39.5″	8 563.99	8 920.46
QY-05	35°01′42.3″	112°51′05.2″	8 073.78	8 420.21
QY-06	35°00′41.7″	112°51′28.0″	7 944.62	7 730.24
QY-07	35°00′10.1″	112°51′28.1″	8 200.68	8 640.47
QY-08	34°59′56.0″	112°51′10.7″	9 126.46	8 750.46
QY-09	34°59′37.4″	112°51′14.0″	8 571.17	8 280.14
QY-10	34°59′45.8″	112°49′53.3″	7 494.65	7 000.35
…	…	…	…	…
QY-15	35°03′19.3″	112°46′36.9″	8 270.31	8 560.28
QY-16	35°03′14.3″	112°46′52.4″	8 137.57	7 780.19

图 5－1 是利用冬小麦开花始期的影像 NDVI 数据和灌浆期生态条件数据预测的成熟时期小麦产量和实地取样分析结果的 1：1 比较图。从图 5－1中可以看出，模型的监测值与实测值的分布较为集中，预测的 RMSE 为 369.27kg/hm^2，说明模型的预测性总体上较可靠。可适用不同区域冬小麦产量估测。

5.2　基于产量形成过程的冬小麦遥感估测

利用遥感影像可以获取冬小麦某一生长阶段的瞬时长势信息，但只通过该阶段的长势信息预测成熟期产量时会出现很大偏差，因为在预测时段内不断地变化的气候环境条件对冬小麦产量形成有很大影响。只有将遥感信息和产量形成的生理生态过程相偶合，才有利于提高小麦估产模型的准确性和通用性。为此，本节究采用 TM 数据信息，基于冬小麦产量形成的

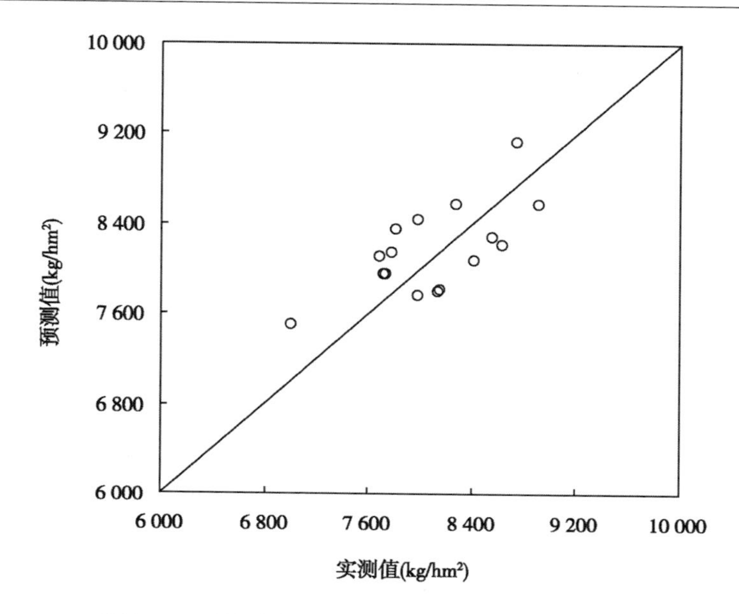

图 5－1　沁阳市冬小麦产量实测值与监测值的比较

生理生态过程，建立动态化的冬小麦遥感估产模型。

5.2.1　遥感数据及利用

选用 Landsat5/TM 影像数据，光谱范围覆盖可见光（0.45 ~ 0.69μm）、近红外（0.76 ~ 0.90μm）、中红外（1.55 ~ 1.75μm）、远红外（2.08 ~ 2.35μm）和热红外（10.4 ~ 12.5μm），分辨率除第六通道为 120m 外，其余 6 个通道均为 30m。影像成像时间为 2006 年 4 月 18 日，覆盖区域在北纬 32°21′ ~ 33°54′和东经 119°02′ ~ 120°24′，包括宝应、金湖、高邮 3 个县，属江苏省稻麦连作区，也是小麦主产区，品种为扬麦 11 号、扬麦 16 号和扬辐麦 2 号，此时小麦正处在抽穗期。成熟时利用 GPS 定点取样，共设置样点 20 个，每点择 3 区按 0.5m × 0.5m 面积取样进行产量测试，用于对小麦估产模型的检验。影像数据几何校正同前节。大气辐射校正和反射率转换是采用经验线性法转换获取。NDVI、RVI 具体数值利用 ENVI 软件中的 BAND MATH 模块提取。

5.2.2 基于产量形成过程的冬小麦遥感估产模型

冬小麦产量（*Yield*）可以通过利用成熟时的植株地上部干物重（Above-ground Biomass Weight，*ABW*）与收获指数（Harvest Index，*HI*）的乘积获得，其算法如下：

$$Yield = ABW_i \times HI$$

式中，ABW_i为成熟时的植株地上部干物重（单位为 kg/hm^2），i 为从播种到成熟时的天数（d），此时 i 等于生育期（d）。

在小麦生长期间，植株地上部干物重可通过下式获得：

$$ABW_i = ABW_{i-1} + \Delta ABW_i$$

上式中，ABW_i和 ABW_{i-1}分别为第 i 天和第 $i-1$ 天的植株地上部干物重（kg/hm^2）。ABW_1（出苗第一天的地上部干物重）定义为播种重量（kg/hm^2）的一半。ΔABW_i为第 i 天植株地上部干物质的日增重（$kg/(hm^2 \cdot d)$），其算法如下：

$$\Delta ABW_i = \Delta DABW_i - RG_i - RM_i$$

上式中，$\Delta DABW_i$、RG_i和 RM_i分别为第 i 天植株的光合同化量（$kg/(hm^2 \cdot d)$）、生长呼吸消耗量（$kg/(hm^2 \cdot d)$）和维持呼吸消耗量（$kg/(hm^2 \cdot d)$）。RG_i和 RM_i的算法如下：

$$RG_i = \Delta DABW_i \times Rg$$

$$RM_i = ABW_i \times Rm \times Q_{10}^{(T-25)/10}$$

上式中，Rg 为生长呼吸系数，取值 0.32。式中，Rm 为维持呼吸系数，取值 0.015。Q_{10}为呼吸作用的温度系数，取值 2。T 为日平均气温（℃）。

植株的日光合同化量 $\Delta DABW_i$的算法参照高亮之等人的模拟算法，表述为下式：

$$\Delta DABW_i = \frac{B}{K \times A} \times \mathrm{Ln}\left(\frac{1 + D}{1 + D \times \mathrm{Exp}(-K \times LAI_i)}\right) \times$$

$$DL \times \delta \times Min(NF, WF)$$

$$D = A \times 0.47 \times (1 - \alpha) \times Q/DL$$

式中，K 为群体消光系数。LAI 为叶面积指数，D 为中间变量，α 为小麦群体反射率，取值 8%。Q 为每日太阳总辐射量（MJ/m^2）。B、A 为实验系数、分别取值 5 和 20。δ 为 CH_2O 与 CO_2 间的转换系数，取值 0.68。NF、WF 分别为氮素影响因子和水分影响因子。

DL 为日长（h），可通过下式计算获得：

$$DL = 2 \times A\cos[-\tan(\varphi) \times \tan(\beta)]/15$$

$$\beta = 23.5 \times \sin[360 \times (n + 284)/365]$$

式中，φ 为地理纬度（°），β 为太阳赤纬。n 为儒历日（$n = 1, 2, 3, \cdots, 365$）。

小麦抽穗期的叶面积指数和生物量是产量形成极为关键的群体质量指标。叶面积指数的遥感反演模型为：$y = 4.4825 \times e^{0.4905NDVI}$，植株地上部生物量的遥感反演模型为：$y = 3214.4 \times e^{1.1537NDVI}$。有关遥感反演模型的建立请查看“农作物长势遥感监测”章节。

5.2.3　冬小麦遥感估产模型组件建立

冬小麦估产模型按照微软的 COM 标准以 DLL 的形式进行封装，设计如下：

组件名：WheatRS.dll

接口名：IWheatInoutput

接口函数：WheatInoutputfunction（VARIANT FAR * Meto，VARIANT FAR * Interface，VARIANT FAR * RS，VARIANT FAR * Output）其中，WheatInoutputfunction 为函数名，VARIANT FAR * Meto、VARIANT FAR * Interface、VARIANT FAR * RS 和 VARIANT FAR * Output 分别为气象数据、界面输入数据、遥感数据信息和产量结果输出变体。

5.2.4 冬小麦遥感估产模型检验与运行

依据冬小麦估产模型及其组件的设计特点，利用监测区的品种参数、气象资料、遥感数据信息（表 5－2）对模型进行检验。品种参数（包括播种量、生育期、收获指数和消光系数）连同样点的地理纬度一同被打包为 Interface 数据变体，气象资料（包括生育期内逐日的最高气温、最低气温、日照时数）被打包为 Meto 数据变体，遥感数据信息（包括 NDVI 和 RVI）被打包为 RS 数据变体。

表 5－2 冬小麦估产模型中品种参数信息

品种名称	播种量（kg/hm^2）	生育期（d）	收获指数	消光系数
扬麦 11 号	150	207	0.41	0.63
扬麦 16 号	150	204	0.39	0.61
扬辐麦 2 号	150	214	0.40	0.65

由于该年度测试样区的氮素和水分能较好的满足冬小麦的生长，故各点 NF 和 WF 的值均取 1。通过调用模型组件，将 Output 数据变体解包便可得到预测的冬小麦产量数据信息（表 5－3）。

表 5－3 冬小麦样点产量预测值与实测值信息

样点	纬度（°）	经度（°）	抽穗期		种植品种	实测产量（kg/hm^2）
			NDVI	RVI		
1	33.34	119.25	0.507	3.054	扬麦 11 号	5 800
2	33.33	119.25	0.500	3.000	扬麦 11 号	5 990
3	33.33	119.26	0.503	3.026	扬麦 11 号	5 644
4	33.32	119.28	0.519	3.162	扬麦 11 号	6110
5	33.32	119.27	0.513	3.108	扬麦 16 号	5 440
6	33.31	119.28	0.519	3.162	扬麦 16 号	5 860
7	33.30	119.28	0.519	3.162	扬麦 16 号	5 710

（续表）

样点	纬度（°）	经度（°）	抽穗期		种植品种	实测产量（kg/hm²）
			NDVI	RVI		
8	33.28	119.29	0.486	2.895	扬麦16号	6 250
9	33.01	119.14	0.482	2.861	扬麦11号	5 990
10	33.00	119.15	0.460	2.703	扬麦11号	5 820
11	33.00	119.15	0.474	2.800	扬麦16号	5 690
12	33.00	119.45	0.503	3.027	扬麦16号6	5 360
13	32.99	119.15	0.503	3.028	扬辐麦2号	4 770
14	33.00	119.46	0.486	2.895	扬辐麦2号2	4 990
15	32.99	119.46	0.507	3.054	扬麦11号1	4 550
16	32.99	119.47	0.464	2.732	扬麦16号	3 930
17	32.98	119.47	0.459	2.698	扬辐麦2号	4 672
18	32.97	119.15	0.475	2.811	扬麦11号	5 070
19	32.97	119.16	0.458	2.692	扬麦11号	4 270
20	32.98	119.47	0.477	2.821	扬麦16号	4 580

由表5－3可以看出，预测值与实测值总体上较为相近，相对误差为6.05%。图5－2为利用模型预测的冬小麦产量和实地取样测产结果的1∶1比较图，说明基于遥感的小麦估产模型的预测性较好，预测冬小麦产量的*RMSE*为354.18kg/hm²。

基于遥感信息获取的瞬时性和作物模型的连续性，在综合冬小麦产量形成过程及其与气候环境条件关系的基础上，建立了基于模型的冬小麦遥感估产模型。利用抽穗期的遥感影像，反演出冬小麦长势指标对模型运行轨迹进行修正，较好的进行了冬小麦产量预测，在机理上具有较好的解释性。

5.3 基于过程模型的冬小麦产量预测

利用中巴资源卫星（CBERS-02B）影像数据，结合冬小麦估产过程模

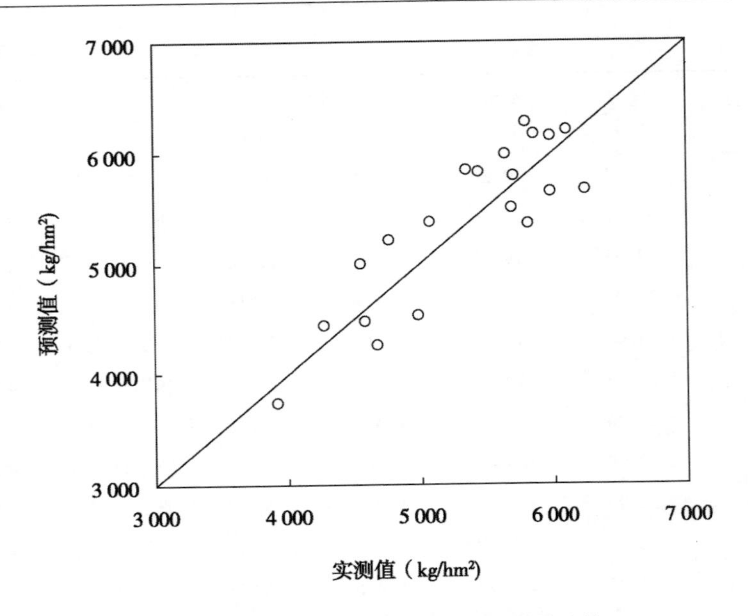

图 5－2　冬小麦产量预测值与实测值的比较

型，以江苏省泰兴市为例，进行相关遥感估产试验研究，旨在为冬小麦遥感估产方式的多元化与作物产量信息捕获的精确化提供技术支持。

5.3.1　试验数据与利用

采用 CBERS-02 卫星的 CCD 数据。CBERS-02 卫星 2004 年 2 月投入运行，为太阳同步回归卫星，平均高度 778km，回归周期 26d。星上载有 3 种传感器：线性阵列扫描仪（CCD）、红外多光谱扫描仪（IRMSS）、宽视场相机（WFI）。其中，CD 传感器有 5 个波段（0.45～0.52μm；0.52～0.59μm；0.63～0.69μm；0.77～0.89μm；0.51～0.73μm），空间分辨率为 19.5m，扫描幅宽为 113km，其影像质量较 CBERS-01 有了很大程度的提高。

根据泰兴市的区域范围，获得的两景影像，Path/Row 分别为 368/63（景号 814325）和 368/64（景号 814326）。其成像时间是 2009 年 5 月 1 日，当日天气较晴朗，成像质量较好。由于成像范围限制，研究区域泰兴市被分割在两景影像中，且有重叠区域，对两幅影像进行几何校正、拼接及裁剪处理，得到泰兴市 5 月 1 日的完整影像（图 5 - 3A）。

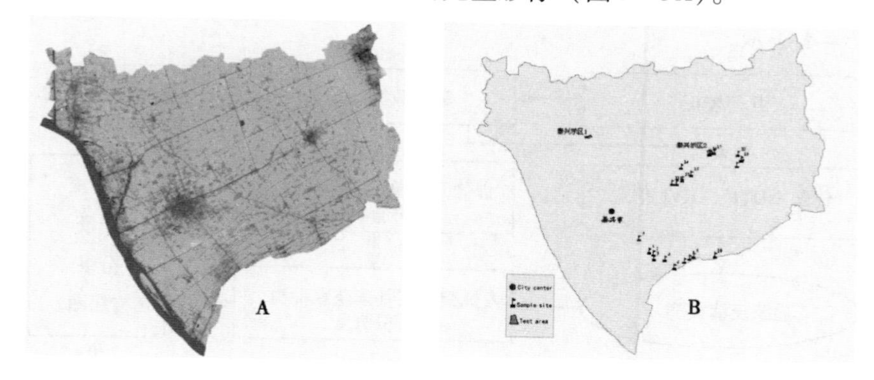

图 5 - 3　泰兴市假彩色影像（A）和样点分布（B）

地面控制点的建立，采用 Trimble 公司的 GPS 机，在泰兴市选择了 20 个地面观测试验采样点和 2 个面积较大的示范区（图 5 - 3B），调查内容包括叶面积指数、生物量及产量信息。叶面积指数采用称重法测定；生物量的测量，先在 105℃下杀青 20min，随后在 75℃下烘干，最后称取烘干重量；产量测定采用实取实测法，即，各样点均利用 50m × 50m 样框，按照田块对角线 5 点取样，每个点 $1m^2$，共取 $5m^2$ 籽粒，然后自然风干（含水量约 13%），称取重量。气温、日照等气象数据由县农业部门提供。

5.3.2　冬小麦产量遥感估测专题制图流程

利用江苏省行政边界矢量图，裁剪拼接影像中泰兴市的区域范围，选取 5、4、3 波段合成判读用底图。由于该区域冬小麦在 5 月初处于灌浆初期，此期间的冬小麦叶面积，覆盖率和绿度指数较大，通过 5、4、3 波段组合的假彩色影像目视解译时能相对容易的辨别出冬小麦，也能很好的反映出冬小麦的长势信息。其次，采用 ISODATA 分类法，叠加 NDVI 灰度图和 GPS 样点数据，进行人机交互式动态判读与目视解译。根据 NDVI 图像的灰度值，反演 LAI 和生物量，结合遥感估产模型，先计算单点的产量值，再经过线性转换，可获得整个区域的产量分布。叠加样点小麦产量数据进行修正，得到该区域的冬小麦产量分级监测预报专题图。作业流程如图 5 –4 所示。

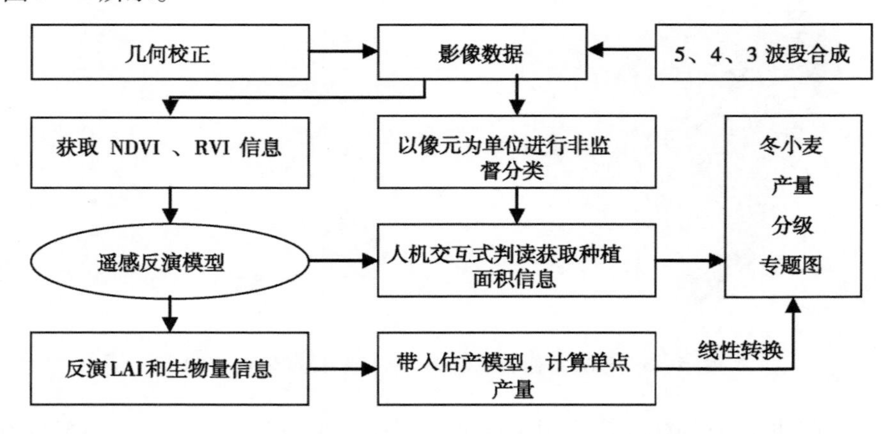

图 5 –4　基于模型的冬小麦产量遥感估测流程

5.3.3　基于模型的冬小麦遥感估产模式

引用的冬小麦遥感估产模型包括小麦的冠层光合、呼吸消耗、生物量分配、器官建成、产量形成、温度因子、氮肥因子、遥感反演等模块，其结构如图 5 –5 所示。模型的详细解释请参阅文章前节。

5.3.4　冬小麦产量遥感专题监测预报

在理解“NDVI 指数→叶面积指数/生物量→估产模型→产量”关系的基础上，结合遥感信息和估产模型，获取单点的产量数据，确定小麦产量等级划分。再经过线性转换，得到整个区域的产量分布图。叠加样点产量数据修订，形成了泰兴市的冬小麦产量监测分级预报信息。

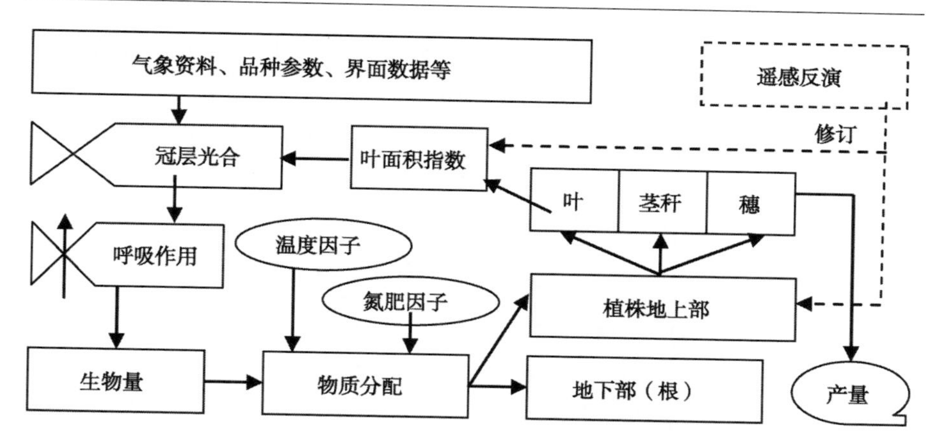

图5-5　基于过程模型的冬小麦遥感估产模式

表5-4　监测后得到的各产量等级小麦面积分布信息

图　示	类　别	产量（kg/hm²）	面积（hm²）	所占比例（%）
Yield_ Ⅰ	高产田	≥6 750	8 563.75	21.3
Yield_ Ⅱ	较高产田	≥6 000，<6 750	20 908	52.1
Yield_ Ⅲ	中产田	≥5 250，<6 000	7 185.80	17.9
Yield_ Ⅳ	低产田	<5 250	3 496.15	8.7

表5-4是利用GIS软件得到的泰兴市冬小麦各产量等级的面积分布信息。可以看出，高产麦田面积（产量≥ 6 750 kg/hm²）占总面积的21.3%，为8 563.75hm²，主要分布在泰兴市中部和北部范围较大的小麦种植区。较高产田（≥ 6 000kg/hm² 且 < 6 750kg/hm²）面积占总面积的52.1%。说明泰兴市的小麦田以高产田和较高产田为主。中产田（≥ 5 250kg/hm² 且 < 6 000 kg/hm²）面积占总面积的17.9%。低产田（< 5 250kg/hm²）面积占总面积的8.7%。

从图5-6泰兴市冬小麦产量遥感监测专题图可以看出，中、低产田主要为分布在沿江地区以及大面积田块的外围，主要是由于地势较为低洼，肥水管理不当等原因造成。说明在田间管理和种植方式的选择上还存在问题，仍具有可挖掘的产量潜力。

在泰兴市冬小麦产量遥感监测专题图（图5-6）中叠加该市乡镇行政边界矢量图，可得到该市各乡镇冬小麦产量分级监测预报图（图5-7）。利用ArcGIS软件提取了各乡镇产量等级的面积信息（表5-5）。

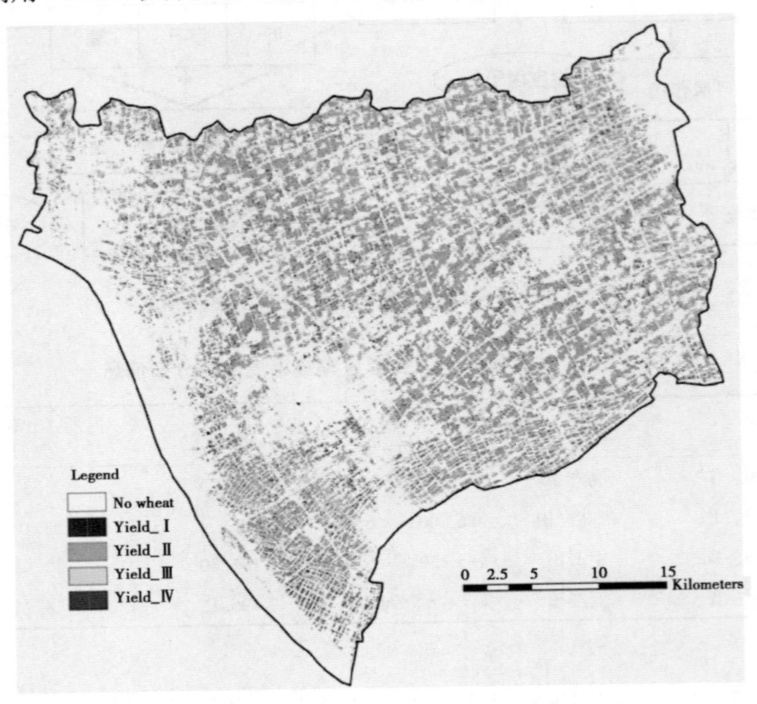

图5-6　泰兴市冬小麦产量分级监测预报图

由表5-5可以看出，高产田分布分散又集中。分散是指高产田分布比较分散。全市26个乡镇都有高产田，其中主要分布在包括大生、高港、分界等20个乡镇，高产田面积均在250hm^{2}以上。集中是说明高产田主要集中于冬小麦种植面积在1 000hm^{2}以上的乡镇，高产田所占该乡镇麦田面积比重大于25%，均高于21.3%的平均水平（图5-8）。

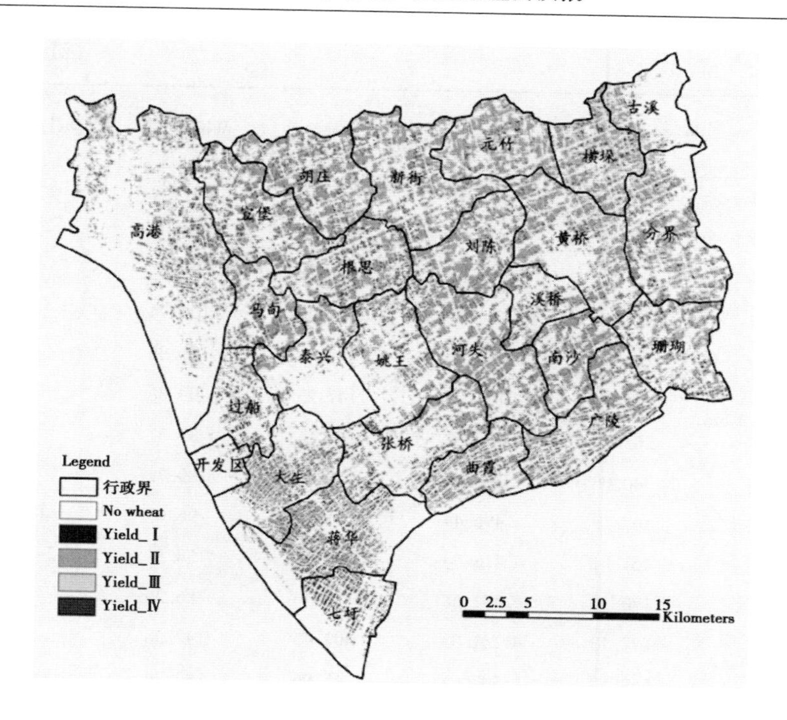

图 5－7　泰兴市各乡镇冬小麦产量分级监测预报图

表 5－5　泰兴市各乡镇区域内各产量等级小麦面积分布情况

等级 行政区	Wheat_ Ⅰ	Wheat_ Ⅱ	Wheat_ Ⅲ	Wheat_ Ⅳ	合计（Tol.）
大 生	321. 42	629. 34	262. 91	125. 40	1 339. 08
分 界	534. 29	1 298. 33	295. 34	77. 15	2 205. 10
高 港	446. 54	909. 09	857. 31	460. 57	2 673. 51
根 思	416. 19	942. 11	320. 75	142. 15	1 821. 20
广 陵	447. 99	1 057. 09	294. 13	144. 04	1 943. 25
过 船	155. 32	277. 48	185. 28	144. 09	762. 16
古 溪	57. 21	258. 12	74. 39	28. 80	418. 51
横 垛	324. 57	1 027. 14	119. 16	21. 34	1 492. 22
河 失	581. 09	1 419. 56	439. 01	216. 95	2 656. 60
黄 桥	446. 20	1 224. 91	375. 49	140. 94	2 187. 54
胡 庄	517. 75	1 296. 68	405. 35	172. 11	2 391. 89

（续表）

等级 / 行政区	Wheat_ Ⅰ	Wheat_ Ⅱ	Wheat_ Ⅲ	Wheat_ Ⅳ	合计（Tol.）
蒋 华	495.42	906.48	352.16	217.85	1 971.91
开发区	15.99	35.04	21.20	24.08	96.32
刘 陈	323.41	975.36	272.18	80.01	1 650.96
马 甸	270.03	629.06	218.28	104.74	1 222.11
南 沙	255.06	710.51	179.42	91.96	1 236.95
七 圩	166.98	197.96	147.23	209.86	722.03
曲 霞	265.04	746.57	167.61	87.31	1 266.53
珊 瑚	340.06	798.99	257.83	109.72	1 506.60
泰 兴	167.13	496.44	181.94	96.07	941.57
新 街	461.01	1 418.94	438.02	158.51	2 476.48
溪 桥	173.56	431.58	130.44	86.25	821.83
宣 堡	474.13	1 131.93	402.45	142.58	2 151.08
姚 王	269.59	597.55	315.96	182.74	1 355.83
元 竹	351.82	740.40	203.47	32.77	1 348.46
张 桥	275.96	751.36	268.52	198.15	1 494.00
合计	8 563.75	20 908.00	7 185.80	3 496.15	40 153.70

另外，沿江地区低洼地区如高港、过船、七圩等乡镇低产田面积的比重都达到20%以上，而泰兴、姚王、张桥等乡镇的低产田也都超过12%以上（图5－9），究其原因主要是经济较为发达，城镇建设用地和居民用地扩张，使得土地破碎，缺乏有效管理。依据冬小麦产量预报分级专题图以及各乡镇产量数据，及时分析冬小麦各产量等级分布范围及成因，可以为乡镇农业部门制定合理的田间管理措施，促进冬小麦增产提供信息决策支持。

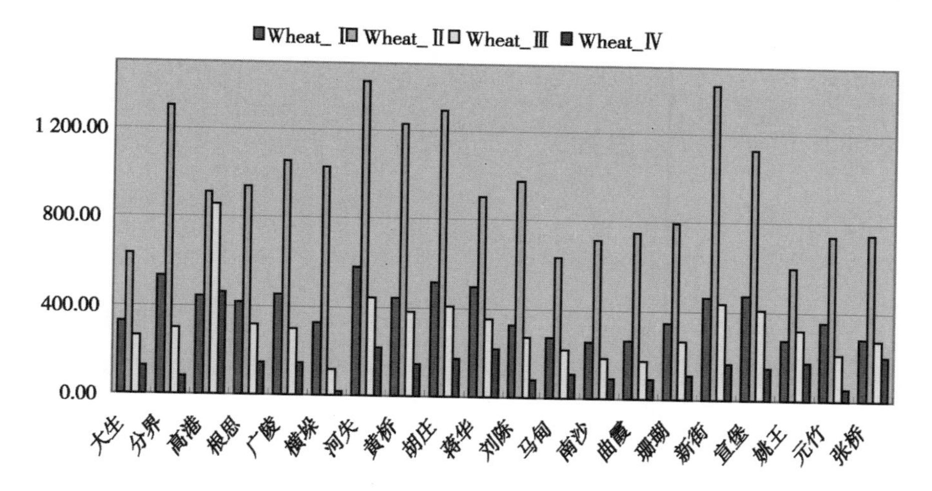

图 5－8　主要高产田分布地区及面积比较

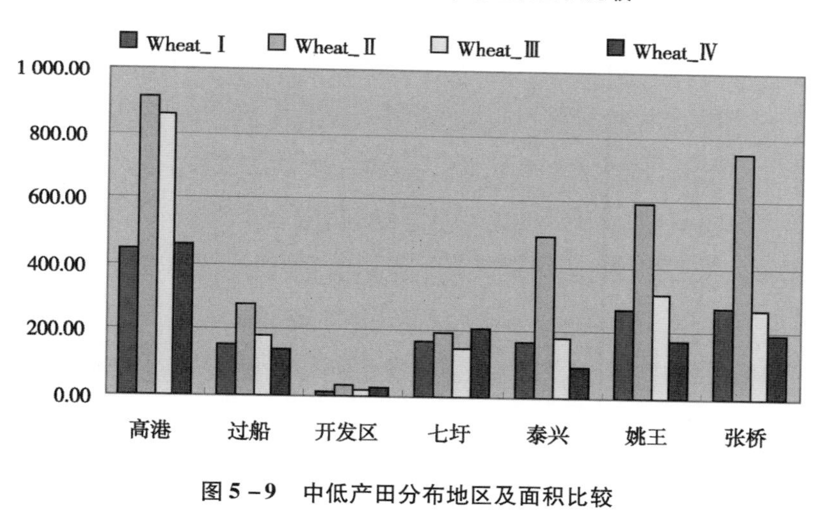

图 5－9　中低产田分布地区及面积比较

5.4　遥感信息和模型耦合的水稻产量估测

我国是水稻种植大国，水稻产量约占粮食总产的一半。对水稻产量进行及时、准确地监测预报，对于生产管理和粮食政策制定意义重大。本节将以江苏省中部主要水稻产区为例，利用我国的环境减灾卫星（HJ-A/B）影像数据，在构建水稻遥感估产模型的基础上，进行遥感估产相关的探索性试验研究，以实现区域水稻产量的准确监测预报。

5.4.1 试验区域与数据利用

选取江苏省中北部盱眙县、金湖县和洪泽县为研究区域（图5－10），该区域位于E118°12′~119°36′、N32°43′~36°06′，境内属温带季风气候，四季分明，年无霜期240d左右，年平均气温14℃，年平均降水量约940mm，年平均日照时数2 130~2 430h，气候及土壤条件较好。

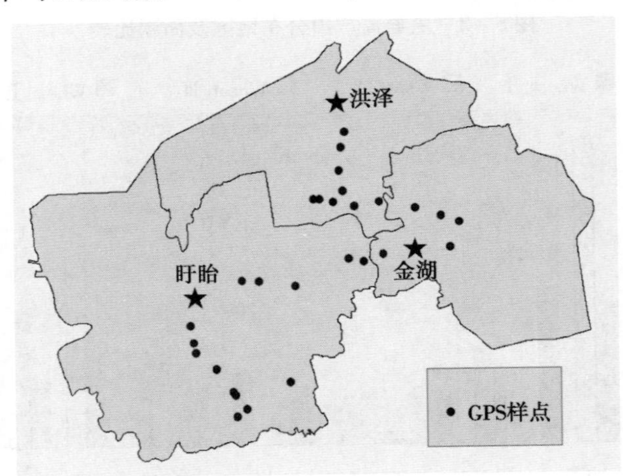

图5－10　试验区域GPS控制样点分布情况

与卫星过境时间同步（2009年8月26日），设置样点28个。每个样点均采用差分GPS定点调查和取样。调查内容包括叶面积指数、生物量及成熟期产量。干物重的测量，先在105℃下杀青20min，随后在75℃下烘干，最后称取烘干重量。叶面积指数采用比重法测定。产量测定采用实取实测法，即成熟时各样点均采取50m×50m样框，按照田块对角线5点取样，每个点1m²，共取5m²籽粒，然后自然风干（含水量约13%），称取重量。气象资料由当地气象部门提供。

卫星选用 HJ-1A 卫星，其过境时间为 2009 年 8 月 26 日，此时取样区域的水稻正处于抽穗期。当日天气晴朗，少云，卫星影像质量较好。影像数据处理：先利用 1：100 000 地形图进行几何校正，然后进行大气辐射校正和反射率转换。

5.4.2　水稻遥感估产模型

在太阳光辐射能量中仅有可见光部分（350～700nm）能被作物利用进行光合利用，这部分光辐射约占太阳总辐射的 47%～48%。水稻植株单日将可见光波段光能转化为有机能的能力被称为日光合同化效率（也称为日光合同化量）。植株日光合同化量（Day of Above-ground Biomass Weight，*DABW*）的算法参照高亮之等人的模拟算法，表述为式：

$$\Delta DABWi = \frac{B}{K \times A} \times \mathrm{Ln}\left(\frac{1 + D}{1 + D \times \mathrm{Exp}(-K \times LAIi)}\right) \times DL \times \delta$$

$$D = A \times 0.47 \times (1 - \alpha) \times Qi/DL$$

上式中，$\Delta DABW_i$为第 i 天的植株日光合同化量，K 为群体消光系数；LAI_i为第 i 天的叶面积指数；D 为中间变量；α 为水稻群体反射率（%）；Qi 为每日太阳总辐射量（MJ/m^2）；B、A 为实验系数，分别取值 22 和 4.5；δ 为 CH_2O 与 CO_2间的转换系数，取值 0.68；DL 为日长（h）。其中，抽穗期的 LAI_i可以通过模型（参见第4章节）反演得到。

植株日光合同化量去除掉植株生长呼吸和维持呼吸消耗量后为植株日净同化量（也称为植株干物质日增重）。植株干物质日增重［ΔABW_i，kg/（$hm^2 \cdot d$）］算法如下：

$$\Delta ABWi = (\Delta DABWi - RGi - RMi) \times \min(TFi, NF)$$

式中，RG_i和 RM_i分别为第 i 天生长呼吸消耗量和维持呼吸消耗量，kg/（$hm^2 \cdot d$）；TF_i、NF 分别为温度和氮肥对日净同化量的影响因子。

TF_i算法如下：

$$TF_i = \begin{cases} \sin[(T_i - Tb)/(Tol - Tb) \times \pi/2] & Tb \leq T_i < Tol \\ 1 & Tol \leq T_i \leq Toh \\ \sin[(Tm - T_i)/(Tm - Toh) \times \pi/2] & Toh < T_i \leq Tm \\ 0 & Tm < T_i, or\ T_i < Tb \end{cases}$$

式中，T_i为第 i 天的实际日平均温度；Tol 为最适温度下限值，Toh 为最适温度上限值，籼稻与粳稻分别取值 25℃、29℃与 24℃、28℃；Tb、Tm 分别为灌浆所需的最低温度和最高温度，分别取值 16℃、40℃。

NF 的算法参照孙成明等人的算法，计算如下：

$$NF = \sqrt{(NSU + NPU \times RN)/NPT}$$

式中，NSU 为土壤供氮量（kg/hm^2），NPU 为实际施氮量（kg/hm^2），RN 为氮肥利用率（%），NPT 为水稻最大产量时的吸氮量（kg/hm^2）。

在水稻生长期间，植株生物量（Above-ground Biomass Weight，ABW）是指水稻植株在生育期内干物质积累的总和。ABW_i即从出苗第一天到收获期之间第 i 天内水稻植株干物质的日增重的总和（kg/hm^2），其算法如下：

$$ABW_i = \sum_{i=1}^{n} \Delta ABW_i$$

式中，n 为品种生育期总天数（d）；ABW_i（出苗第一天的地上部生物量）定义为播种重量（kg/hm^2）的一半。其中，水稻抽穗期的 ABW_i可以用通过模型（参见第 4 章节）反演得到。

水稻产量（Yield，Y）指经济产品器官（稻谷或糙米）的收获量，即利用成熟时的植株地上部生物量与收获指数（Harvest Index，HI）的乘积获得，其算法如下：

$$Y = [ABW_i/(1 + \beta)] \times HI$$

式中，i 为从播种到成熟时的天数（d），此时 i 等于品种生育期天数（d），β 为水稻成熟期的根冠比，一般在 0.05 ~ 0.08，模型中取值 0.06。

水稻估产模型运行所需的参数信息（表 5 - 6）。

表 5－6　水稻品种参数信息

品种名称	播种量（kg/hm²）	生育期（d）	收获指数	消光系数
两优 6 号	150	130	0.41	0.63
两优培九	150	140	0.43	0.67
徐稻 3 号	150	152	0.45	0.69

5.4.3　水稻 LAI 与生物量的预测值验证

利用 ERDAS 软件的编程模块提取出 NDVI 数据和 RVI 数据，再运用 ENVI 软件提取 28 个样点的 NDVI 和 RVI 数据信息，通过反演模型计算各个样点的 LAI 和生物量数据信息。

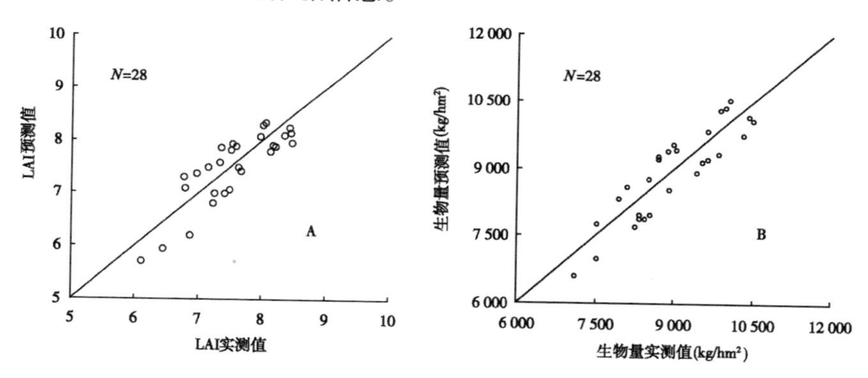

图 5－11　水稻 LAI（A）、生物量实测值（B）与预测值的比较

图 5－11A 为利用反演模型预测的水稻 LAI 与实测 LAI 的 1∶1 比较图。从图中可以看出反演的水稻 LAI 偏低一些，但总体上两者的相关性还是很高。预测 LAI 的 RMSE 为 0.38，表明数据比较一致。相对误差在 1%～10.3%，平均为 4.72%。说明 LAI 反演模型可以用于此时的水稻 LAI 反演，得到的结果也较为可靠。图 5－11B 为利用模型反演的水稻生物量与实际测量的水稻生物量之间的 1∶1 比较图，从图中可以看出实际测量得到的生物量比模型反演得到的生物量较高一些，但总体上都在1∶1

线附近，两者的数据仍具有较好的一致性。估测生物量的 RMSE 为 464.14kg/hm^2，相对误差在 1.57% ~7.57%，平均为 4.96%。说明生物量反演模型可以用于此时的水稻生物量的估算。

5.4.4 水稻遥感估产模型精度验证

依据水稻估产模型的设计特点，利用试验区域的品种参数、气象资料、遥感反演信息对该试验区水稻产量进行了预测（表 5 -7）。由表 5 -7 可以看出此时水稻产量实测值在 6 915 ~ 10 868kg/hm^2，平均为 8 929.96 kg/hm^2；估测产量在 6 450 ~ 10 443kg/hm^2，平均为 8 859.96kg/hm^2，估测值略低于实测值，相对误差在 1.01% ~8.90%，平均为 4.90%。估测产量的 RMSE 为 482.5kg/hm^2。表明利用抽穗时的地上部生物量和叶面积指数信息，结合水稻估产模型可以进行区域范围的水稻产量估算。

表 5 -7　水稻控制样点光谱、长势与产量信息

样点	北纬（°）	东经（°）	NDVI	RVI	估测 LAI	估测生物量（kg/hm^2）	实测产量（kg/hm^2）	估测产量（kg/hm^2）
XY01	32°49′07.212″	118°41′26.059″	0.51	3.14	5.69	6 582	6 915	6 450
XY02	32°47′03.576″	118°35′39.319″	0.78	8.22	8.26	10 350	9 886	10 296
XY03	32°46′24.861″	118°34′20.793″	0.57	3.69	6.18	6 990	7 560	6 951
XY04	32°48′34.391″	118°34′33.377″	0.77	7.8	8.14	10 039	10 868	10 016
XY05	32°48′54.599″	118°34′17.197″	0.64	4.63	6.81	7 688	8 300	7 724
XY06	32°51′29.071″	118°32′38.778″	0.54	3.34	5.93	7 858	8 235	7 502
XY07	32°53′28.130″	118°30′31.110″	0.76	7.17	7.95	9 720	10 350	9 701
XY08	32°54′33.998″	118°30′23.716″	0.75	6.92	7.87	9 386	9 160	9 419
XY09	32°46′19.865″	118°30′21.839″	0.74	6.73	7.8	9 245	8 650	9 285
XY10	33°00′18.949″	118°37′25.312″	0.74	6.67	7.78	9 200	9 730	9 243

（续表）

样点	北纬（°）	东经（°）	NDVI	RVI	估测 LAI	估测生物量（kg/hm²）	实测产量（kg/hm²）	估测产量（kg/hm²）
XY11	32°59′59. 644″	118°39′29. 207″	0. 69	5. 46	7. 28	8 303	7 890	8 372
XY12	32°58′59. 296″	118°43′49. 612″	0. 72	6. 08	7. 56	8 763	8 550	8 828
JH13	33°00′51. 947″	118°50′45. 065″	0. 76	7. 5	8. 06	9 816	9 700	9 817
JH14	33°00′27. 883″	118°52′34. 983″	0. 7	5. 75	7. 41	8 518	8 820	8 585
JH15	33°00′54. 869″	118°55′04. 816″	0. 75	7. 09	7. 93	9 512	9 280	9 537
JH16	33°00′39. 996″	119°03′22. 876″	0. 66	4. 88	6. 98	7 873	8 540	7 931
JH17	33°03′12. 728″	119°04′50. 687″	0. 75	6. 9	7. 86	9 371	8 900	9 403
JH18	33°04′09. 621″	119°02′46. 267″	0. 67	5. 00	7. 05	7 962	8 440	8 025
JH19	33°05′20. 595″	118°59′50. 365″	0. 73	6. 28	7. 87	8 911	9 500	9 062
HZ20	33°06′26. 487″	118°52′26. 581″	0. 75	6. 83	8. 08	9 319	9 940	9 452
HZ21	33°07′09. 821″	118°49′58. 540″	0. 71	6. 67	7. 48	9 201	8 800	9 125
HZ22	33°06′28. 096″	118°55′34. 507″	0. 79	8. 44	8. 32	10 514	9 960	10 443
HZ23	33°06′28. 096″	118°55′34. 507″	0. 66	4. 99	6. 98	7 955	8 450	7 992
HZ24	33°07′40. 579″	118°48′20. 886″	0. 71	6. 58	7. 48	9 134	9 650	9 075
HZ25	33°08′08. 789″	118°51′24. 124″	0. 7	5. 83	7. 36	8 578	8 250	8 610
HZ26	33°10′15. 829″	118°51′16. 353″	0. 78	8. 15	8. 23	10 299	10 565	10 246
HZ27	33°12′38. 494″	118°51′57. 839″	0. 75	6. 95	7. 89	10 150	9 900	10 000
HZ28	33°14′11. 119″	118°52′43. 121″	0. 67	4. 69	7. 07	7 732	7 986	7 861

5. 4. 5　水稻产量遥感监测预报专题图制作

水稻种植面积的精确提取是水稻遥感估产非常重要的前期工作。利用已有的行政边界矢量图，制作取样市县的 AOI 文件，裁剪 HJ-A 星影像数据中试验市县的影像区域，选取 4、2、1 波段组合，成为判读和目视解译的底图影像。

对经水稻估产模型得到的样点估测产量数据进行分级；利用 GIS 软件经过线性转换，可获得整个研究区域的产量分布。叠加样点实测水稻产量数据进行修正，得到该区域的水稻产量监测分级预报专题图（图 5 – 12）。

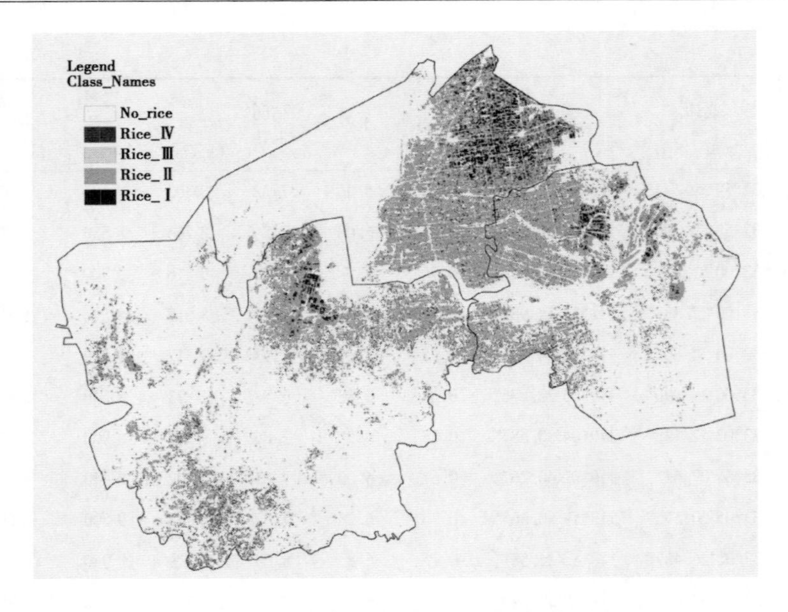

图 5－12　水稻产量遥感监测预报专题图

盱眙县多为丘陵山地，水稻田块多为低产田和中产田，高产田较少；而洪泽县因为气候、水分、地势等自然环境适于水稻生长，高产田和较高产田比较多。

表 5－8 为根据产量数值分级后得到的各产量等级水稻的面积分布情况。可以看出，每个县的水稻提取面积精度都在 85% 以上，面积提取结果比较可靠；不同县水稻产量分级面积结果不同，盱眙县低产田面积比重较大，而洪泽县则是高产田和较高产田的面积比重较大。

三个县水稻高产田（产量大于 9 750kg/hm^2）的总面积，占水稻种植总面积的 12.97%；水稻较高产田和中产田（产量介于 6 500～9 750kg/hm^2）的面积，占总面积的 72.73%；水稻低产田（产量低于 6 500kg/hm^2）的面积，占种植总面积的 14.30%。此时是水稻的抽穗期，也是水稻产量形成的关键时期，此时对那些估测的低产田加强田间管理：如增施穗肥、合理灌溉等，可以提高水稻的后期产量，使低产田向中产田发展；同样对于中产田可以依据土壤特性进行科学管理，合理调控，也能达到高产的目的。

表 5－8　遥感监测后不同县各产量等级水稻的面积分布

县 名	实际种植面积 /（hm²）	解译面积 /（hm²）	解译精度 /（%）	高产田 Rice-Ⅰ /（hm²）	较高产田 Rice-Ⅱ /（hm²）	中产田 Rice-Ⅲ /（hm²）	低产田 Rice-Ⅳ /（hm²）
盱 眙	62 700	60 055.05	95.78%	6 665.76	32 953.98	9 625.4	10 809.91
金 湖	36 000	39 895.86	90.23%	4 764.4	21 852.9	8 690.02	4 588.54
洪 泽	27 500	31 071.36	88.51%	5 563.04	18 781.1	3 392.78	3 334.45
合 计	126 200	131 022.27	96.32%	16 993.2	73 587.98	21 708.2	18 732.9

参考文献

[1] 曹广才，吴东兵，陈贺芹．温度和日照与春小麦品质的关系[J]．中国农业科学，2004，37（5）：663～669

[2] 曹宏鑫，董玉红，王旭清，等．不同产量水平小麦最适叶面积指数动态模拟模型研究[J]．麦类作物学报，2006，26（3）：128～131

[3] 陈沈斌，孙九林．建立我国主要农作物卫星遥感估产运行系统的主要技术环节及解决途径[J]．自然资源学报，1997，12（4）：363～369

[4] 崔振岭，石立委，徐久飞，等．氮肥施用对冬小麦产量、品质和氮素表观损失的影响研究[J]．应用生态学报，2005，16（11）：2071～2075

[5] 高亮之，金之庆，黄耀，等．水稻栽培计算机模拟优化决策系统（RCSODS）[M]．北京：中国农业科技出版社，1992：29～33

[6] 高亮之，金之庆，郑国清，等．小麦栽培模拟优化决策系统（WCSODS）[J]．江苏农业学报，2000，16（2）：65～72

[7] 高晓飞，谢云，王晓岚．冬小麦冠层消光系数日变化的实验研究[J]．资源科学，2006，26（1）：137～140

[8] 蒋家慧，隋春青，衣先众．氮肥运筹对小麦氮素同化、运转和品质的影响[J]．莱阳农学院学报，2004，21（3）：217～221

［9］李卫国，王纪华，赵春江．基于定量遥感反演与生长模型耦合的水稻产量估测研究［J］．农业工程学报，2008，24：128～131

［10］李卫国，赵春江，王纪华，等．遥感和生长模型相结合的小麦长势监测研究现状与展望［J］．国土资源遥感，2007，2：24～27

［11］李卫国．作物长势遥感监测应用现状和展望［J］．江苏农业科学，2006，3：12～15

［12］李卫国．水稻生长模拟与决策支持系统的研究［D］．江南京农业大学博士学位论文，2005

［13］李向阳，朱云集，郭天财．不同小麦基因型灌浆期冠层和叶面温度与产量和品质关系的初步分析［J］．麦类作物学报，2004，24（2）：88～91

［14］李永康，于振文，梁晓芳，等．小麦产量与品质对灌浆不同阶段低光照强度的响应［J］．植物生态学报，2005，29（5）：807～813

［15］李永康，于振文，张秀杰，等．小麦产量与品质对灌浆不同阶段高温胁迫的响应［J］．植物生态学报，2005，29（3）：461～466

［16］李正金，李卫国，申双和．基于 ISODATA 法的冬小麦产量分级监测预报［J］．遥感信息，2009，4：30～32

［17］梁红霞，马友华，黄文江，等．基于遥感数据的冬小麦长势监测和变量施肥研究进展［J］．麦类作物学报，2005，25（3）：119～124

［18］林琪，侯立白，韩伟．不同肥力土壤下施氮量对小麦籽粒产量和品质的影响［J］．植物营养与肥料学报，2004，10（6）：561～567

［19］刘铁梅，曹卫星，罗卫红，等．小麦物质生产与积累的模拟模型［J］．麦类作物学报，2001，21（3）：26～30

［20］马新明，李琳，廖祥正．不同水分处理对小麦生育期后期光合特性及籽粒品质的影响［J］．河南农业大学学报，2004，38（1）：13～16

［21］齐腊，赵春江，李存军，等．基于多时相中巴资源卫星影像的冬小麦分类精度［J］．应用生态学报，2008，19（10）：2201～2208

［22］千怀遂．农作物遥感估产最佳时相的选择研究［J］．生态学报，

1998，18（1）：48～55

［23］秦元伟，赵庚星，姜曙千，等．基于中高分辨率卫星遥感数据的县域冬小麦估产［J］．农业工程学报，2009，25（7）：118～123

［24］任建强，陈仲新，唐华俊．基于 MODIS-NDVI 的区域冬小麦遥感估产——以山东省济宁市为例［J］．应用生态学报，2006，17（12）：2371～2375

［25］任建强，陈仲新，唐华俊，等．长时间序列 NOAA—NDVI 数据在冬小麦区域估产中的应用［J］．遥感技术与应用，2007，22（3）：326～332

［26］王长耀，林文鹏．基于 MODIS EVI 的冬小麦产量遥感预测研究［J］．农业工程学报，2005，21（10）：90～94

［27］王月福，陈建华，曲健磊，等．土壤水分对小麦籽粒品质和产量的影响［J］．莱阳农学院学报，2002，19（1）：7～9

［28］王之杰，王纪华，黄文江，等．冬小麦冠层不同叶层和茎鞘氮素与籽粒品质关系的研究［J］．中国农业科学，2003，36（12）：1462～1468

［29］夏德深，李华．国外灾害遥感应用研究现状［J］．国土资源遥感，1996，29（3）：1～8

［30］辛景峰，宇振荣．利用 NOAA NDVI 数据集监测冬小麦生育期的研究［J］．遥感学报，2001，5（6）：442～447

［31］许振柱，于振文，张永丽．土壤水分对小麦籽粒产量合成和积累特性的影响［J］．作物学报，2003，29（4）：595～600

［32］杨武德，宋艳暾，宋晓彦，等．基于 3S 和实测相结合的冬小麦估产研究［J］．农业工程学报，2009，25（2）：131～135

［33］张霞，张兵，卫征，等．MODIS 光谱指数监测小麦长势变化研究［J］．中国图像图形学报，2005，10（4）：420～424

［34］张浩，姚旭国，张小斌，等．基于多光谱图像的水稻叶片叶绿素和籽粒氮素含量检测研究［J］．中国水稻科学，2008，22（5）：

555 ~ 558

[35] 张英华，王志敏．小麦籽粒生长期热效应研究 [J]．中国生态农业学报，2006，14 (3)：8 ~ 11

[36] Chen J Y，PAN Delu，Mao Z H. Optimum segmentation of simple objects in high-resolution remote sensing imagery in coastal areas [J]．Science in China Series D：Earth Sciences，2006，49 (11)：1195 ~ 1203

[37] Li Y X，Yang W N，Zheng Z Z. The application of CBERS-02 remote sensing image in the environment dynamic monitoring [J]．Research of Soil and Water Conservation. 2006，13 (6)：198 ~ 200

[38] Liu L Y，Wang J H，Bao Y S. Predicting winter wheat condition，grain yield and protein content using multi-temporal EnviSat-ASAR and Landsat TM satellite images [J]．International Journal Of Remote Sensing，2006，27 (4)：737 ~ 753

[39] Lobell D B，Asner G P，Ortiz-Monasterio J I，et al. Remote sensing of regional crop production in the Yaqui Valley，Mexico：Estimates and uncertainties [J]．Agriculture，Ecosystems and Environment，2003，94：205 ~ 220

[40] Luo CF，Liu ZJ，Yan Q. Classification of CBERS-2 imagery with fuzzy ARTMAP classifier [J]．Geospatial Information Science，2007，10：124 ~ 127

第 6 章　农作物品质遥感监测预报

我国主要作物商用品质不佳，其原因除了品种因素外，栽培过程的影响也较为明显，年份间、区域间变动性很大，主要原因表现在氮肥施用、水分管理、温度影响以及倒伏等几个重要方面。因此，快速、大面积获取作物长势信息并对其品质的形成进行预测，在为作物的产中调优栽培提供决策信息的同时，也可为产后分级加工提供技术支持，对促进农业企业科技进步和带动农民增收具有重要意义。基于光谱学原理和遥感监测技术，可以实时、大范围、无破坏性地探测作物长势状况，实现由“点状信息”向“面状信息”的跨越，为农业生产管理与决策及时提供信息。近年来，发达国家在作物品质遥感监测方面已初步开展了应用示范，而我国对作物品质遥感监测预报的研究刚刚起步。从作物品质遥感监测预报的范围、精度、时效性、预报模型的机理性和实用化角度来看，有待进一步深入研究。

6.1　基于氮素积累的冬小麦籽粒蛋白质含量预测

冬小麦是最重要的粮食作物之一，蛋白质含量一般占籽粒重的 9% ~ 18%，其含量高低是决定小麦利用途径和商品价值的重要指标。根据国家标准（GB/T 17892—1999 及 GB/T 17893—1999），一等强筋小麦的粗蛋白质（干基）含量必须≥15%，一等弱筋小麦的粗蛋白质（干基）含量必须≤11.5%，中筋小麦介于二者之间。迄今已有的研究多集中在冬小麦氮素营养对籽粒产量和籽粒蛋白质积累的影响方面，而在利用空间遥感技术对籽粒蛋白质进行监测的研究则相对较少。本节主要介绍，在同步获取地面常规观测数据和遥感影像的基础上，结合灌浆期间气候环境因素对籽粒蛋白质形成影响的特点，构建基于籽粒氮素运转生理生态过程的冬小麦籽粒蛋白质含量预测模型的方法。

6.1.1 试验布置与数据获取

试验一，2005 年在江苏省的泰兴、姜堰、海安、兴化、大丰 4 县设置样点 60 个，每个样点均采用差分 GPS 定点调查、取样和分析，内容包括冬小麦品种类型、生育期以及各期的群体长势指标。品种为扬麦 16 号、扬麦 13 号、宁麦 9 号和扬辐麦 2 号。成熟时取籽粒样进行室内蛋白质含量、淀粉含量、面筋含量、沉降值等品质指标测定。其中，蛋白质含量用全氮含量乘以 5.75 求得，全氮含量用半微量凯氏定氮法测定。气温、降雨、日照等气象数据由各县气象部门提供。Landsat 卫星 TM 影像数据分别是 2006 年的 2 月 13 日（返青始期）、3 月 1 日（返青后期）、4 月 2 日（拔节后期）、4 月 18 日（抽穗期）、5 月 4 日（灌浆初期）、5 月 20 日（乳熟期）和 5 月 29 日（蜡熟期）过境影像，共 7 景。

试验二，2003 年在河南省的西华、淮阳和太康 3 县设置样点 20 个，每个样点均采用差分 GPS 定点并记录地理位置信息，及时调查各样点主要生育期。品种为豫麦 34 号、豫麦 47 号和豫麦 49 号。成熟时取样进行籽粒产量和品质分析与测试。测试方法同试验一。TM 影像数据分别是 2004 年的 3 月 22 日（拔节期）、4 月 15 日（抽穗期）、5 月 1 日（灌浆初期）、5 月 25 日（蜡熟期）过境影像，共 4 景。

试验三，2004 年在江苏省的泰兴、姜堰、海安 3 县设置样点 23 个，GPS 样点调查、取样以及分析情况同试验一。TM 影像数据分别是 2005 年的 3 月 7 日（返青期）、3 月 23 日（拔节期）、4 月 24 日（抽穗期）、5 月

10 日（乳熟期）、5 月 26 日（蜡熟期）过境影像，共 5 景。

影像数据处理：首先利用 1∶100 000 地形图对 TM 影像进行几何纠正，然后再利用地面实测的 GPS 样方控制点对 TM 影像进行几何精校正，确保校正误差小于 1 个像素点。大气辐射校正和反射率转换是利用地面定标体的实测反射率数据和对应的卫星影像的原始 DN 值，采用经验线性法转换。

数据利用：以试验一的数据为基础，综合冬小麦籽粒蛋白质形成的特点，构建基于 TM 遥感的小麦籽粒蛋白质预测模型，并确定模型的参数。试验二和试验三的全部资料用于对模型的检验。采用实测值与预测值之间的均方根差（*RMSE*）表示模型的预测精度，并绘制实测值与预测值之间的 1∶1 关系图，来检验预测模型的可靠性。

6.1.2　冬小麦籽粒蛋白含量预测模型

籽粒蛋白质含量 *GPC*（%）的预测模型描述如下：

$GPC = GNC \times \beta$

式中，β 为籽粒氮素含量与蛋白质含量间的转换系数，取值 5.75。*GNC*（%）为籽粒氮含量，其算法如下：

$GNC = GNW / GW$

式中，*GW* 为籽粒重量（kg/hm²）。*GNW* 为籽粒中氮的总累积量（kg/hm²），其来源于花前存贮氮的运转和花后植株对氮的再吸收运转，籽粒中氮素的累积过程（即籽粒的灌浆阶段）主要受气温和土壤水分的影响。

GNW 的计算如下式：

$$GNW = (GNSW + GNUW) \times \min(FT, FW)$$

$$GNSW = (PNC - PNMC) \times PFW$$

$$GNUW = F(LAI, PFW)$$

式中，*GNSW* 为花前（指齐穗期）植株中存储氮的可运转量

(kg/hm^2)。*GNUW* 为花后植株对氮素的再吸收运转量(kg/hm^2),这一部分氮素主要供给籽粒合成蛋白质,其值通过函数 *F*(*LAI*,*PFW*)获得。

分析 *GNUW* 与花前群体叶面积指数(*LAI*)和地上部生物量(*PFW*)的关系(图 6-1A、图 6-1B),建立 *F*(*LAI*,*PFW*)的如下回归算法:

$$F(LAI, PFW) = 20.94 \times ln(LAI) + 19.44 \times ln(PFW) - 174.19$$

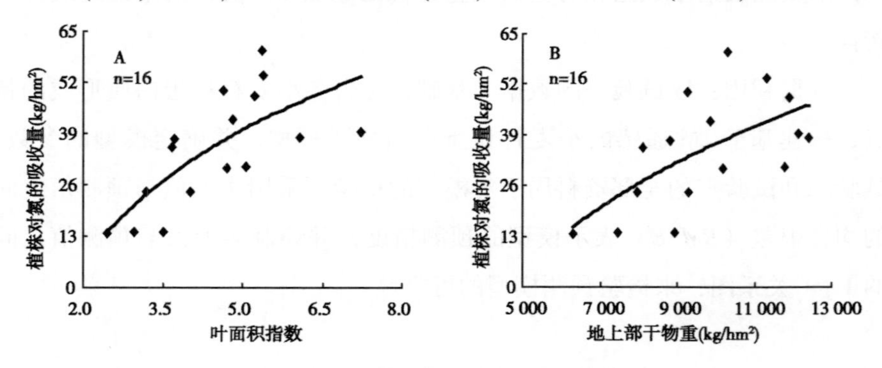

图 6-1 冬小麦花后氮素吸收量与花前叶面积指数(A)和地上部干物重(B)的关系

GNW 的计算式中,*PNC* 为花前植株氮含量(%)。*PNMC* 为成熟后秸秆氮含量(%),强筋、中筋、弱筋小麦分别取值为 0.55*PNC*、0.60*PNC* 和 0.65*PNC*。

PNC 与遥感影像的 NDVI 有较好的相关性(图 6-2),可通过遥感影像反演获得,算法如下:

$$PNC = D \times NDVIF + E \times \alpha$$

式中,*NDVIF* 为冬小麦花前的归一化植被指数,*D*、α 为经验系数,分别取值 1.262 4和 2.472 8。*E* 为调整函数,表示齐穗前遥感影像获得时间的不同对 *PNC* 监测值的影响,*E* 的算法如下式:

$$E = (BaT - TmT) / BaT$$

式中,*BaT* 为拔节到齐穗的天数,单位为日(d)。*TmT* 为影像获得时间到齐穗的天数,单位为日(d)。

研究表明,小麦花前的 *LAI* 与 *PFW*(地上部生物量)具有极明显的相关关系(图 6-3),可以建立基于 *LAI* 的 *PFW* 的计算模型:

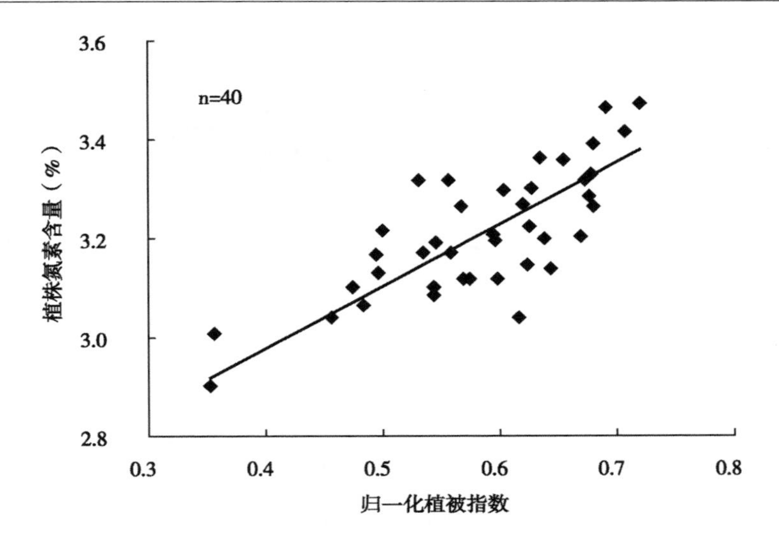

图 6－2　NDVI 与冬小麦花前植株氮素含量（PNC）的关系

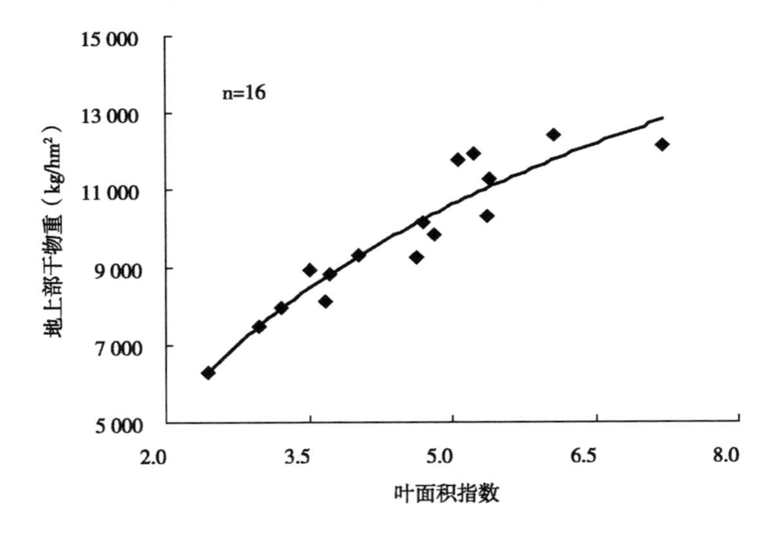

图 6－3　冬小麦叶面积指数与花前地上部干物重的关系

$$PFW = 6\,049.2 \times \ln(LAI) + 875.35$$

花前进行 *LAI* 遥感监测，可以合理掌握群体的长势变化动态，监测效果颇为明显。*LAI* 则通过遥感 NDVI 反演模型获得（图 6－4）。

$$LAI = 4.4825 \times \exp(0.4905 \times NDVIF)$$

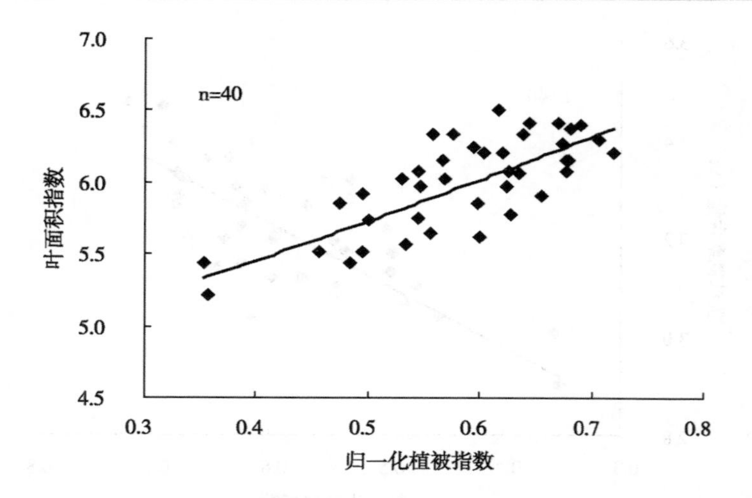

图 6－4　归一化植被指数与冬小麦花前 LAI 的关系

籽粒重量 GW 可以通过品种的收获指数、花前植株干重和花前存储于植株中的光合产物向籽粒运转量之间的换算获得，具体计算如下式：

$$GW = (HI \times PFW)/(1 - HI + HI \times \beta)$$

式中，HI 为小麦品种的收获指数，β 为花前存储于植株中的光合产物（花后）向籽粒运转量占籽粒重的百分比（对产量的贡献率），据有关研究，β 一般在 20% ～30%，因品种而异，模型中取值在 20% ～25%（表 6－1）。

表 6－1　冬小麦品种的收获指数与 β 值

参数	扬麦 16 号	扬麦 13 号	宁麦 9 号	扬辐麦 2 号	豫麦 34 号	豫麦 47 号	豫麦 49 号
HI	0.41	0.39	0.40	0.40	0.41	0.42	0.41
β	22%	21%	22%	20%	23%	25%	21%

FT 为籽粒蛋白质温度影响因子，表示灌浆期间的气温变化对籽粒蛋白质形成（或氮素积累）的影响。其算法描述如下式：

$$FT = \begin{cases} sqrt\{sin[(T - T_b)/(T_{ol} - T_b) \times \pi/2]\} & T_b \leq T < T_{ol} \\ 1 & T_{ol} \leq T \leq T_{oh} \\ sqrt\{sin[(T_m - T)/(T_m - T_{oh}) \times \pi/2]\} & T_{oh} < T \leq T_m \\ 0.1 & T_m < T, or\ T < T_b \end{cases}$$

式中，T 为灌浆期间日均气温；T_m、T_b分别为籽粒蛋白质合成的最高温度上限和最低温度下限，分别取值 30℃ 和 16℃；T_{oh}、T_{ol}为蛋白质合成最适宜上限温度和最适宜下限温度，分别取值 22℃ 和 20℃。

FW 为籽粒蛋白质水分影响因子，表示灌浆期间的土壤水分变化对籽粒氮素积累的影响。据有关研究，当土壤湿度保持在田间持水量的 65% ~ 80% 时，籽粒正常进行蛋白质合成。当土壤湿度低于田间持水量的 50% 或高于田间持水量的 100% 时，籽粒蛋白质合成受到抑制。FW 计算如下式：

$$FW = \begin{cases} (W - W_b)/(W_{ol} - W_b) & W_b < W < W_{ol} \\ 1 & W_{ol} \leq W \leq W_{oh} \\ (W_m - W)/(W_m - W_{oh}) & W_{oh} < W < W_m \\ 0 & W_m \leq W, or\ W \leq W_b \end{cases}$$

式中，W 为灌浆期间土壤含水量；Wm、Wb 分别为籽粒蛋白质合成的最高土壤含水量上限和最低土壤含水量下限，分别取田间持水量的 90% 和 40%；W_{oh}、W_{ol}为蛋白质合成最适宜上限土壤含水量和最适宜下限土壤含水量，分别取田间持水量的 80% 和 60%。

6.1.3　冬小麦蛋白含量模型运行和可靠性检验

选用试验二的数据，即 2005 年江苏省泰兴、姜堰、海安的地面资料和影像数据，首先对冬小麦籽粒氮素的累积量进行了检验（图 6 – 5A）。预测值与测量值较为一致，冬小麦籽粒氮素累积量预测的 $RMSE$ 为 4.75kg/hm^2，相对误差为 3.83%。

利用试验三的数据，即 2004 年河南省的西华、淮阳和太康的地面资料和 TM 影像数据，对冬小麦籽粒氮素累积量再次进行检验（图 6 – 5B），可以看出，河南省冬小麦籽粒氮素累积量与江苏样区有很大的不同，河南样区冬小麦籽粒氮素累积量明显高于江苏样区。对冬小麦籽粒氮素累积量预测的 *RMSE* 为 8.76kg/hm^2，相对误差为 4.54%。

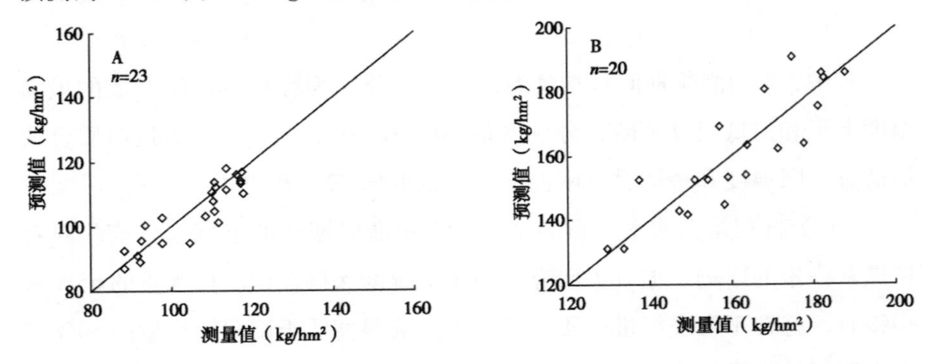

图6－5 江苏省（A）和河南省（B）冬小麦籽粒氮素累积量测量值与预测值比较

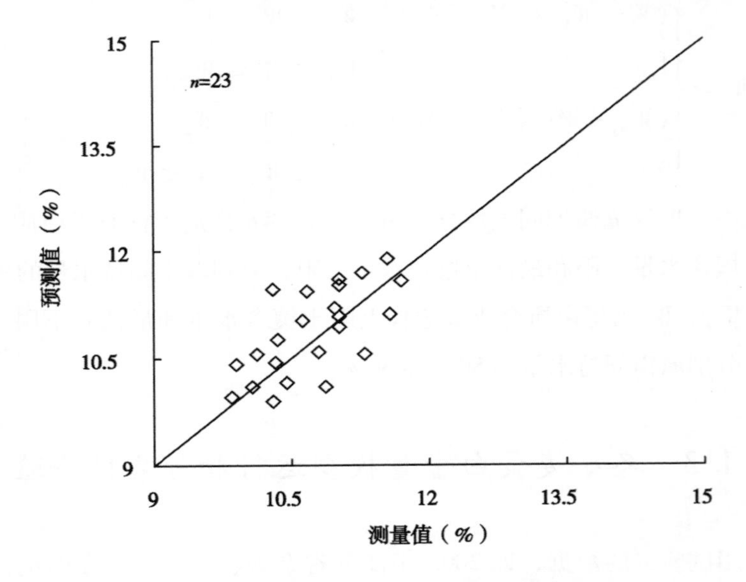

图6－6 江苏省冬小麦籽粒蛋白质含量

测量值与预测值的比较

进一步对江苏省冬小麦籽粒蛋白质含量预测模型进行了检验，图6－6是预测的冬小麦籽粒蛋白质含量和测量结果的 1：1 比较图，可以看出，多数（20 个样点）属弱筋小麦，只有少部分（3 个样点）偏中筋，这也比较符合江苏省该地区小麦的生态种植特点（为弱筋小麦主产区）。模型检验结果显示预测值与测量值较为相近，预测籽粒蛋白含量的 RMSE 为 0.47%。

表 6－2 是江苏小麦样点籽粒蛋白质含量测量值和预测值。可以看出，江苏小麦样点测量的籽粒蛋白质含量为 9.85%～11.7%，预测的籽粒蛋白质含量在 10.1%～11.88%，预测值的相对误差为 3.66%，说明预测值与测量值较为一致。

表 6－2　江苏省样点冬小麦籽粒蛋白质含量的预测值与测量值

样点	纬度（N）	经度（E）	测量值（%）	预测值（%）
1	32°23′54.3″	120°20′30.9″	10.35	10.76
2	32°23′45.7″	120°22′30.1″	10.13	10.56
3	32°22′37.7″	120°22′56.5″	10.31	11.44 **
4	32°22′01.8″	120°21′32.6″	10.33	10.44
5	32°22′52.2″	120°21′32.0″	10.31	9.9
6	32°22′45.9″	120°18′37.6″	11.57	11.1
7	32°23′13.3″	120°19′15.3″	11.03	11.09
8	32°23′52.5″	120°17′58.1″	11.28	11.68
9	32°25′18.6″	120°17′03.4″	11.03	11.52
10	32°24′00.4″	120°18′38.1″	9.85	9.95
11	32°25′20.5″	120°19′34.6″	10.44	10.14
12	32°25′55.1″	120°20′14.4″	11.03	10.94
13	32°24′56.8″	120°20′52.2″	9.9	10.4 *
14	32°24′53.0″	120°20′13.6″	10.98	11.2
15	32°21′29.0″	120°10′06.7″	10.8	10.6
16	32°22′07.3″	120°10′14.9″	10.63	11.02
17	32°23′15.5″	120°09′55.7″	11.7	11.57
18	32°25′10.9″	120°09′47.3″	11.55	11.88
19	32°26′00.8″	120°09′35.1″	10.88	10.1 *

（续表）

样点	纬度（N）	经度（E）	测量值（%）	预测值（%）
20	32°26′27.5″	120°09′30.7″	10.67	11.42 *
21	32°16′30.9″	120°15′33.5″	11.3	10.56 *
22	32°16′17.9″	120°14′29.9″	10.08	10.1
23	32°17′20.6″	120°13′15.9″	11.03	11.61 *
	相对误差		3.66%	

注：* 预测误差显著性 *：$P<0.05$；**：$P<0.01$

为验证模型的通用性，利用试验三的数据对冬小麦籽粒蛋白质含量预测模型进行了检验（表6－3）。从表中可以看出，测量籽粒蛋白质含量在11.46%～15.8%，预测的籽粒蛋白质含量在11.09%～15.61%，预测值的相对误差为3.71%，说明模型的预测性较好。

表6－3　河南省冬小麦籽粒蛋白质含量测量值与预测值的比较

样点	纬度（N）	经度（E）	测量值（%）	预测值（%）
1	33°36′48.7″	114°16′44.1″	11.46	11.09
2	33°36′22.2″	114°15′28.1″	14.3	13.56 *
3	33°33′9.4″	114°18′19.8″	12.49	12.44
4	33°33′8.9″	114°18′19.8″	12.24	11.63 *
5	33°32′52.8″	114°21′19.4″	12.95	12.63
6	33°28′51.1″	114°24′30.2″	13.5	12.1 **
7	33°27′26.3″	114°23′40.5″	10.96	11.09
8	33°27′26.6″	114°25′28.5″	13.4	13.9
9	33°26′34.3″	114°22′12.1″	12.7	13.52 *
10	33°24′4.4″	114°24′29.5″	14.73	15.26
11	33°23′26.3″	114°25′8.3″	15.4	15.03
12	33°22′46.3″	114°25′53.6″	12.2	12.94 *
13	33°22′28.1″	114°24′31.2″	14.16	14.4
14	33°19′1.4″	114°28′12.9″	13.12	13.2
15	33°18′49.4″	114°28′22.0″	15.8	15.6
16	33°18′11.0″	114°27′10.1″	13.08	14.2 **

（续表）

样点	纬度（N）	经度（E）	测量值（%）	预测值（%）
17	33°17′19.1″	114°28′27.5″	13.4	13.1
18	33°9′10.9″	114°30′3.7″	15.1	15.61
19	33°9′2.8″	114°31′51.5″	11.6	12.1
20	33°8′22.7″	114°29′37.8″	14.6	14.3
相对误差 Relative error			3.71%	

注：* 预测误差显著性 *：$P<0.05$；**：$P<0.01$

图 6－7 是利用影像 *NDVI* 数据预测的河南冬小麦籽粒蛋白质含量与测量结果的 1：1 比较图，模型的预测值与实测值较为趋同，预测的冬小麦籽粒蛋白质含量的 *RMSE* 为 0.59%。在河南冬小麦试验样区中。中筋小麦种植面积（15 个样点）较大，强筋小麦种植面积（3 个样点）次之，弱筋小麦种植面积（2 个样点）较少。检验结果显示，说明模型的通用性较好。少部分样点监测数据的误差较大，导致其差异原因可能存在品种间的、土壤类型间的、栽培措施间的或者影像间的异同，就其根本原因还需深入研究。

通过设置不同年份、不同区域的小麦种植试验，综合分析了灌浆期冬小麦籽粒蛋白质的形成过程及其与环境条件的关系，基于遥感影像信息获取的瞬时性和广域性，结合小麦灌浆期间植株氮素转运的特点，建立了基于 NDVI 的籽粒蛋白质含量预测模型。对模型检验的结果显示，模型总体上表现得较为可靠和准确。可以说，本研究在利用遥感技术对籽粒蛋白质含量监测研究方面具有一定的创新性。

6.2　冬小麦籽粒蛋白质含量遥感监测预报

籽粒蛋白质含量高低是决定冬小麦利用途径和商品价值的重要指标，对籽粒蛋白质含量进行及时、大范围的有效监测预报，可为冬小麦的产中

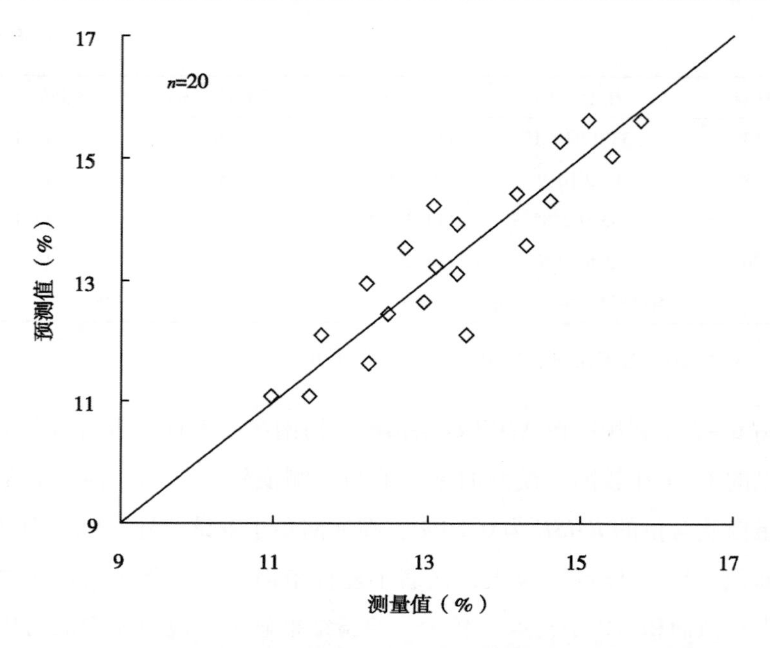

图 6－7　河南省冬小麦籽粒蛋白质含量测量值与预测值的比较

调优栽培和熟后分级收获提供信息支持。本节主要介绍，采用 GPS 定位、卫星遥感数据与气象等数据相结合的方法，基于遥感反演信息和籽粒蛋白质含量预测模型，进行区域的冬小麦籽粒蛋白质含量遥感分级监测预报的基础理论或方法。

6.2.1　研究区域与数据利用

选取江苏省中部仪征县、泰兴县、兴化县、姜堰县和大丰县为研究区域，该区域位于 E119°02′～121°22′、N32°10′～33°36′，境内属亚热带季风气候，四季分明，年无霜期 240d 左右，年平均气温 14℃，年平均降水量约 940mm，年平均日照时数 2 130～2 430h，气候及土壤条件较好。与卫星过境时间同步，每个县市设置样点 15～20 个。每个样点均采用差分 GPS 定点调查和取样。调查内容包括叶面积指数、生物量、成熟期产量和籽粒品质信息。干物重的测量，先在 105℃下杀青 20min，随后在 75℃ 下烘干，最后称取烘干重量。叶面积指数采用比重法测定。产量测定采用实取实测法，即各样点均采取50m×50m样框，按照田块对角线5点取样，每个点1m²，共取5m²籽粒，然后自然风干（含水量约13%），称取重量。成熟时取籽粒样进行室内蛋白质含量、淀粉含量、面筋含量、沉降值等品质指标测定。其中，蛋白质含量用全氮含量乘以5.75求得，全氮含量用半微量凯氏定氮法测定。气象资料由当地气象部门提供。

遥感数据采用美国Landsat/TM卫星，过境时间为2009年4月26日，此时取样区域的冬小麦正处于抽穗期。当日天气晴朗，卫星影像质量较好。影像数据处理：先利用地形图进行几何校正，再结合GPS数据进行精校正，校正误差小于0.5个像元。大气辐射校正和反射率转换是利用地面定标体的实测反射率数据和对应的卫星影像的DN值，采用经验线性法转换获取。

6.2.2　遥感信息和籽粒蛋白质含量预测模型耦合

冬小麦籽粒蛋白质含量预测模型包括冬小麦的冠层光合、氮素吸收、花期后氮素积累与分配等模块，模型详细描述请参见本章第1节。利用样点遥感信息反演的LAI、生物量、植株氮含量替换冬小麦籽粒蛋白质含量预测模型中对应的变量，获取样点冬小麦籽粒蛋白质含量的预测值。冬小麦籽粒蛋白质含量预测模型和遥感信息其耦合如图6-8所示。

6.2.3　冬小麦籽粒蛋白质含量预测专题图制作流程

首先，利用江苏省行政边界矢量图，裁剪Landsat/TM遥感影像中的研究区域，选取4、3、2波段合成判读用底图。由于该区域冬小麦在4月底正处于抽穗期至扬花期，此期间的冬小麦叶面积，覆盖率和绿度指数都达到峰值。通过4、3、2波段组合的假彩色影像目视解译，同时叠加样点数据辅助判读，能相对容易的辨别出冬小麦，也能很好的反映出冬小麦的长势信息。

其次，通过计算机的ISODATA法进行非监督分类，叠加NDVI灰度图和GPS采集的样点和样区的作物信息数据，进行人机交互式的动态判读与目视解译，提取小麦种植面积。最后，利用遥感信息反演小麦长势指标值，将长势指标值带入预测模型，获得样点的籽粒蛋白含量数据，再通过线性转换获得区域蛋白质含量数据，用arcGIS软件制作专题图（图6-9）。

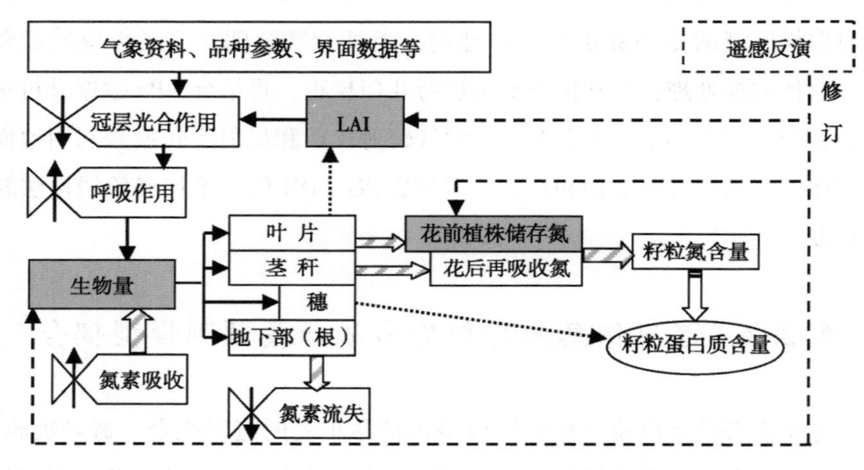

图6-8 遥感信息与冬小麦籽粒蛋白质含量预测模型耦合结构

6.2.4 各试验样点冬小麦籽粒蛋白质含量获取

依据小麦籽粒蛋白质含量预测模型的设计特点，利用试验区域的品种参数、气象资料、遥感反演信息对该试验样点小麦籽粒蛋白质含量进行了预测，并作出不同样点小麦籽粒蛋白质含量实测值与估测值之间的1∶1关系图（图6-10）。由图可以看出此时小麦籽粒蛋白质含量实测值在9.6%~15.15%，平均为12.37%；估测产量在10.2%~15.00%，平均为12.29%。其中根均方差RMSE为0.78%，相对误差为0.42%~15.6%，平均为5.26%。用估测值与实测值进行模型精度检验，精度在85%以上。

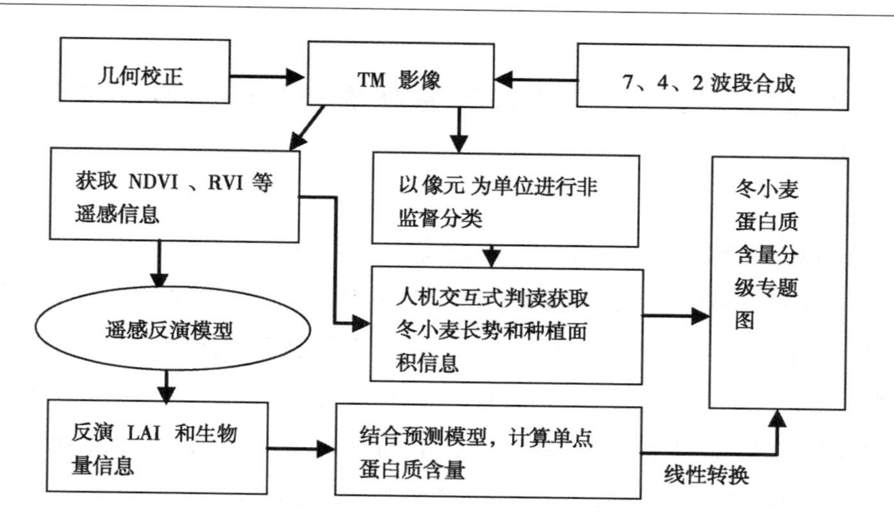

图 6 -9　基于模型的冬小麦籽粒蛋白质含量监测预报流程

表明利用小麦抽穗期的地上部生物量和叶面积指数信息，结合小麦籽粒蛋白质含量模型可以进行区域范围的小麦籽粒蛋白质含量预测。

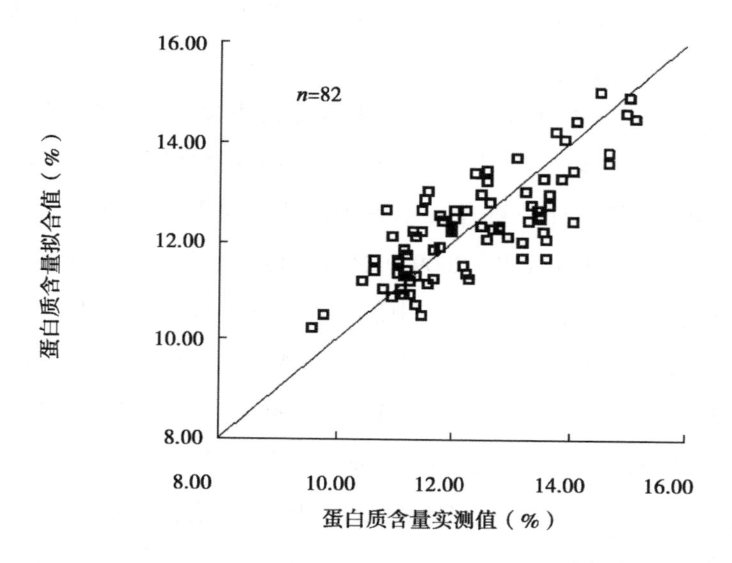

图 6 -10　冬小麦籽粒蛋白质含量实测值与预测值比较

6.2.5 区域冬小麦籽粒蛋白质含量遥感监测及信息分析

在面积提取的基础上，利用遥感信息提取样点植被指数信息，反演LAI、生物量和植株氮含量数据，结合冬小麦蛋白质预测模型获得样点小麦籽粒蛋白质含量数据，再经“点”、“面”转换获得区域蛋白质含量数据，结合当地冬小麦品种蛋白含量的等级标准进行分级。冬小麦籽粒蛋白质含量分为中强筋（>12.5%）、中筋（11.5%～12.5%）、中弱筋（10%～11.5%）和弱筋（<10%）4种类型。叠加样点的数据进行修正，得到该区域的冬小麦籽粒蛋白质含量监测分级预报图（图6-11）。从图中可以看出，仪征市、泰兴市等地主要显示为绿色和蓝色，说明该区域主要种植为弱筋小麦。而兴化市、大丰市多显示为黄色，说明该区域种植多数为中筋小麦，少数田块显示为红色，表明这些田块种植为强筋小麦。这主要与种植品种、地理环境和区域小气候等因素有关。

根据输出的江苏省中部区域冬小麦籽粒蛋白质含量分级图，利用各县的行政边界切割蛋白质分级图，获得各县的小麦籽粒蛋白质含量县域图。再利用arcGIS软件统计分析各县小麦蛋白质含量等级的面积分布情况（表6-4）。从表中可以看出，2009年试验区域中强筋小麦的种植只有零星分布，占总种植面积比重很小；中筋和中弱筋小麦的面积为183 403.8 hm^2，占小麦总面积的82.09%，其中，籽粒蛋白质含量在11.5%～12.5%中筋小麦占小麦种面积的27.01%。籽粒蛋白质含量<10%的弱筋小麦占小麦种面积的12.85%，后者主要为分布在里下河平原地区（以黄褐土为主、质地黏重）以及其他地势低洼地区。在实际采样和影像分析过程中，发现存在因为田间管理上的不当造成冬小麦的品质发生转化，呈偏弱筋或偏中筋的特性（籽粒蛋白质含量在11.5%～12.5%），冬小麦的品质指标不能较好满足种植区划要求。因此，如何加强这些田块的管理，调整栽培管理方式，优化冬小麦品质仍是当地农业部门今后非常重要的

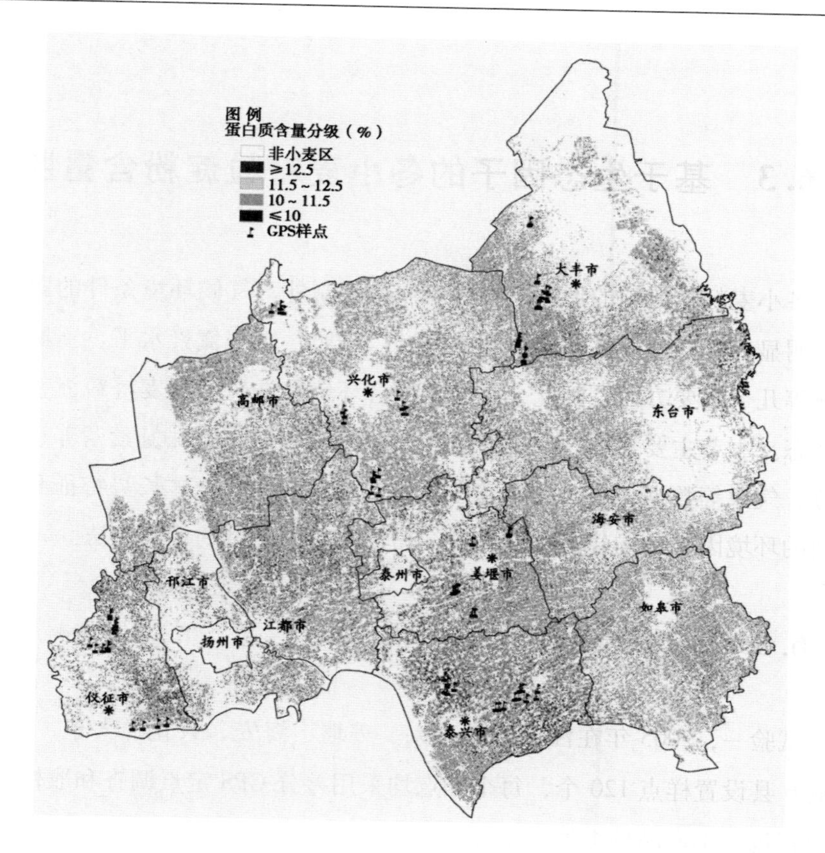

图6－11　江苏省中部区域冬小麦籽粒蛋白质遥感监测分级预报

任务。

表6－4　遥感监测的市县各等级蛋白质含量冬小麦小麦面积分布

市　名	蛋白质含量分级（%）			
	≥12.5（hm^2）	11.5～12.5（hm^2）	10～11.5（hm^2）	≤10（hm^2）
仪征市	102.74	795.78	10 713.2	6 631.01
泰兴市	1 050.95	2 402.37	32 470.1	11 713.3
姜堰市	1 131.95	9 020.52	20 105.2	5 965.43
兴化市	6 138.87	35 055	38 215.2	2 436.03
大丰市	1 969.84	13 049.3	21 577.1	2 853.63
合　计	10 394.35	60 322.97	123 080.8	29 599.4

6.3 基于生态因子的冬小麦籽粒淀粉含量监测

冬小麦籽粒淀粉的形成，除受基因型控制外，气候环境条件的影响也较为明显，主要表现在灌浆期间的温度、光照、土壤氮素水平、土壤水分状况等几个重要方面。因此，有必要综合环境条件研究小麦籽粒淀粉的形成动态。本节主要介绍，采用多时相卫星遥感数据、植株氮素营养、土壤水分、气象等数据相结合的研究方法，基于小麦花前群体长势特征和灌浆期间的环境因素，构建冬小麦籽粒淀粉遥感监测模型的系列方法。

6.3.1 试验设置与数据获取

试验一，2005 年在江苏省的泰兴、姜堰、海安、兴化、大丰、灌云、赣榆 6 县设置样点 120 个，每个样点均采用差分 GPS 定点调查和取样。调查内容包括小麦品种类型、生育期以及土壤理化特性。成熟时取籽粒样进行室内蛋白质含量、淀粉含量、面筋含量、沉降值等品质指标测定。其中，籽粒淀粉含量采用蒽酮比色法测定。气温、降雨、日照等气象数据由各县气象部门提供。卫星数据分别在 2006 年的 4 月 2 日（拔节期）、4 月 18 日（抽穗期）和 5 月 20 日（灌浆期）获得，共 3 景。

试验二，2003 年在河南省的西华、淮阳和太康 3 县设置样点 20 个，每个样点均采用差分 GPS 定点并记录地理位置信息，及时调查各样点主要生育期，成熟时取样进行籽粒产量和品质分析与测试。测试方法同试验一。卫星数据分别在 2004 年的 3 月 22 日（拔节期）、4 月 15 日（抽穗期）和 5 月 25 日（灌浆期）获得，共 3 景。

试验三，2004 年在江苏省的泰兴、姜堰、海安 3 县设置样点 23 个，GPS 样点调查、取样以及分析情况同试验一。卫星数据分别在 2005 年的 3

月23日（拔节期）、4月24日（抽穗期）和5月26日（灌浆期）获得，共3景。

影像数据处理：首先利用1∶10万地形图结合地面GPS控制点对TM影像进行几何纠正，校正精度在1个像素点内。大气辐射校正和反射率转换是利用地面定标体的实测反射率数据和对应的卫星影像的原始DN值，采用经验线性法转换。

数据利用：以试验一的数据为基础，综合灌浆期小麦籽粒淀粉形成与环境因子的特点，构建基于卫星遥感的小麦籽粒淀粉含量监测模型，并确定模型的参数。试验二和试验三的全部资料用于对模型的检验。采用观测值与预测值之间的均方差根（RMSE）表示模型的监测精度，并绘制观测值与预测值之间的1∶1关系图，来检验监测模型的可靠性。

6.3.2　籽粒淀粉含量氮素影响因子模拟

在冬小麦籽粒灌浆期间，植株叶片的含氮量，与根系活力和功能叶的光合能力成极显著正相关。叶片适宜的含氮量可以维持叶片的光合功能，促进光合产物更多地向籽粒转运，是提高冬小麦籽粒淀粉含量的重要基础生理指标。随着灌浆进程的推移，叶片含氮量呈规律性的变化趋势。因此，可以通过冬小麦叶片的含氮量来间接反应土壤供氮量对冬小麦籽粒淀粉形成的影响。灌浆期间土壤供氮状况对冬小麦籽粒淀粉形成的影响作用采用氮素影响因子（Nitrogen factor，NF）表示，算法如下：

$$NF = \begin{cases} 1 & N_h < N \\ 1 - (N_h - N)^2/(N_h - N_l)^2 & N_l \leq N \leq N_h \\ 0 & N < N_l \end{cases}$$

上式中，N为灌浆期间冬小麦地上部植株实际氮素含量。N_h地上部植株临界含氮量，N_l为地上部植株最小含氮量，分别取值4.8%和0.4%。

6.3.3 籽粒淀粉含量的土壤水分影响因子模拟

WF（Water factor）为水分影响因子，表示灌浆期间的土壤水分变化对冬小麦籽粒淀粉积累的影响。据有关研究，当土壤湿度保持在田间持水量的65%～80%时，冬小麦籽粒正常进行淀粉积累。当土壤湿度低于田间持水量的40%或高于田间持水量的90%时，冬小麦籽粒淀粉合成受到抑制。*WF*计算如下式：

$$WF = \begin{cases} 1 - (W - W_b)/(W_{ol} - W_b) & W_b \leqslant W < W_{ol} \\ 1 & W_{ol} \leqslant W \leqslant W_{oh} \\ 1 - (W_m - W)/(W_m - W_{oh}) & W_{oh} < W \leqslant W_m \\ 0 & W_m < W, or\ W < W_b \end{cases}$$

上式中，W为灌浆期间土壤含水量；W_m、W_b分别为冬小麦籽粒淀粉合成的最高土壤含水量上限和最低土壤含水量下限，分别取田间持水量的90%和40%；W_{ou}、W_{ol}为蛋白质合成最适宜上限土壤含水量和最适宜下限土壤含水量，分别取田间持水量的80%和60%。

6.3.4 籽粒淀粉含量的日照影响因子模拟

日照对冬小麦籽粒淀粉形成的影响小于温度的影响，但灌浆期间的日照是冬小麦功能叶片进行光合作用的能源，对籽粒淀粉的合成起着重要的作用。众所周知，冬小麦籽粒中的淀粉有1/3～3/4是在灌浆期间合成的。日照不足时，会直接影响到叶片的光合强度和碳水化合物的同化，明显制约冬小麦籽粒淀粉的积累。灌浆期间日照对冬小麦籽粒淀粉形成的影响用日照影响因子（Sunlight factor，*SF*）表示，*SF*的算法描述如下式：

$$SF = \begin{cases} 1 & S_h < S \\ 1 - (S_h - S)/(S_h - S_l) & S_l \leqslant S \leqslant S_h \\ 0 & S < S_l \end{cases}$$

上式中，S 为灌浆期间的平均日照时数，单位为小时（h）；S_h、S_l 分别为冬小麦淀粉合成适宜日照时数和最低下限日照时数，分别取值 10h 和 2h。

6.3.5　籽粒淀粉含量的温度影响因子模拟

灌浆期间的温度是影响冬小麦籽粒淀粉的合成与转运的主要气候因子。在适宜的平均温度（16～30℃）下，冬小麦植株叶片功能期长，物质代谢旺盛，有利于灌浆充实。温度过高或过低均导致灌浆过程过快或过慢，最终影响到冬小麦籽粒充实。如黄淮海和长江中下游麦区冬小麦灌浆后期常遭受高温危害，导致籽粒灌浆期缩短，粒重下降，一般要减产 10%～20%。因此，研究冬小麦淀粉的形成必须考虑灌浆期间的温度情况。用温度影响因子（Temperature factor，TF）表示灌浆期间的气温变化对冬小麦籽粒淀粉形成的影响。TF 计算如下式：

$$TF = \begin{cases} \cos[(T - T_b)/(T_{ol} - T_b) \times \pi/2] & T_b \leqslant T < T_{ol} \\ 1 & T_{ol} \leqslant T \leqslant T_{oh} \\ \cos[(T_m - T)/(T_m - T_{oh}) \times \pi/2] & T_{oh} < T \leqslant T_m \\ 0 & T_m < T, or\ T < T_b \end{cases}$$

6.3.6　冬小麦籽粒淀粉含量估测模型

$GSCPJ$（%）、$GSCPH$（%）、$GSCPF$（%）分别为根据小麦拔节期、抽穗期、灌浆期的卫星影像的 $NDVI$ 值（$NDVIJ$、$NDVIH$、$NDVIF$）预测的理想状况下的籽粒淀粉含量。其预测模型如下式：

$$GSCPJ = 64.09 \times exp(0.6624 \times NDVIJ) \quad (R^2 = 0.8628)$$

$$GSCPH = 57.69 \times exp(0.5925 \times NDVIH) \quad (R^2 = 0.8786)$$

$$GSCPF = 68.82 \times exp(0.5241 \times NDVIF) \quad (R^2 = 0.8914)$$

对上述模型分别进行气温（℃）、光照（lx）、氮营养（%）和水分

（%）因子综合订正后，便形成利用拔节期、抽穗期、灌浆期卫星影像估测冬小麦籽粒最终的实际淀粉含量值 *GSC*（%）的 3 种模型。冬小麦籽粒淀粉含量 *GSC*（%）的监测模型构建如下：

$$GSC = (GSCPJ, or\ GSCPH, or\ GSCPF) \times TF \times SF \times \min(WF, NF)$$

6.3.7 冬小麦籽粒淀粉含量模型运行与精度分析

选用试验二的数据，即 2005 年江苏省泰兴、姜堰、海安的地面资料和影像数据，对小麦籽粒淀粉含量监测模型进行了检验，图 6－12 中的 A、B 和 C 图分别是利用小麦拔节期、抽穗期和灌浆期的影像 NDVI 数据监测的成熟时期小麦籽粒淀粉含量和实地取样分析结果的 1∶1 比较图。从图 6－12中可以看出，模型的监测值与实测值较为一致，预测的 *RMSE* 分别为 4.47%、4.02% 和 3.59%。在利用不同生长阶段的影像监测小麦籽粒淀粉含量的 *RMSE* 有所不同，灌浆期误差最小，抽穗期次之，拔节期最大，就导致其差异的根本原因还有待于进一步深入研究。但总的来说，遥感影像获取时间距籽粒成熟时期越近，预测的误差就会越小。

为进一步验证模型的通用性，利用试验三的数据，即 2004 年河南省的西华、淮阳和太康的地面资料和 TM 影像数据，对小麦籽粒淀粉含量监测模型进行了检验。图 6－13 中的 D、E 和 F 图分别是利用小麦拔节阶段、抽穗阶段和灌浆阶段的影像 *NDVI* 数据监测的小麦籽粒淀粉含量与实测结果的 1∶1 比较图。从图 6－13 中可以看出，模型的监测值与实测值较为趋同，预测的 *RMSE* 分别为 4.66%、4.38% 和 4.08%。同时也表现出与江苏试验数据监测误差的相似性，导致差异原因可能存在品种间的、土壤类型间的、栽培措施间的或者影像间的异同，就其根本原因还需深入研究。总之，检验结果表明，该模型监测性能较好，而且解释性也较强，可以适用于不同年度、不同区域和不同小麦生长阶段对籽粒淀粉含量的预测。

利用多年度、异同区域遥感影像和冬小麦品质数据，结合冬小麦灌浆

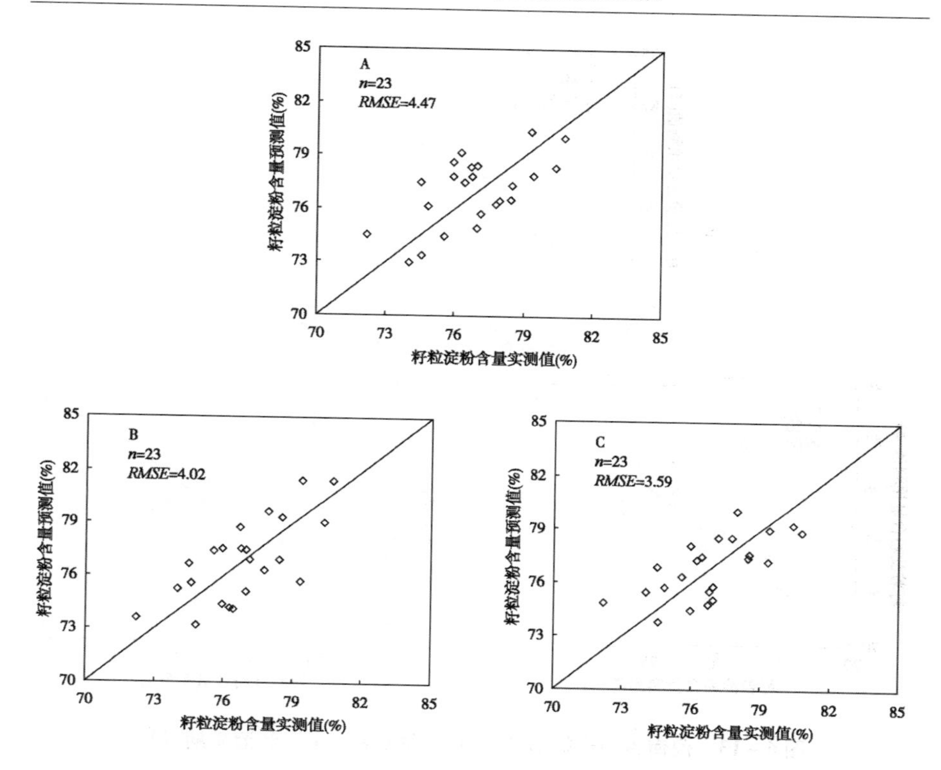

图6－12　江苏省小麦拔节期（A）、抽穗期（B）和灌浆期（C）籽粒淀粉含量实测值与监测值的比较

期间气候环境条件对籽粒品质形成的影响特点，可建立多生育期的基于气候环境因子的籽粒淀粉含量遥感估测模型。对模型的可靠性检验表明，模型的监测值与实测值较为一致，利用拔节期、抽穗期、灌浆期遥感影像*NDVI*和气候环境数据预测籽粒淀粉含量的*RMSE*平均值分别为4.57%、4.2%和3.84%，显示出模型具有较好的估测性能。

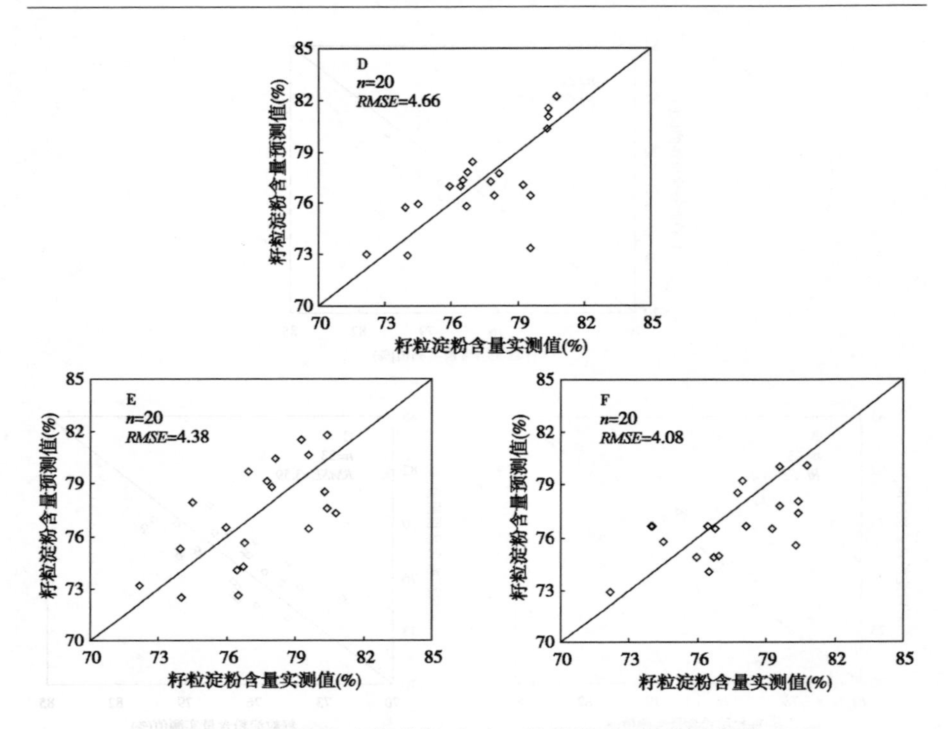

图 6-13 河南省小麦拔节期（D）、抽穗期（E）和灌浆期（F）籽粒淀粉含量实测值与监测值的比较

6.4 基于生态因子的水稻籽粒直链淀粉预测

6.4.1 数据获取与利用

2006 年进行的不同生态点和不同品种试验。试验布置于中国江苏省的昆山（31°31′N）、溧水（31°57′N）、金坛（31°73′N）、丹阳（31°94′N）、如东（32°36′N）、宝应（33°22′N）、淮阴（33°66′N）、泗洪（33°42′N）8 个生态点，供试籼稻和粳稻品种各 5 个，籼稻品种分别为常优 1 号、泗稻 10 号、扬稻 6 号、丰优香占、汕优 63，粳稻品种分别为武育粳

7 号、武育粳 3 号、连粳 3 号、广陵香粳、早丰 9 号。各试验点采用完全随机区组设计，重复三次，小区面积 $20m^2$。N、P_2O_5、K_2O 施用量均为 $150kg/hm^2$。田间管理与当地大田管理相同。收获后测定各处理水稻籽粒直链淀粉品质指标。

6.4.2　水稻籽粒直链淀粉含量模型描述

水稻籽粒直链淀粉含量（Rice Amylase Content，*RAC*）是评价稻米蒸煮食味品质的一个重要指标，依据气候生态因子对水稻籽粒直链淀粉的影响作用大小的不同。模型在综合分析各个气候生态因子效应的同时，使用权重系数来进一步订正各气候生态因子对水稻籽粒直链淀粉的作用。

根据气候生态因子的作用特点，构建以下的水稻籽粒直链淀粉含量预测模型：

$$RAC = RAC_0 * \sum_{i=1}^{n} r_i f(x_i) = RAC_0 * [r_1 * f(x_1) + r_2 * f(x_2) + \cdots + r_n * f(x_n)]$$

$$r_i = R_i^2 / \sum_{i=1}^{n} R_i^2 = R_i^2 / (R_1^2 + R_2^2 + \cdots + R_n^2)$$

式中，*RAC* 为实际预测的水稻品种籽粒直链淀粉含量（%）；RAC_0 为水稻品种籽粒直链淀粉含量基准值（%）；r_i 为气候因子对水稻直链淀粉含量影响的权重系数；n 为气候因子数，取值 5；$f(x_i)$ 为各气候因子对水稻籽粒直链淀粉含量影响的因子函数，$0 < f(x_i) \leq 1$；R_i^2 为 $f(x_i)$ 的决定系数。

对水稻籽粒直链淀粉含量影响的主要生态因子分别为纬度（°，x_1）、日太阳辐射［（MJ/（m^2 · d′），x_2］、平均温度（℃，x_3）、最低温度（℃，x_4）和最高温度（℃，x_5）。这些主要生态因子对籼稻和粳稻籽粒淀粉含量形成的影像各有不同，其影响特征请参阅表 6－5 和表 6－6。

表 6-5　籼稻籽粒直链淀粉含量的气候因子函数

影响因子名称	影响因子函数	权重系数（r_i）
纬度（x_1）影响因子	$f(x_1) = 0.006\ 89x_1 + 0.641\ 7$	0.203 5
日太阳辐射（x_2）影响因子	$f(x_2) = -0.009\ 5x_2^2 + 0.202\ 2x_2 - 0.075\ 9$	0.212 7
平均温度（x_3）影响因子	$f(x_3) = -0.003\ 61x_3^2 + 0.136x_3 - 0.279\ 2$	0.198 5
最低温度（x_4）影响因子	$f(x_4) = -0.005\ 01x_4^2 + 0.151\ 6x_4 - 0.146$	0.171 0
最高温度（x_5）影响因子	$f(x_5) = -0.003\ 84x_5^2 + 0.183\ 4x_5 - 1.192$	0.214 4

表 6-6　粳稻籽粒直链淀粉含量的气候因子函数

影响因子名称	影响因子函数	权重系数（r_i）
纬度（x_1）影响因子	$f(x_1) = 0.015\ 77x_1 + 0.179\ 8$	0.178 5
日太阳辐射（x_2）影响因子	$f(x_2) = -0.025\ 37x_2^2 + 0.542\ 5x_2 - 1.899\ 6$	0.196 2
平均温度（x_3）影响因子	$f(x_3) = -0.003\ 77x_3^2 + 0.107\ 7x_3 + 0.230\ 4$	0.221 2
最低温度（x_4）影响因子	$f(x_4) = -0.007\ 85x_4^2 + 0.217\ 7x_4 - 0.508\ 1$	0.184 2
最高温度（x_5）影响因子	$f(x_5) = -0.003\ 4x_5^2 + 0.126\ 7x_5 - 0.180\ 2$	0.219 9

6.4.3　水稻籽粒直链淀粉含量模型运行与验证

利用试验数据分别对籼稻和粳稻籽粒直链淀粉含量模型进行验证。图 6-14为籼稻品种（A）和粳稻品种（B）籽粒直链淀粉含量模拟值与观测值之间的 1：1 关系图。籼稻丰优香占、泗稻 10 号、扬稻 6 号、常优 1 号、汕优 63 的 RMSE 值为 0.27%～0.57%；粳稻武育粳 3 号、广陵香粳、早丰 9 号、连粳 3 号、武育粳 7 号的 RMSE 值为 0.30%～0.59%，模拟值与观测值之间表现为较好的一致性。在对江苏省不同种植区总体水稻籽粒直链淀粉含量的预测中，籼稻种植区平均 RMSE 为 0.42%，粳稻种植区平均 RMSE 为 0.48%。结果表明，基于生态效应的水稻籽粒直链淀粉含量预测模型在不同条件下对籼稻和粳稻类型品种均具有较好的预测性。

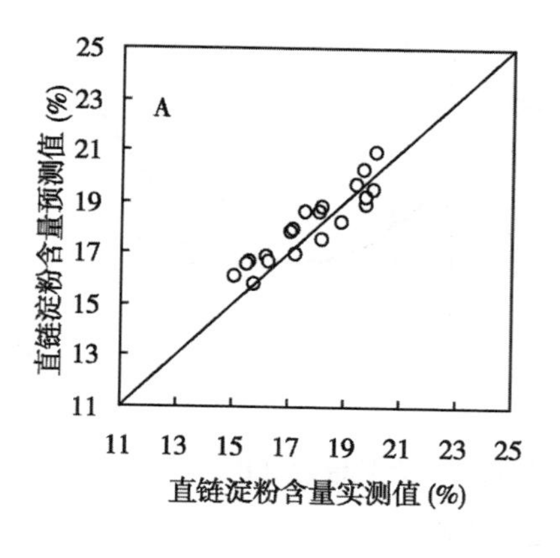

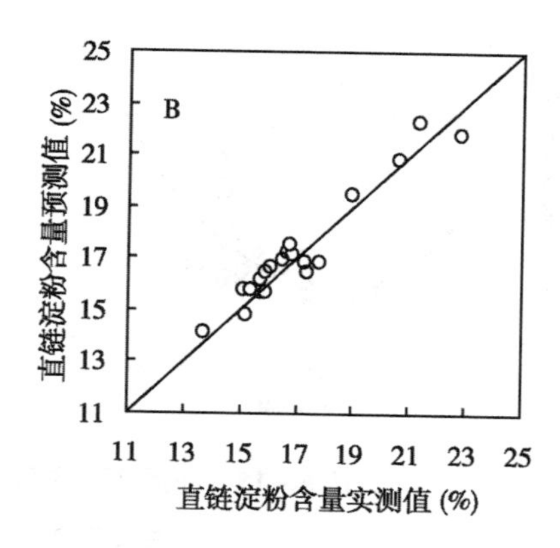

图6－14 不同籼稻品种（A）和粳稻品种（B）籽粒直链淀粉含量预测值与实测值比较

6.5 水稻籽粒垩白度品质指标预测

水稻籽粒垩白使用垩白率、垩白大小（垩白面积）、垩白度等概念来描述，垩白率表示垩白籽粒数占全部样品籽粒数的百分数，垩白大小指垩白籽粒中垩白面积占整个垩白籽粒面积的百分比，垩白度是垩白率与垩白大小的乘积的百分数值，表示群体稻米中垩白面积大小。垩白度是很重要的优质稻谷质量指标之一。由于我国地域生态类型复杂，温度（图6－15A）和光照（图6－15B）条件对稻米垩白的影响作用又十分显著。

因此，有必要在较广域的生态环境下分析温光因子与稻米垩白变化特征之间的规律性关系，建立一套利用温光因子对稻米垩白进行预测的方法体系。

6.5.1 数据获取与利用

选用2006年水稻品质试验，试验布置于江苏省的泗洪（33°42′N）、

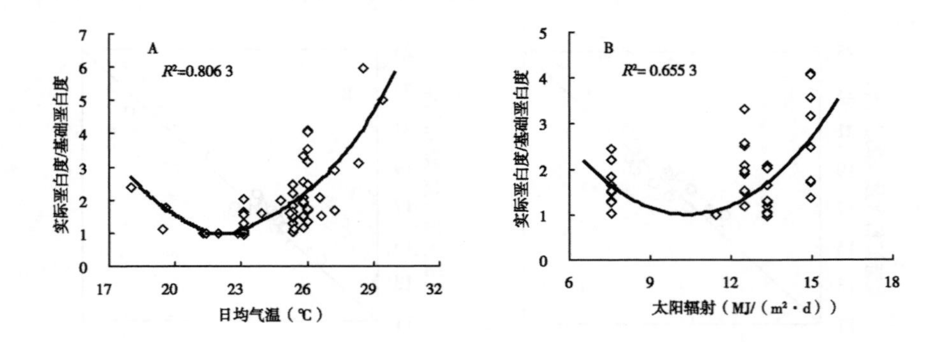

图 6-15　花后 25d 内日均温（A）、太阳辐射（B）与垩百度变化之间的关系

丹阳（31°94′N）、金坛（31°73′N）、昆山（31°31′N）四地，供试籼稻品种为常优 1 号、泗稻 10 号、扬稻 6 号、丰优香占、汕优 63，粳稻品种为武育粳 7 号、武育粳 3 号、连粳 3 号、广陵香粳、早丰 9 号。各试验点采用完全随机区组设计，重复三次，小区面积 $20m^2$。N、P_2O_5、K_2O 施用量均为 $150kg/hm^2$。田间管理与当地一般大田管理相同。稻米垩白依据《GB1350—1999 主要粮食质量标准》分析测试，气象资料由各地协作单位提供。

6.5.2　水稻籽粒垩白度预测模型

基于气温和太阳辐射对水稻籽粒垩白度形成影响特点，建立水稻籽粒垩白度（Rice Chalkiness Degree，*RCD*）预测模型：

$$RCD = RCD_b \times (F(T) \times R_T + F(R) \times R_R) \quad (0 \leqslant RCD \leqslant 100\%)$$

式中，*RCD* 为实际预测的稻米垩白度（%）。RCD_0为稻米垩白度基础值（%），为品种特征参数。*F*（*T*）为温度对垩白度的因子函数，*F*（*R*）为太阳辐射对垩白度的影响因子函数。R_T、R_R分别为 *F*（*T*）和 *F*（*R*）的权重系数。

温度因子函数 *F*（*T*）描述为：

$$
F(T)=\begin{cases} EXP[5\times(T-Tol)/(Tm-Tol)] & Toh\leqslant T\leqslant Tm\ and\ RCD_0<5 \\ EXP[(25/RCD_0)\times(T-Tol)/(Tm-Tol)] & Toh\leqslant T\leqslant Tm\ and\ RCD_0\geqslant 5 \\ 1 & Tol\leqslant T\leqslant Toh \\ EXP[2.3\times(Tol-T)/(Tol-Tb)] & Tb\leqslant T\leqslant Tol \\ (100-F(R)\times R_R\times RCD_0)/RCD_0 & Tm<T,\ or\ T<Tb \end{cases}
$$

上式中，Tm、Tb 分别为籽粒正常灌浆的日均最高温度和最低温度，分别取值40℃和16℃；Tol，Toh 分别为稻米基础垩白形成的最适宜下限温度和上限温度值，粳稻取21℃和23℃，籼稻取值22℃和24℃；T 为花后25d内的日均气温。

太阳辐射影响因子函数 $F(R)$ 的算法为：

$$F(R)=0.0815R^2-1.6929R+9.7933$$

式中，R 为花后30d内日均太阳辐射（MJ/（$m^2\cdot d$））。

权重系数 R_T、R_R算法为：

$$R_T=R_T{}^2/(R_T{}^2+R_R{}^2),\ R_R=R_R{}^2/(R_T{}^2+R_R{}^2)$$

式中，$R_T{}^2$、$R_R{}^2$ 分别为图6－15A和图6－15B中的决定系数，各取值0.806 3和0.655 3。

6.5.3　水稻籽粒垩白度预测模型运行与验证

水稻籽粒垩白度预测模型中品种特定的稻米垩白度基础值（RCD_0）因基因型而异，一般取花后25d内最适宜日均气温（粳稻21～23℃，籼稻22～24℃）范围内的平均垩白度作为基础值。水稻品种常优1号、泗稻10号、扬稻6号、丰优香占、汕优63、武育粳7号、武育粳3号、连粳3号、广陵香粳、早丰9号的稻米垩白度基础值依次取1.4%、1.1%、3.0%、2.1%、7.5%、1.9%、4.6%、1.2%、3.7%、4.7%。

将各试验水稻生长期间花后25d内的日均气温、花后30d内日均太阳辐射和品种稻米的基础垩白度输入模型，即可预测出水稻品种的稻米垩白度。图6－16为不同稻区稻米垩白度模拟值与观测值之间的1：1关系图。

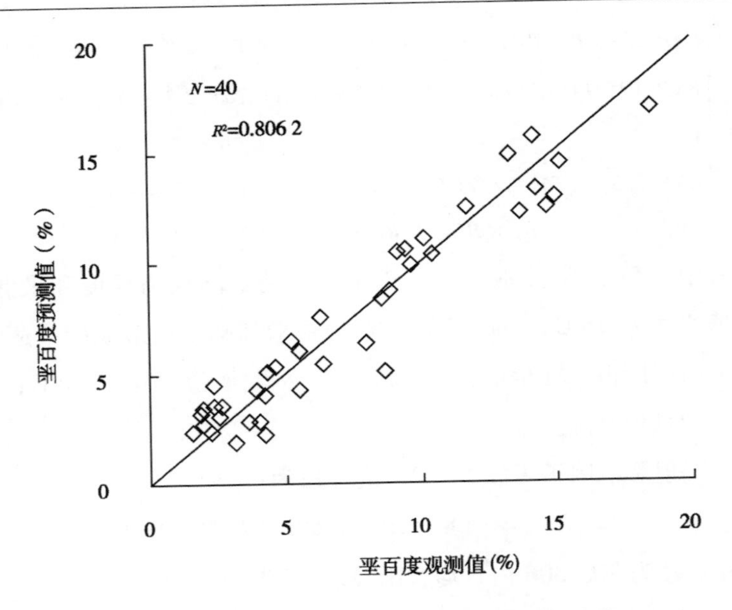

图 6-16　水稻籽粒垩白度预测值与实测值比较

进一步分析可知，籼稻扬稻 6 号、丰优香占、泗稻 10 号、常优 1 号的 RMSE 值在 0.46% ~0.64%。粳稻早丰 9 号、广陵香粳、连粳 3 号、武育粳 3 号的 RMSE 值在 0.49% ~1.08%，预值与实测值的吻合度较好。植区中，籼稻种植试点总体 RMSE 平均为 0.50%，粳稻试点总体 RMSE 平均为 0.61%。

参考文献

［1］蔡一霞，朱庆森，王志琴，等．结实期土壤水分对稻米品质的影响［J］．作物学报，2002，28（5）：601 ~608

［2］曹广才，吴东兵，陈贺芹，等．温度和日照与春小麦品质的关系［J］．中国农业科学，2004，37（5）：663 ~669

［3］曹卫星，郭文善，王龙俊，等．小麦品质生理生态及调优技术［M］．北京：中国农业出版社，2005：4 ~7

［4］程方民，胡东维，丁元树．人工控温条件下稻米垩白形成变化及胚乳扫描结构观察［J］．中国水稻科学，2000，14（3）：83～87

［5］程方民，丁元树，朱碧岩．稻米直链淀粉含量的形成及其与灌浆结实期温度的关系［J］．生态学报，2000，20（4）：646～652

［6］程方民，刘正辉，张嵩午．稻米品质形成的气候生态条件评价及我国地域分布规律［J］．生态学报，2002，22（5）：636～642

［7］程方民，钟连进．不同气候生态条件下稻米品质形状的变异及主要影响因子分析［J］．中国水稻科学，2001，15（3）：187～191

［8］崔振岭，石立委，徐久飞，等．氮肥施用对冬小麦产量、品质和氮素表观损失的影响研究［J］．应用生态学报，2005，16（11）：2071～2075

［9］党安荣，王晓栋，陈晓峰，等．遥感图像处理方法［M］．北京：清华大学出版社，2004：186～190

［10］范雪梅，姜东，戴廷波，等．花后干旱和渍水对不同品质类型小麦籽粒品质形成的影响［J］．植物生态学报，2004，28（5）：680～685

［11］胡孔峰，杨泽敏，朱永桂，等．垩白与稻米品质的相关性研究进展［J］．湖北农业科学，2003，1：19～22

［12］黄发松，孙宗修，胡培松，等．食用稻米品质形成研究的现状与展望［J］．中国水稻科学，1998，32（3）：372～176

［13］黄文江，王纪华，刘良云，等．冬小麦品质的影响因素及高光谱遥感监测方法［J］．遥感技术与应用，2004，19（3）：143～148

［14］贾志宽，高如嵩，张嵩午．稻米垩白形成的气象生态基础研究［J］．应用生态学报，1992，3（4）：321～326

［15］姜东，谢祝捷，曹卫星，等．花后干旱和渍水对冬小麦光合特性和物质运转的影响［J］．作物学报，2004，30（2）：175～182

［16］蒋家慧，隋春青，衣先众．氮肥运筹对小麦氮素同化、运转和品质的影响［J］．莱阳农学院学报，2004，21（3）：217～221

［17］矫江，王白伦．我国东北地区稻米垩白发生规律研究［J］．作

物学报，2003，29（2）：311～314

［18］兰涛，姜东，谢祝捷，等．花后土壤干旱和渍水对不同专用小麦籽粒品质的影响［J］．水土保持学报，2004，18（1）：193～196

［19］李天平，刘洋，李开源．遥感图像优化迭代非监督分类方法在流域植被分类中的应用［J］．城市勘测，2008，1：75～77

［20］李卫国，朱艳，荆奇，等．水稻籽粒蛋白质积累的模拟模型研究［J］．中国农业科学，2006，39（3）：544～551

［21］李卫国．作物长势遥感监测应用现状和展望［J］．江苏农业科学，2006，251（3）：12～15

［22］李向阳，朱云集，郭天财．不同小麦基因型灌浆期冠层和叶面温度与产量和品质关系的初步分析［J］．麦类作物学报，2004，24（2）：88～91

［23］李永康，于振文，梁晓芳，等．小麦产量与品质对灌浆不同阶段低光照强度的响应［J］．植物生态学报，2005，29（5）：807～813

［24］李永康，于振文，张秀杰，等．小麦产量与品质对灌浆不同阶段高温胁迫的响应［J］．植物生态学报，2005，29（3）：461～466

［25］李正金，李卫国，申双和．基于优化 ISODATA 法的冬小麦长势分级监测［J］．江苏农业科学，2009，2：301～302

［26］林琪，侯立白，韩伟．不同肥力土壤下施氮量对小麦籽粒产量和品质的影响［J］．植物营养与肥料学报，2004，10（6）：561～567

［27］刘良云，赵春江，王纪华，等．冬小麦播期的卫星遥感及应用［J］．遥感信息，2005，1：28～31

［28］马新明，李琳，廖祥正．不同水分处理对小麦生育期后期光合特性及籽粒品质的影响［J］．河南农业大学学报，2004，38（1）：13～16

［29］孟亚利，周治国．结实期温度与稻米品质的关系［J］．中国水稻科学，1997，11（1）：51～54

［30］潘洁，姜东，戴廷波，等．不同生态环境与播种期下小麦籽粒品质变异规律的研究［J］．植物生态学报，2005，29（3）：467～473

[31] 上海植物生理学会．现代植物生理学实验手册 [M]．北京：科学技术出版社，1999：143～144

[32] 沈波，成能，李太贵，等．温度对早籼稻垩白发生与胚乳物质形成的影响 [J]．中国水稻科学，1997，11 (3)：183～186

[33] 沈建辉，戴廷波，荆奇，等．施氮时期对专用小麦干物质和氮素积累、运转及产量和蛋白质含量的影响 [J]．麦类作物学报，2004，24 (1)：55～58

[34] 沈新平，丁涛，张洪程，等．江苏稻米质量淀粉及蛋白质含量的纬度递变规律 [J]．扬州大学学报，2003，24 (1)：37～40

[35] 宋晓宇，黄文江，王纪华，等．ASTER 卫星遥感影像在冬小麦品质监测方面的初步应用 [J]．农业工程学报，2006，22 (9)：148～153

[36] 唐延林，黄敬峰，王人潮．利用高光谱法估测稻穗稻谷的粗蛋白质和粗淀粉含量 [J]．中国农业科学，2004，37 (9)：1282～1287

[37] 唐永红，张嵩午，高如嵩，等．水稻结实期米质动态变化研究 [J]．中国水稻科学，1997，11 (1)：28～32

[38] 王浩，马艳明，宁堂原，等．不同土壤类型对优质小麦品质及产量的影响 [J]．石河子大学学报，2006，24 (1)：75～78

[39] 王纪华，黄文江，赵春江，等．利用光谱反射率估算叶片生化组分和籽粒品质指标研究 [J]．遥感学报，2003，7 (4)：277～284

[40] 王纪华，李存军，刘良云，等．作物品质遥感监测预报研究进展．中国农业科学，2008，41 (9)：2633～1640

[41] 王纪华，王之杰，黄文江，等．冬小麦冠层氮素的垂直分布及其光谱响应 [J]．遥感学报，2004，8 (4)：309～16

[42] 王月福，陈建华，曲健磊，等．土壤水分对小麦籽粒品质和产量的影响 [J]．莱阳农学院学报，2002，19 (1)：7～9

[43] 王之杰，王纪华，黄文江，等．冬小麦冠层不同叶层和茎鞘氮素与籽粒品质关系的研究 [J]．中国农业科学，2003，36 (12)：1462～1468

[44] 王忠，顾蕴洁，陈刚，等．稻米的品质和影响因素 [J]．分子植物育种，2003，1 (2)：231 ~241

[45] 徐富贤，郑家奎，朱永川，等．灌浆期气象因子对杂交中籼稻米年米品质和外观品质的影响 [J]．植物生态学报，2003，27 (1)：73 ~77

[46] 徐兆华，张艳，夏兰芹，等．中国冬播小麦品种淀粉特性的遗传变异分析 [J]．作物学报 [J]，2005，31 (5)：587 ~591

[47] 许振柱，于振文，张永丽．土壤水分对小麦籽粒淀粉合成和积累特性的影响 [J]．作物学报，2003，29 (4)：595 ~600

[48] 曾大力，滕胜，钱前，等．视频显微扫描技术在稻米垩白研究中的应用 [J]．中国农业科学，2001，34 (4)：451 ~453

[49] 张小明，石春海，堀内久满，等．粳稻穗部不同部位米粒直链淀粉含量的差异分析 [J]．作物学报，2002，28 (1)：99 ~103

[50] 张英华，王志敏．小麦籽粒生长期热效应研究 [J]．中国生态农业学报，2006，14 (3)：8 ~11

[51] 赵春，宁堂原，焦念元，等．基因型与环境对小麦籽粒蛋白质和淀粉品质的影响 [J]．应用生态学报，2005，16 (7)：1257 ~1260

[52] 赵辉，戴廷波，荆奇，等．灌浆期温度对两类型小麦籽粒蛋白质组分及植株氨基酸含量的影响 [J]．作物学报，2005，31 (11)：1466 ~1472

[53] 周新桥，邹冬生．稻米垩白研究综述 [J]．作物研究，2001，3：52 ~58

[54] 周竹青．不同类型小麦品种（系）干物质积累和运转动态比较 [J]．作物杂志，2002，1：16 ~19

[55] 朱碧岩，黎杰强，程方民，等．稻米直链淀粉含量的形成动态及结实期温度的影响 [J]．华南师范大学学报，2000，1：94 ~98

[56] 朱新开，郭文善，周正权，等．氮肥对中筋小麦扬麦 10 号氮素吸、产量和品质的调节效应 [J]．中国农业科学，2004，37 (12)：

1831 ~ 1837

[57] Badri B B, Armando A A, Rob M K, et al. Relating satellite imagery with grain protein content [J]. Proceedings of the Spatial Sciences Conference, 2003, 9: 22 ~ 27

[58] Borah R. Effect of light stress on chlorophyll starch and protein content and grain yield in rice [J]. Indian Journal of Plant Physiology. 1995, 38 (4): 320 ~ 321

[59] Daughtry C S T, Walthall C L, Kim M S, et al. Estimating corn foliar chlorophyll content from leaf and canopy reflectance [J]. Remote Sensing of Environment, 2000, 74: 229 ~ 239

[60] Gomez K. Effect of environment of protein and amylase content of rice [J]. In Proceeding of the Workshop on Chemical Aspects of Rice Grain Quality. IRRI, 1977: 59 ~ 65

[61] Liu L Y, Wang J H, Bao Y S, et al. Predicting winter wheat condition, grain yield and protein content using multi-temporal EnviSat-ASAR and Landsat TM Satellite Images [J]. International Journal of Remote Sensing, 2006, 27 (4): 737 ~ 753

[62] Nrmita C. Effect of temperature during grain development on stability of looking quality components in rice [J]. Japan J Breed, 1989, 39: 292 ~ 306

[63] Russurrection A P. Effect of environment on rice amylase content [J]. Soil Science and Plant Nutrition. 1977, 23 (1): 109 ~ 112

[64] Zhao C J, Liu L Y, Wang J H, et al. Predicting grain protein content of winter wheat using remote sensing data based on nitrogen status and water stress [J]. International Journal of Earth Observation and Geoinformation, 2005, 7 (1): 1 ~ 9

第7章 农作物病虫害遥感监测

农作物病虫害是影响作物最终产量的主要因素之一。对病虫害进行早期监测，及时进行科学防治，是提高农作物产量，减少农作物经济损失的关键。传统的农作物病虫害测报方法主要通过实地目测手查的手段观察有无病虫害发生及其危害程度或用捕捉虫蛾等方法判断病虫害暴发的可能性。这一实地调查法一直是病虫害识别与监测的主要手段，虽已为病虫害的预测预报、制定合理的防治措施发挥了重要作用，但这类方法花费大量人力和时间，取样的范围和样本量有限，难以获得大范围的资料，而且没有考虑气候变化的影响以及空间分布的情况，因此，应用可无损测报的遥感技术，即在不破坏植物组织结构的基础上，及时、快速、大面积对作物的病虫害及营养状况进行监测，有利于提升农业防灾减灾的信息化监测与应对能力。

7.1 水稻稻飞虱遥感监测

为害水稻的飞虱主要有褐飞虱、白背飞虱和灰飞虱3种，其中，为害较重的是褐飞虱和白背飞虱。早稻前期以白背飞虱为主，后期以褐飞虱为主；中晚稻以褐飞虱为主。灰飞虱很少直接成灾，但能传播稻、麦、玉米等作物病毒。长江流域属亚热带季风气候，是稻飞虱的高发生区，以白背飞虱和褐飞虱发生较多。稻飞虱发生程度可分五个级别标准，一级（较轻）为百丛虫量（头）<500，二级（轻）为百丛虫量（头）500 ~

1 000，三级（较重）为百丛虫量（头）1 000 ~ 2 000，四级（重）为百丛虫量（头）2 000 ~ 3 000，五级（严重）为百丛虫量（头）> 3 000。水稻遭受稻飞虱为害，叶片发黄，生长低矮，有的不能抽穗。灌浆期受害，谷粒减轻，空瘪谷增加，严重时稻株下部发黄变黑，有的会死亡倒伏。一般为害造成产量损失 20% ~ 30%，严重为害造成产量损失 35% ~ 50%，甚至绝收。因此，加强对大田稻飞虱有效监测与及时防治，对于水稻生产的科学管理和增产增收意义重大。

7.1.1　数据获取与利用

2011 年和 2012 年在江苏省沭阳县、涟水县、兴化市和泰兴市设置水稻病虫害遥感监测试验。各市（或县）利用差分 GPS 设立水稻病虫害遥感监测观测点 10 个，每个观测点间隔在 3 ~ 5km，进行主要生育期（拔节期）的生理生态指标与病虫害发生情况测试及调查分析，并利用数码相机拍摄水稻长势、病虫害特征以及周边地物信息。主要生理生态指标为叶面积指数、生物量和植株氮素含量。叶面积指数（LAI）利用 SunScan 叶面积指数仪分别测定。冠层的光谱数据（NDVI、VI、REDrefc、NIRrefc）利用美国的 GreenSeeker 冠层多光谱分析系统测定，为了减少由于光照等条件的影响，地面光谱采集定于上午 10：00 ~ 12：00 进行。生物量测定采用取样烘干称重法。植株氮素含量利用凯氏法测定。历年水稻病虫害信息与气象资料由当地农业部门提供。

7.1.2　稻飞虱发生与植株长势的关系

水稻进入分蘖期末，开始茎秆节间的伸长。当田块有 50% 节间伸长 1 ~ 2cm 时，称为拔节期。水稻进入拔节后，植株开始向上生长，茎秆幼嫩，叶片浓绿，群体荫蔽，为稻飞虱提供了丰富的素营养物质，稻田虫口密度大，为害开始加重。稻飞虱直接刺吸水稻植株汁液，使生长受阻，严重时稻丛成团枯萎，甚至全田死秆倒伏。

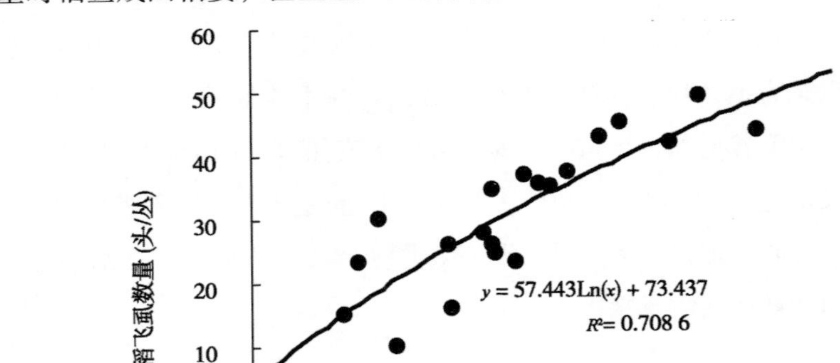

图 7－1　稻飞虱发生数量与植被指数的关系

水稻拔节期长势旺盛，利用遥感数据易于监测。对拔节期稻飞虱发生数量与植被指数 NDVI 进行关联性分析，其相关性如图 7－1 所示。可以看出，水稻拔节期间，稻飞虱发生数量与 NDVI 呈正对数关系，即，随着 NDVI 的逐渐增大，虫口密度也在加大，且呈现显著性关联态势（R^2 = 0.708 6）。说明，长势旺盛、群体郁蔽有利于稻飞虱的发生与加重。

7.1.3　稻飞虱发生与植株含氮量的关系

稻飞虱对水稻的为害主要是取食植株中的水溶性蛋白含量。水稻拔节期茎秆幼嫩、营养丰富，如植株中富含游离氨基酸、α-天门冬酰胺和 α-谷氨酸等含量较高，可刺激稻飞虱取食并获得丰富的营养，导致迅速繁殖。不同水稻品种（植株含蛋白量）对褐飞虱为害有不同的反应。

植株氮素含量与植株蛋白质含量有较好的对应关系，为便于测试分析，仅对植株含氮量和稻飞虱发生数量的关系进行分析。分析稻飞虱发生数量与植株含氮量之间的关系，其相关性特征显示于图 7－2。从图中可以看出，随植株氮素含量的增加，稻飞虱发生的数量在逐渐增多，呈现非线性的正对数相关关系（R^2 = 0.667 9）。说明，除品种因素外，水稻田间管理措施也与褐飞虱的发生明显有关，凡偏施氮肥和长期浸水的稻田，较易暴发。

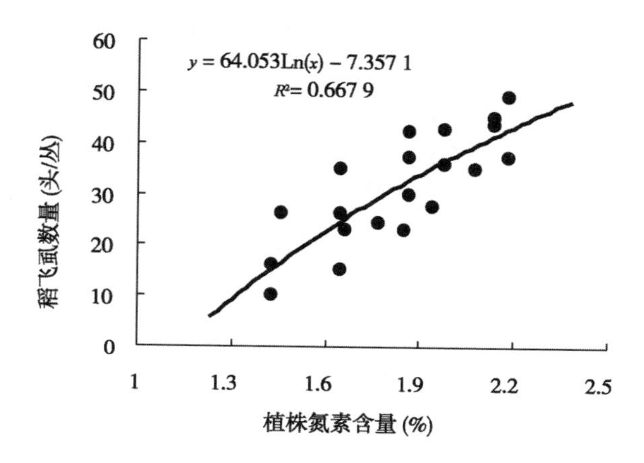

图7－2　稻飞虱发生数量与植株氮素含量的关系

7.1.4　稻飞虱发生与气候环境因素的关系

在长江中、下游稻区，凡盛夏不热、晚秋不凉、夏秋多雨的年份，易酿成稻飞虱大发生。白背飞虱对温度适应幅度较褐飞虱宽，能在15～30℃下正常生存。要求相对湿度80%～90%。褐飞虱生长发育的适宜温度为20～30℃，最适温度为26～28℃，相对湿度80%以上。灰飞虱为温带地区的害虫，适温为25℃左右，耐低温能力较强，而夏季高温则对其发育不利。图7－3和图7－4分别为日均气温（连续7日平均）和空气相对湿度（连续7日平均）变化与稻飞虱发生的关系图。从图7－3可以看出，水稻进入拔节期，随着温度升高，稻飞虱发生加重，温度升高到30℃以上时，开始抑制稻飞虱的发生。图7－4说明空气相对湿度与稻飞虱的发生呈正线性相关关系（R^2 = 0.604 5），水稻生长季节阴雨、寡照有利于虫口密度的增加。

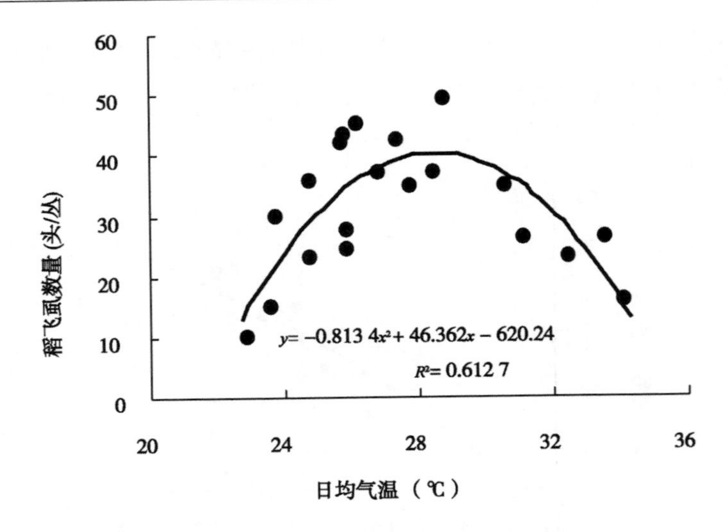

图7－3　稻飞虱发生数量与日均气温的关系

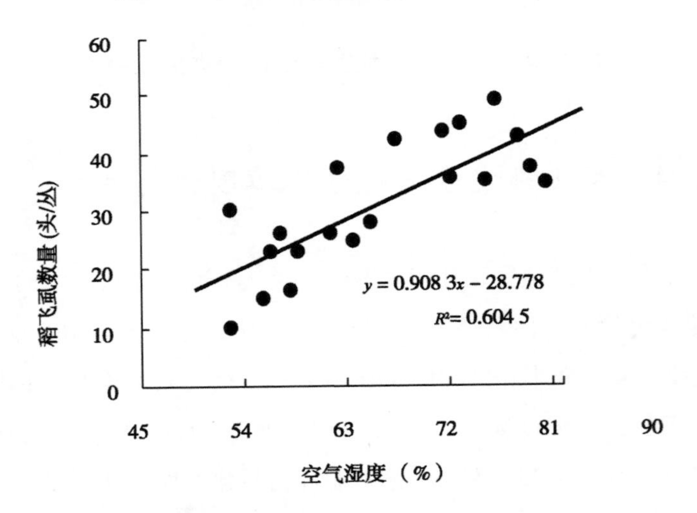

图7－4　稻飞虱发生数量与空气湿度的关系

7.1.5　稻飞虱发生遥感预测模型

稻飞虱的发生除与气候环境条件因素有关外，水稻的长势（如群体郁蔽）与管理措施（如施氮肥不当）也是主要诱因。由于影响稻飞虱发生的因素较多，过程也较为复杂。限于有限试验数据，选择 NDVI（表示长势）、植株氮素含量、日均气温以及空气相对湿度 4 个主要的影响因子进行研究，并基于这些主要影响因子建立稻飞虱发生的遥感监测模型：

$$Y = 60.85 \times NDVI + 13.88 \times PNC - 0.12 \times Tem + 0.31 \times SWC - 41.02$$

式中，Y 为预测的稻飞虱发生数据量（头/丛），$NDVI$ 为归一化差值植被指数，PNC 为植株氮素含量，Tem 为日均气温（℃），SWC 为空气相对湿度（%）。

7.1.6　稻飞虱发生遥感预测模型的检验

利用沭阳县、涟水县、兴化市和泰兴市的水稻试验数据对稻飞虱发生预测模型进行验证，检验结果列于表 7－1。从表中可以看出，在验证的 4 个县市中，模型的预测平均误差兴化最小，为 10.39%，涟水次之，为 10.48%。泰兴和沭阳的预测平均误差均超过 10%，分别为 15.5% 和 26.43%。沭阳县稻飞虱预测数误差较大的主要原因体现模型对低虫口密度预测性不敏感，特别是对稻飞虱初步发生的预测。4 个县总的预测平均误差为 15.5%，说明，在稻飞虱轻度发生后模型的预测性较为可靠。

表 7－1　不同区域水稻拔节期稻飞虱预测数与实测数信息

地 名	预测数（头/丛）	实测数（头/丛）	平均误差（%）	地 名	预测数（头/丛）	实测数（头/丛）	平均误差（%）
沭 阳	16.7	10	67.40	兴 化	30.7	37	－16.95
沭 阳	18.5	15	23.15	兴 化	40.3	42.6	－5.40
沭 阳	22.0	30	－26.60	兴 化	38.6	34.8	11.04
沭 阳	36.2	35.5	2.01	兴 化	42.0	37.1	13.14
沭 阳	20.0	23	－12.99	兴 化	46.4	49	－5.39
平 均			26.43				10.39
涟 水	38.5	42	－8.43	泰 兴	31.5	34.6	－8.93
涟 水	47.2	43.5	8.49	泰 兴	19.7	26	－24.13
涟 水	31.0	27.6	12.17	泰 兴	27.6	23	20.04

（续表）

地 名	预测数（头/丛）	实测数（头/丛）	平均误差（%）	地 名	预测数（头/丛）	实测数（头/丛）	平均误差（%）
涟 水	28.5	24.5	16.38	泰 兴	25.3	26	-2.61
涟 水	41.9	45	-6.90	泰 兴	19.5	16	21.78
平 均			10.48				15.5

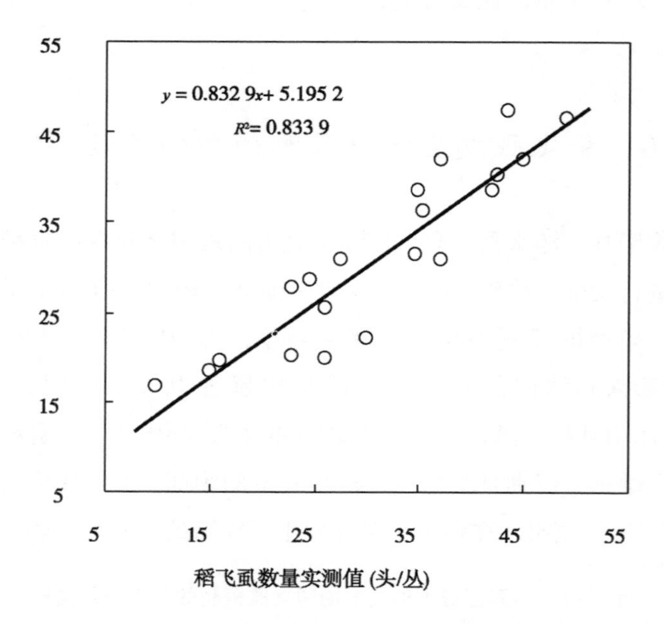

图 7－5　拔节期稻飞虱预测数与实测数的比较

图 7－5 是利用稻飞虱预测模型估测的稻飞虱发生数量与实地观测数量的 1∶1 关系图。可以看出，估测数量与实测数量分布较为一致，二者之间的 RMSE 为 4.28%，决定系数为 0.833 9。表明，利用遥感的 NDVI 与长势信息并结合气候环境参数，可以快速、准确地监测水稻拔节期稻飞虱的轻度、较重与严重级的发生状况。

7.2　冬小麦赤霉病遥感监测

赤霉病又名红头瘴、烂麦头，是冬小麦的主要病害之一，不但影响冬小麦产量，还会引起麦粒腐败变质，严重时能致人畜中毒。赤霉病在各麦区都有发生，多分布于气候湿润、多雨的温带区域。从幼苗到籽粒灌浆各个生长阶段都可受害，主要引起苗枯、茎干腐和穗腐，其中穗腐危害最重。一般年份可减产10%～20%，大发生年份减产50%～60%，甚至绝收。冬小麦扬花期最易感病（抽穗期次之），在有菌源存在时，若遇连续3～5d的连阴雨，气温在15～20℃，极容易发生。因此，冬小麦抽穗扬花期是进行监测与防治的最佳时期。

利用卫星遥感获取的大田冬小麦光谱信息，结合地面实测高光谱数据，通过分析冬小麦受病害胁迫导致的光谱信息特征，建立病害敏感植被指数及其预测模型，可对大田冬小麦赤霉病发生状况进行有效遥感监测。

7.2.1　试验数据与利用

研究区位于江苏省中部的兴化市，介于32°40′～33°13′N和119°43′～120°16′E，市区总面积2 393.35km^2，其耕地达180万亩，境内地势平坦，河流纵横、雨水充沛、气候温和、四季明朗，是江苏省重要的粮食生产基地。

2012年4月29日至5月1日，江苏省江淮区域之间出现3d连阴雨天气，高温、高湿、寡照的气象造成当地正值扬花期的冬小麦田块赤霉病偏重发生。兴化市植保部门2012年5月28日的调查结果表明，赤霉病重发区的部分田块的病穗率在80%以上，严重影响到冬小麦产量。

5月4～5日在研究区数据采集，采用GPS定位仪确定观测样点共42个（图7－6），每个观测样点在品种单一、种植面积较大的区域选择

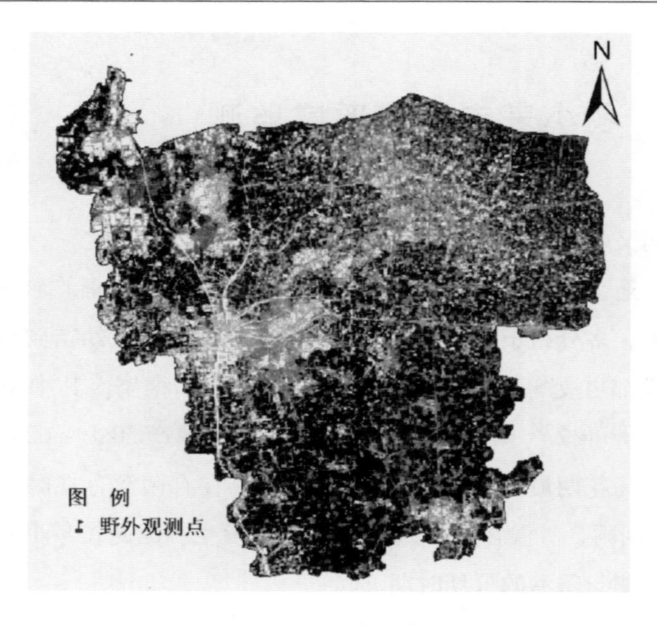

图 7－6　研究区域大田观测样点分布

100m × 100m 调查区，用于对样点地面光谱测量和 *DI*（病情指数）调查（采用五点对角线调查法）。光谱测量采用的是最常用的 ASD Field Spec Pro FR 2500 型光谱仪。测量时将仪器探头垂直向下，高度始终保持距离地面 1.6m，探头视场角为 25°，地面视场范围直径为 50cm，在视场范围内测量 4 次，每次测量前后均用标准的参考板进行校正。其中，对于有赤霉病发生的样点，受害和邻近未受害小麦各 2 次。光谱仪的光谱范围为 350～2 500nm，覆盖了 CCD 数据的 430～900nm，为使 2 种数据相匹配，分别选择 430～520nm、520～600nm、630～690nm、760～900nm 范围内的光谱仪测量结果的平均值作为各个谱段的地面光谱反射率。

赤霉病严重度定义为出现穗腐症状（或由秆腐引起的白穗症状）的病小穗数占全部小穗的比例。本研究将其划分为 5 级：0 级：无病；1 级：病小穗数占全部小穗的 25% 以下；2 级：病小穗数占全部小穗的 25%～50%；3 级：病小穗数占全部小穗的 50%～75%；4 级：病小穗数占全部小穗的 75% 以上。根据病情严重度确定赤霉病的病情指数：

$$DI = \frac{\sum (h_i \times i)}{H \times 4} \times 100$$

式中，I 为病情指数；i 为病情严重度各级值；h_i为各级严重度对应病穗数；H 为调查总穗数。

选择2012年5月4日覆盖研究区的HJ-1A/CCD1数据1景，成像时间为10：41（北京时间），及已经校正过的TM数据1景。遥感影像预处理过程包括：首先采用校正过的TM影像对CCD影像进行几何精纠正，保证平均误差在1个像元以内；再对几何校正后的影像进行辐射定标，将DN值图像转化为具有物理意义的辐亮度图像，对于CCD影像有：

$$L = DN/a + L_0$$

其中 L 为辐亮度，a 为绝对定标系数增益，L_0 为偏移量，转换后辐亮度单位为 $W \cdot m^{-2} \cdot sr^{-1} \cdot \mu m^{-1}$，定标系数值均来自影像头文件；采用ENVI 4.7软件中的FLAASH模块（基于MODTRAN 4模型）进行大气校正，由于FLAASH模块中没有CCD传感器类型，因此需要输入相应的光谱响应函数，CCD相机的光谱响应函数由中国资源卫星应用中心提供。根据成像时间、中心经纬度确定大气模式为中纬度夏季模式（Mid_ Latitude Summer，MLS）。利用实测 *NDVI* 和经大气校正后提取的 *NDVI* 制作1：1关系图（图7－7），其样本长度为42，校正后的NDVI值相对实测值的均方根误差RMSE为0.034 7，相对误差RE为7.8%，说明本次预处理过程效果较好，可以进行进一步分析与研究。

7.2.2　赤霉病监测机理与植被指数选择

健康小麦的波谱特征一般会呈现比较明显的“峰—谷”特征。由于叶绿素对蓝光和红光的强烈吸收作用，在可见光波段内形成两个“谷”（450nm和670nm处的蓝光和红光）；近红外波段内（700～1 300nm），叶片反射的能量占入射总能量的45%左右；由于细胞壁和细胞空隙的多重反射，使得680～750nm附近的反射率急剧增加，形成的近红外高原

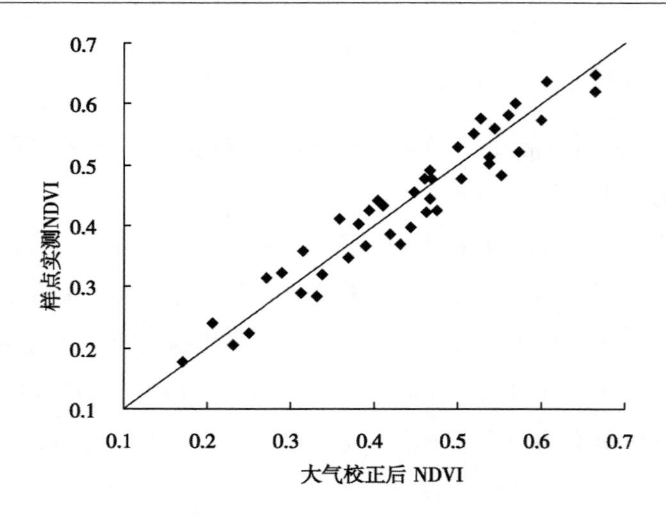

图 7－7　大气校正后 *NDVI* 值与 *NDVI* 实测值的比较

区即所谓“红边”。植被受到病虫害胁迫时，其自身的组织结构、生化成分等发生变化，进而表现出不同形式的光谱响应，表现为可见光区域的光谱反射率整体呈上升趋势，近红外区域呈下降趋势，“红边”会向蓝光方向移动。

采用最常用的 3 种指数（表 7－2）：归一化植被指数 *NDVI*、重归一化植被指数 *RDVI* 和三角形植被指数 *TVI*。*NDVI* 是植被生长状况和植被覆盖度的最佳指标，在病虫害监测研究中的运用最为广泛，但是其对于冠层背景的变化比较敏感，在作物生长初期 *NDVI* 将过高估计植被覆盖度，而生长后期又会低估植被覆盖度。针对这种情况，Roujean 和 Broen 于 1995 年提出了一种可用于高低不同程度覆盖的 *RDVI* 指数。Broge 等发现连接可见光区的红光和绿光波段及近红外波段三个反射特征点形成三角形，进而提出了 *TVI* 指数，该指数可以较好地体现叶片受害后，红光、绿光及近红外三个波段的轻微或中度变化。

表7-2　三种植被指数描述及其算法

名　称	计算方法	说明
归一化植被指数 *NDVI*	$NDVI = (NIR-R)/(NIR+R)$	*NIR*（近红外）、*R*（红光）、*G*（绿光）分别对应CCD数据的第4、第3、第2通道的反射率
重归一化植被指数 *RDVI*	$RDVI = (NDVI \times DVI)^{1/2}$，其中，$DVI = NIR-R$	
三角形植被指数 *TVI*	$TVI = (120 \times (NIR-G) - 200 \times (R-G))/2$	

对于大田冬小麦监测研究而言，由于不同区域的播期、品种、土壤肥力等条件的区别而导致小麦的生长状况有所区别，仅分析光谱特征，无法区分是病虫害或是其他条件导致的差异。然而，根据实地调查结果，可以发现试验区内存在两点规律：（1）在一定区域内，非病虫害因素（播期、品种、土壤肥力等）基本一致；（2）没有出现大面积连续受病虫害侵染的麦田。对于地面高光谱数据，为减少不同站点环境因素的影响，对受害小麦与正常小麦植被指数求比值，以度量小麦受病害的程度，显然，当小麦正常生长时，该比值为1，受赤霉病胁迫时，比值为0～1，比值越接近于0，受害程度越大。利用对3种植被指数求比值，并建立与病情指数DI的相关模型。对于CCD高光谱数据，本文采用冯炼等提出的3×3邻域一致性算法，即认为在3×3像元内冬小麦的播期、品种、土壤肥力等非病虫害因素一致，由于病害发生是非连续的，在9个像元中至少存在一个正常冬小麦像元。计算9个像元的植被指数，并选取其中的最大值作为正常冬小麦，然后按照类似地面高光谱数据的处理方法，对每个像元的植被指数与健康像元植被指数求比值，这样可以较大程度地减少非病虫害因素造成的光谱差异。

7.2.3　冬小麦赤霉病遥感监测模型

观测样点总数为42个，其中随机选择27个用于建模分析，剩余15个用于精度验证。利用27个样点冬小麦*NDVI*、*RDVI*以及*TVI*指数与样点

的 *DI* 值进行回归分析（图 7－8）。由图 7－8 可以看出，3 种植被指数的比值均与病情指数呈负相关，*TVI* 和 *RDVI* 的模型拟合效果明显好于 *NDVI* 模型，其中 *TVI* 模型效果最佳，R^2 达到 0.740 1。

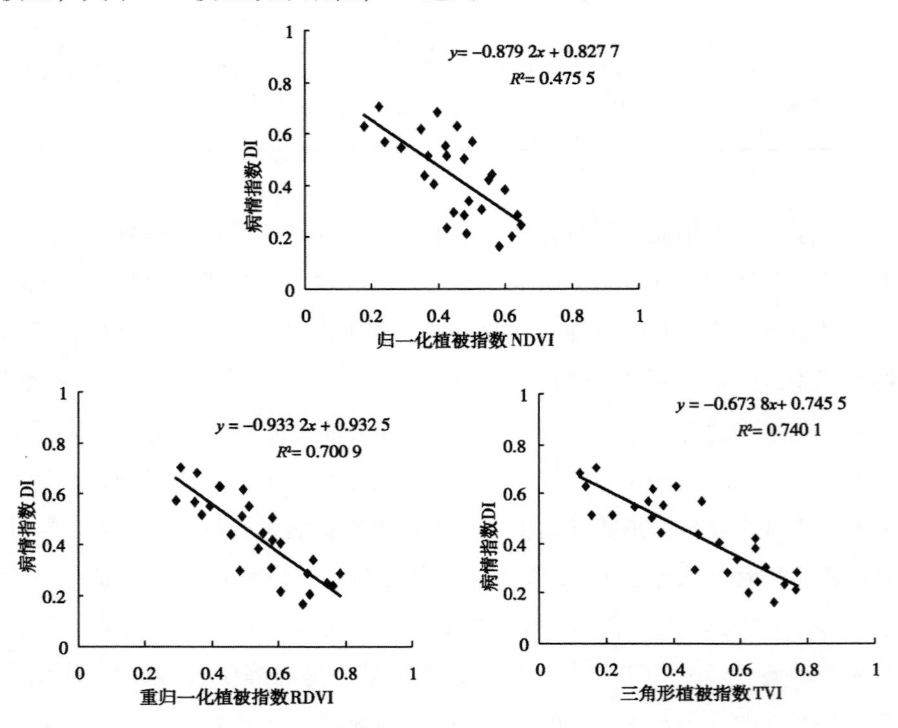

图 7－8　三种植被指数与病情指数的相关关系

可以基于 *TVI* 和 *RDVI* 两种植被指数的比值建立赤霉病病情监测模型。以 *RDVI* 为 X_1、*TVI* 为 X_2 作为自变量，病情指数 *DI* 为应变量 *Y*，用 27 组实测数据进行回归分析，得到冬小麦赤霉病病情指数监测模型：

$$Y = -0.497\ 2X_1 - 0.556\ 1X_2 + 0.977\ 9, \ (R^2 = 0.806\ 2)$$

7.2.4　冬小麦赤霉病遥感监测

利用经过预处理的 HJ/CD 影像计算 *RDVI* 和 *TVI*，利用 3×3 窗口对整景影像求算植被指数的比值，得到两个自变量，再根据回归模型进行赤霉病病情指数反演，并对病情指数进行分级。根据病情指数 *DI* 分为 4 个级别，即，无病（0 ~0.05）、轻微病害（0.05 ~0.25）、较重病害（0.25 ~0.60）、严重病害（0.60 ~1）。

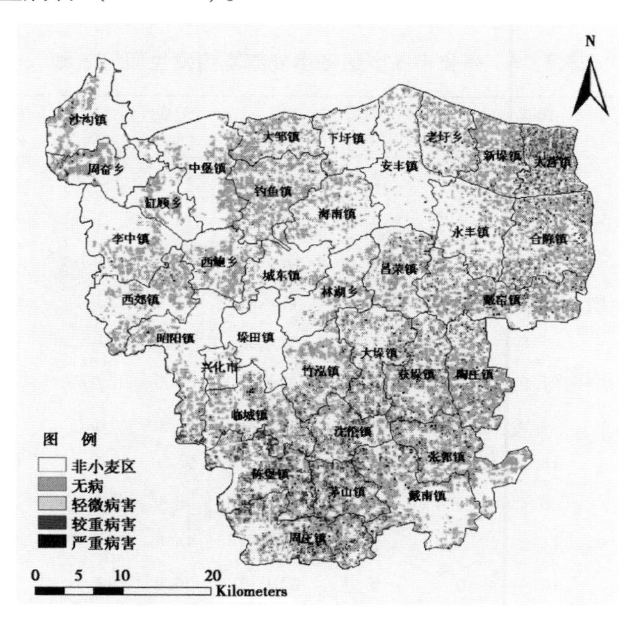

图 7 -9　冬小麦赤霉病遥感监测与分级结果

图 7 -9 给出了冬小麦赤霉病遥感监测与病情分级结果，由图 7 -9 可以看出，兴化市冬小麦赤霉病发病区主要分布在南部的周庄、陈堡、沈伦、茅山等乡镇和东北部的大营镇，这与兴化市植保站的普查结果相一致。统计结果表明，轻微病害冬小麦面积占全市总种植面积 14.2%，较重病害和严重病害的发病面积分别占总面积的 7.6% 和 4.0%。

各乡镇的统计结果由表 7 -3 给出。由表 7 -3 可知，周庄、茅山、陈堡、大营、沈伦、大垛、临城 7 个乡镇冬小麦赤霉病发生较重，发病面积达其种植面积的 50% 以上，其中，最严重的为东北部的大营镇，发病面积达 84.6%，较重、严重发病面积分别为 33.4% 和 31.5%；其次为南部的周庄镇，发病面积达 82.9%，轻微、较重、严重发病的面积分别占该乡镇种植面积的 27.9%、35.8% 和 18.9%。从全市来看，无病的冬小麦面积占总面积的72.2%，轻微发病的占13.2%，发病较重占8.3%，严重发病占6.3%。在冬小麦扬花期进行监测并及时防治有利于保证冬小麦产量的稳定性。

表7-3 兴化市各乡镇冬小麦赤霉病发生面积信息

乡镇名称	无病(%)	轻微(%)	较重(%)	严重(%)	乡镇名称	无病(%)	轻微(%)	较重(%)	严重(%)
沙沟镇	87.2	7.9	2.8	2.1	永丰镇	89.1	5.7	2.8	2.4
安丰镇	93.3	5.3	1.4	0	海南镇	94.6	2.6	1.5	1.3
老圩乡	85.2	7.2	2.9	4.7	李中镇	95.5	1.6	2.2	0.7
下圩镇	92.1	3.6	1.4	2.9	合陈镇	71.4	13.1	8.1	7.4
新垛镇	88.4	5.8	3.1	2.7	城东镇	98.8	1.2	0	0
周庄镇	17.1	27.9	35.8	18.9	昌荣镇	84.6	7.9	3.3	4.2
茅山镇	28.5	24.9	29.5	17.1	西鲍乡	89.6	6.5	2.2	1.7
戴南镇	62.3	18.2	13.4	6.1	林湖乡	95.1	4.9	0	0
陈堡镇	42.3	26.4	17.4	13.9	西郊镇	88.9	7.2	2.6	1.3
大邹镇	82.8	11.2	3.4	2.6	戴窑镇	76.9	13.1	5.6	4.4
中堡镇	83.4	16.6	0	0	昭阳镇	76.0	13.5	7.4	3.1
大营镇	15.4	19.7	33.4	31.5	大垛镇	35.2	25.7	20.2	18.9
周奋乡	80.7	9.2	5.8	4.3	陶庄镇	78.5	11.9	4.8	4.8
张郭镇	61.6	22.3	7.8	8.3	获垛镇	68.9	15.7	8.5	6.9
沈伦镇	36.7	25.7	21.2	16.4	垛田镇	72.3	16.1	6.2	5.4
钓鱼镇	84.7	8.2	4.4	2.7	市　郊	94.0	4.8	0	1.2
竹泓镇	57.2	22.1	12.8	7.9	临城镇	25.7	42.8	17.6	13.9
缸顾乡	94.9	4.2	0.9	0	平 均	72.2	13.2	8.3	6.3

为分析多元回归模型的精度，利用剩余15个样点数据进行精度验证，结果见表7-4。由表7-4可见，该模型的预测精度普遍在70%以上，平均精度达81%，预测效果较好。

*RDVI*和*TVI*两种指数与冬小麦赤霉病病情指数关联性较高。基于这两种植被指数建立的冬小麦赤霉病监测模型具有较高的监测精度，精度达81%以上，可以对江淮麦区冬小麦扬花期赤霉病发生情况进行监测。

表7-4　冬小麦赤霉病监测模型精度检验数据

序号	实测 *DI* 值	*RDVI* 比值	*TVI* 比值	预测 *DI* 值	预测精度（%）
1	0.619	0.312	0.229	0.695	87.7
2	0.584	0.386	0.488	0.514	88.1
3	0.683	0.127	0.144	0.835	77.8
4	0.506	0.516	0.501	0.443	87.5
5	0.817	0.413	0.386	0.558	68.3
6	0.444	0.501	0.431	0.489	89.8
7	0.781	0.381	0.368	0.584	74.8
8	0.763	0.342	0.331	0.624	81.8
9	0.621	0.347	0.457	0.551	88.8
10	0.244	0.646	0.611	0.317	70.1
11	0.777	0.389	0.229	0.657	84.6
12	0.68	0.474	0.376	0.533	78.4
13	0.662	0.395	0.412	0.552	83.4
14	0.795	0.286	0.275	0.683	85.9
15	0.486	0.313	0.319	0.644	67.3

参考文献

[1] 安虎，王海光，刘荣英，等．小麦条锈病单片病叶特征光谱的初步研究［J］．中国植保导刊，2005，25（11）：8～11

[2] 陈兵，李少昆，王克如，等．作物病虫害遥感监测研究进展［J］．棉花学报，2007，19（1）：57～63

[3] 冯海霞，秦其明，蒋洪波，等．基于HJ-1A/1B CCD数据的干旱监测［J］．农业工程学报，2011，27（增刊1）：358～365

[4] 冯炼，吴玮，陈晓玲．基于HJ卫星CCD数据的冬小麦病虫害面积监测［J］．农业工程学报，2010，26（7）：213～219

[5] 黄木易，黄文江，刘良云，等．冬小麦条锈病单叶光谱特性及严

重度反演［J］. 农业工程学报，2004，20（1）：176～180

［6］黄文江. 作物病害遥感监测机理与应用［M］. 北京：中国农业科学技术出版社，2009

［7］蒋金豹，陈云浩，黄文江，等. 冬小麦条锈病严重度高光谱遥感反演模型研究［J］. 南京农业大学学报，2007，30（3）：63～67

［8］李卫国，蒋楠. 农作物病虫害遥感监测研究进展与发展对策［J］. 江苏农业科学，2012，40（8）：1～3

［9］李卫国，李花，黄义德. HJ 卫星遥感在水稻长势分级监测中的应用［J］. 江苏农业学报，2010，26（6）：2106～1209

［10］李卫国，李花. 利用 HJ-1A 卫星遥感影像进行水稻产量分级监测预报研究［J］. 中国水稻科学，2010，24（4）：385～390

［11］李卫国，李正金，申双和. 小麦遥感估产研究现状及趋势分析［J］. 江苏农业科学，2009，2：5～8

［12］刘良云，黄木易，黄文江，等. 利用多时相的高光谱航空图像监测冬小麦条锈病［J］. 遥感学报，2004，8（3）：275～281

［13］刘良云，黄文江，王纪华，等. 利用多时相航空高光谱图像数据监测冬小麦条锈病［J］. 遥感学报，2004，8（3）：276～282

［14］刘良云，宋晓宇，李存军，等. 冬小麦病害与产量损失的多时相遥感监测［J］. 农业工程学报，2009，25（1）：137～143

［15］罗菊花，黄文江，顾晓鹤，等. 基于 PHI 影像敏感波段组合的冬小麦条锈病遥感监测研究［J］. 光谱学与光谱分析，2010，30（1）：184～187

［16］乔洪波，夏斌，马新明，等. 冬小麦病虫害的高光谱识别方法研究［J］. 麦类作物学报，2010，30（4）：770～774

［17］赵少华，秦其明，张峰，等. 基于环境减灾小卫星（HJ-1B）的地表温度单窗反演研究［J］. 光谱学与光谱分析，2011，31（6）：1152～1156

［18］Broge N H，Leblanc E. Comparing prediction power and stability of broadband and hyper spectral vegetation indices for estimation of green leaf area index and canopy chlorophyll density [J]. Remote Sensing of Environment, 2000, 76 (2): 156 ~ 172

[19] Huang, W J, Lamb, D W, Niu Z, et al. Identification of yellow rust in wheat using in-situ spectral reflectance measurements and airborne hyper spectral imaging [J]. Precision Agriculture, 2007, 8: 187 ~ 197

[20] Moshou D, Bravo C, West J, et al. The automatic detection of 'yellow rust' in wheat using reflectance measurements and neural networks [J]. Computers and Electronics in Agriculture, 2004, 44 (3): 173 ~ 188

[21] Nicolas H. Using remote sensing to determine of the date of a fungicide application on winter wheat [J]. Crop Protection, 2004, 23 (9): 853 ~ 863

[22] Roujean J L, Breon F M. Estimating PAR absorbed by vegetation from bidirectional reflectance measurements [J]. Remote Sensing of Environment, 1995, 51 (3): 375 ~ 384

第8章　农作物种植面积遥感监测

中国是农作物种植大国，及时、准确、大面积获取农作物种植类型、面积及其分布状况，对于农业生产管理和政府粮食政策制定意义重大。传统人工报表统计式的农作物种植面积调查方法已经不适合农业经济快速发展的信息化要求，迫切需要依靠先进的信息科学技术，大范围、准确、动态监测农作物种植布局，为农业高效管理与决策提供信息支撑。卫星遥感技术以其快速及时、信息量大、省工省时等优势，为解决上述问题提供了十分有效的手段。经过多年的发展，围绕农作物长势监测、面积以及总产估算等方面取得很大的研究进展，但监测精度低是当前农作物种植面积遥感监测存在的主要问题，除与所使用的遥感影像数据质量有关外，遥感影像信息提取方法直接影响对农作物监测精度，比如数据校正、信息融合、目视解译、分类方法选择等。因此，应强化基于多源遥感的农作物种植面积监测方法研究，最大限度满足农业生产管理和防灾减灾的信息化要求，全面提升遥感信息技术对国家粮食可持续发展的服务能力。

8.1　基于LAI估测的农作物种植面积提取

农作物生长期间田间群体较大，植株抵抗力弱，常遇到高温、高湿或干旱极端天气，是病虫害频发的时期。对农作物生长与布局进行适时、准确的监测，可以帮助政府部门以及农业技术部门掌握农作物种植情况，及时制定和采取合理管理措施，实现稳产或高产的目的。本节在利用HJ卫星影像数据对水稻 LAI 估测的基础上，进行水稻面积提取研究，制作能够直观反映水稻不同长势等级的面积分布信息图，并进行相关种植面积估测。

8.1.1　试验数据获取与利用

选用 HJ-A 卫星影像数据，其在泰兴市过境时间为 2009 年 8 月 26 日，此时水稻正处于抽穗期，当日天气晴朗，卫星影像质量较好。影像数据处理：先利用 1∶100 000地形图进行几何校正，再利用 GPS 采集的路线数据和样方点数据进行精校正，校正误差小于 0.5 个像素点。大气辐射校正和反射率转换是利用地面定标体的实测反射率数据和对应的卫星影像的原始 DN 值，采用经验线性法转换获取。地面控制点是采用美国 Trimble 公司差分 GPS 系统，在泰兴市水稻种植面积较大的 5 个乡镇选择了 15 个试验样点（图 8－1），采集地理坐标并记录水稻的品种和生长状况等数据。水稻大田 LAI 数据利用英国 Delta-T 公司的 SunScan 叶面积指数仪进行测定。

8.1.2　种植面积监测信息图制作流程

首先，利用已有的行政边界矢量图，制作泰兴市的 AOI 文件，裁剪 HJ-A 星影像数据中泰兴市的影像区域，选取 4、2、1 波段组合，成为判读和目视解译所用的底图影像。通过计算机进行 ISODATA 法分类，最大输入自动分为 256 类，叠加 NDVI 灰度图和采集的样点和示范区的数据，进行人机交互式的动态判读与目视解译，得到各类属性，进行类别合并进行重编码，获取区域水稻种植面积。同时，将 GPS 样点和示范区的数据参加目视解译分类的全过程，便于较好的控制最终的分类的精度。

非监督分类中的 ISODATA（Iterative Self-organizing Data Analysis Techniques Algorithm）法，又称“迭代自组织数据分析技术”，主要是按照像

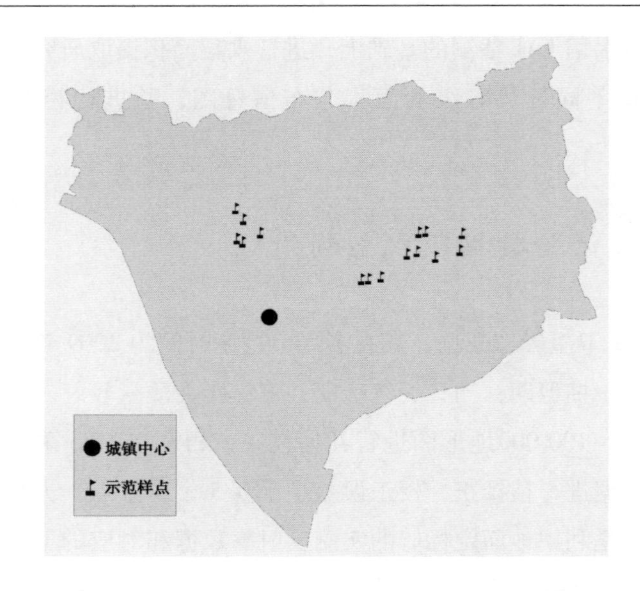

图 8－1　泰兴市水稻监测 GPS 样点分布

元的光谱特征进行统计分类，图像的所有波段都参与分类运算，分类合并及重编码的一种分类方法。

将经过 GPS 精校正的泰兴市区域影像数据利用 ERDAS 软件中的编程模块运算出 NDVI 影像，利用 NDVI 与 LAI 的关系模型进行转换，得到泰兴区域水稻 LAI 的遥感信息图。依据当地的水稻长势 LAI 等级标准进行长势分级。最后经过整饬，利用 GIS 软件制作出水稻不同长势等级面积遥感监测分级专题图。专题信息图制作流程如图 8－2 所示。

8.1.3　种植面积遥感监测

水稻种植面积提取是水稻长势遥感分级监测非常重要的前期工作。利用 ISODATA 算法，对 HJ-A 星影像进行处理，提取到泰兴市（2009 年）水稻种植面积是 45 992.96 hm^2，该市同年实际水稻种植面积为 44 666.67hm^2，解译精度在 90% 以上，结果较为可靠。

表 8－1 为根据 LAI 数据分级后得到的各长势等级水稻的面积分布情

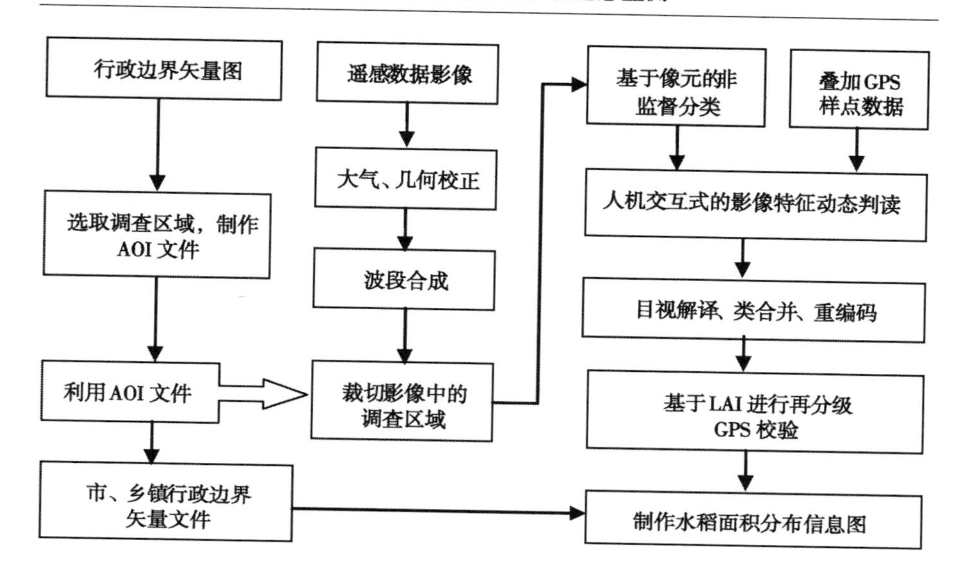

图 8－2　水稻长势种植面积遥感监测流程

况。可以看出，水稻长势旺盛（LAI 大于 7.5）的面积，占水稻种植总面积的 9.30%；水稻长势正常或偏弱（LAI 介于 5.5 和 7.5 之间）的面积，占总面积的 74.98%；水稻长势较差（LAI 小于 5.5）的面积，占种植总面积的 15.72%，主要是城镇中心和经济开发区附近的地方。长势等级差异如此明显，说明在水稻田间管理措施方面还存在一些问题，仍具有可挖掘的潜力。如，对于长势较弱的水稻田块，应该追施适量的穗肥，促进花粉及颖花生长，以达到多穗多粒增加粒重、增加产量的目的（表 8－1）。

表 8－1　监测后得到的泰兴市各长势等级水稻的面积分布

图　示	类　别	叶面积指数	面积（hm^2）	所占比例（%）
Rice_ Ⅰ	长势旺盛	>7.5	4 275.58	9.30
Rice_ Ⅱ	长势正常	6.3 ~7.5	29 816.71	64.83
Rice_ Ⅲ	长势偏弱	5.5 ~6.3	4 666.66	10.15
Rice_ Ⅳ	长势较差	<5.5	7 234.02	15.72

一般来说，江苏省 8 月下旬水稻的 LAI 在 5.5 ~8，根据 LAI 的具体数值，可以初步进行水稻长势分级。依据 LAI 的具体数值，叠加遥感影像底

图和试验样点水稻长势状况的相关数据进行校正，最终得到泰兴市的水稻长势遥感监测分级专题图（图 8－3）。为了方便乡镇农业技术人员的工作，可以将泰兴市的各个乡镇的分界图叠加到水稻长势监测分级图上（图 8－4），这样可以更加准确地了解各乡镇水稻分布面积和长势情况，制定相应的田间管理措施，以达到增产稳产的目的。

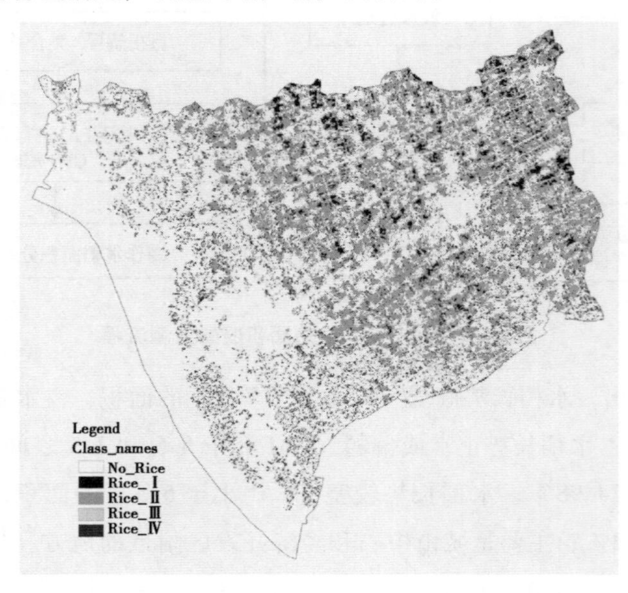

图 8－3　泰兴市水稻种植面积遥感监测图

8.2　基于多时相遥感的农作物面积提取

及时、准确地获取大范围农作物种植面积信息，对于科学指导农作物生产和准确估测农作物产量意义重大。多源遥感以其时效性、准确性和客观经济性等优点成为信息农业发展的重要技术支撑。本节对农作物（冬小麦）拔节期和灌浆期两个生育期组合影像数据进行光谱特征分析与面积提取，同时与单时相的提取结果进行对比分析，选择较适合的种植面积信息获取方法。

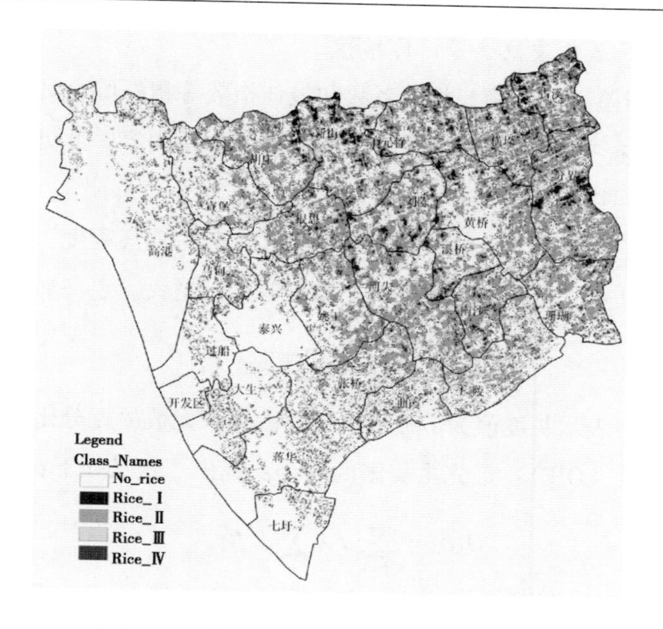

图 8－4　泰兴市各乡镇水稻面积遥感监测图

8.2.1　试验数据与利用

选用 4 月 13 日 HJ 影像和 5 月 25 日 ALOS 多光谱以及全色影像。将 4 月 13 日 HJ 影像（空间分辨率为 30m）和 5 月 25 日的 ALOS 全色波段（空间分辨率为 2.5m），采用 Wav. IHS 方法进行融合（融合方法参见第 4 章），融合后的 HJ 影像（空间分辨率为 10m）称为 WI. HJ 影像。

8.2.2　最佳波段选择

多光谱遥感影像合成时，波段的选择十分重要。实际应用中，波段选择考虑以下三方面的因素：（a）所选波段或波段组合的信息量；（b）波段间的相关性；（c）地物类型的光谱差异性。最佳波段合成方案应同时兼具信息量大、相关性弱、地物光谱差异大的特点。

8.2.2.1　最佳波段选择评价指标

选用标准差、信息熵、相关系数和最佳指数等指标综合评价波段合成方案的优劣性。标准差和相关系数描述参见第2章内容，此处就信息熵和最佳指数做具体说明。

信息熵（Entropy）：一般用于衡量影像信息的丰富程度，其值的大小代表信息量的多少，值越大，说明携带的信息量越大。定义如下：

$$H(X) = -\sum_{i=0}^{255} P_i \log_2 P_I$$

其中，P_i 表示灰度值为 i 时的像元数占总像元数的百分比。

最佳指数（OIF）：最先由美国的查维茨提出。定义如下：

$$OIF = \sum_{i=1}^{3} \sigma_i / \sum_{j=1}^{3} | R_{i,j} |$$

其中，σ_i 是 i 波段的标准差，$R_{i,j}$ 为 i、j 两波段的相关系数。影像数据的标准差越大，波段间的相关系数越小，说明该数据的信息量大，信息冗余度小，数据的独立性高，所以 OIF 值也较大。理论上，OIF 值越大，对应的波段合成效果越理想，实际选择时也要顾及到影像标准差和相关系数等指数，以期达到最优的合成效果。

8.2.2.2　最佳波段选择评价

单时相最佳波段选择中，WI. HJ 影像只有近红外、红色和绿色3个波段，所以只有一种组合方案，最佳指数 OIF 值为33.87（表8-2）。

表8-2　单时相影像的波段组合特征值

影像	波段组合	标准差	信息熵	相关系数	OIF 指数
WI. HJ	1-2-3	27.22	15.08	2.41	33.87
ALOS	1-2-3	41.05	14.10	2.92	42.19
	1-2-4	45.29	14.87	2.43	55.92
	1-3-4	42.83	14.95	2.29	56.01
	2-3-4	40.27	15.53	2.29	52.73

ALOS 影像共有4种组合方案（表8-2），其中，就信息量而言，1-

2－3 波段合成的信息量最少，信息熵为 14.10，1－3－4 波段合成的信息量最大，信息熵为 15.53，其他组合方案的信息量相差不大；就波段间的相关性而言，1－2－3 和 1－2－4 组合方案之间的波段相关系数较大，分别为 2.92、2.32，说明其波段的独立性较差，1－3－4、2－3－4 组合方案的波段间相关系数最小；最佳指数 OIF 大小排序为：1－3－4＞1－2－4＞2－3－4＞1－2－3。综合以上分析可知，ALOS 单时相影像中 1－3－4 组合方案满足信息量大、波段间相关性小和光谱差异大等条件，是最佳的波段组合方案，2－3－4 组合方案次之。

冬小麦两个生育期数据组合进行最佳波段选择时，将 WI. HJ 影像的 3 个波段和 ALOS 多光谱影像的 4 个波段累加，形成含有 7 个波段遥感数据。经计算，这 7 个波段一共存在 30 种波段选择方案，由于选择方案比较多，根据波段信息量、相关性和最佳指数 OIF 等评价指标，表 8－3 列举了前 10 种最佳波段组合方案进行比较。

表 8－3　多时相影像的波段组合特征值

WI. HJ + ALOS	标准差	信息熵	相关系数	OIF 指数	WI. HJ + ALOS	标准差	信息熵	相关系数	OIF 指数
1－3－7	35.57	16.01	2.25	47.45	2－6－7	33.73	15.46	2.13	47.50
1－4－7	38.73	14.64	2.32	50.06	3－4－5	42.91	14.82	2.69	47.77
2－3－7	35.59	16.17	2.13	50.12	3－4－7	44.70	15.67	2.44	54.88
2－4－7	38.75	14.80	2.26	51.50	3－5－7	42.13	16.24	2.44	51.80
2－5－7	36.19	15.37	2.27	47.81	3－6－7	39.68	16.32	2.24	53.10

由表 8－3 可知，10 种方案中，标准差分布在 33.73～44.70，信息熵分布在 14.64～16.32，信息熵值最大的前 3 种方案为 3－6－7（16.32）＞3－5－7（16.24）＞2－3－7（16.17），这说明就信息量而言，3－6－7 合成方案的信息量是最大的，其次是 3－5－7 和 2－3－7；相关系数值分布在 2.13～2.69，其中，3－4－5 合成方案的相关系数最大，达到 2.69，说明这 3 个波段间存在较强的相关性，相关系数最小的 3 种组合波段为 2－3－7（2.13）＝2－6－7（2.13）＜3－6－7（2.24）；最佳指数 OIF 排

前 3 位的是 3 – 4 – 7 （54. 88） >3 – 6 – 7 （53. 10） >3 – 5 – 7 （51. 80）。综合考虑信息量、相关性和最佳指数 OIF 等因素，发现 WI. HJ 和 ALOS 两时相影像的最佳波段组合为 3 – 6 – 7 波段，即 WI. HJ 影像的近红外波段、ALOS 影像的红波段和近红外波段。其次是 3 – 4 – 7 波段组合和 3 – 5 – 7 波段组合，其中 4、5 波段为 ALOS 影像的蓝色和绿色波段。

综上可知：单时相 ALOS 影像的最佳波段组合方案是：1、3、4 波段组合和 2、3、4 波段组合。两时相监测的最佳波段组合方案是：3、6、7 波段组合、3、4、7 波段组合和 3、5、7 波段组合。

8. 2. 2. 3　光谱可分性分析

评价不同地物间的光谱可分性的常用指标有：J-M 距离、离散度、归一化均值距离等。J-M 距离不需要假定地物服从正态分布，可体现较好的分类精度，适合于表达地物间的可分性。J-M 距离具体描述如下：

$$B_{ij} = \frac{1}{2}(M_i - M_j)^T(\frac{V_i + V_j}{2})^{-1}(M_i - M_j) + \frac{1}{2}In\frac{|(V_i + V_j)/2|}{\sqrt{|V_i||V_j|}}$$

$$JM_{ij} = \sqrt{2(1 - e^{-B_{ij}})}$$

$$JM = \frac{1}{n^2}\sum_1^n\sum_1^n(p_i * p_j * JM_{ij})$$

式中，M_i、M_j是类别 i 和 j 的样本均值向量，V_i、V_j是相应的矩阵样本协方差，B_{ij}为 Bhattacharyya 距离，JM_{ij}为 i 和 j 的 J-M 距离，p_i、p_j分别为 i、j 样本的先验概率。JM 是样本 i 和 j 的平均 J-M 距离。当 $0 < JM < 1.0$ 时，两个类间不存在光谱可分性。$1.0 < JM < 1.9$ 时，两个类间存在一定的光谱分离性，但会有较大程度的光谱重叠现象。$1.9 < JM < 2$ 时，两个类别间具有很好的光谱可分性。

依据前节筛选的几种最佳波段组合，分别计算单时相 4 月 13 日（拔节期）和 5 月 25 日（灌浆期），以及两个时相组合时各种地物类型之间的光谱可分性距离（J-M 距离）。重点研究冬小麦与其他地物类型的光谱可分性，结果如表 8 – 4 所示。

表 8－4　冬小麦与其他土地覆盖类型的 J－M 距离

波段组合	居民地	水体	裸地	林地	草地
WI. HJ（1－2－3）	1.85	1.71	1.69	1.51	1.67
ALOS（1－3－4）	2	2	1.99	1.95	1.72
ALOS（2－3－4）	2	2	1.99	1.93	1.79
WI. HJ＋ALOS（3－6－7）	2	2	2	1.97	1.61
WI. HJ＋ALOS（3－4－7）	2	2	2	1.98	1.78
WI. HJ＋ALOS（3－5－7）	2	2	2	1.98	1.89

由表 8－4 可知，WI. HJ 影像与 ALOS 影像相比，冬小麦与其他土地利用类型的 J-M 距离值较小，说明冬小麦在 WI. HJ 影像中与其他土地利用类型具有一定的光谱差异性和分离性，但也存在较多光谱重叠现象，尤其与林地的光谱可分性最差。

ALOS 影像中，除草地外，冬小麦与其他土地利用类型都具有较好的光谱可分性。两种最佳波段组合中，2－3－4 波段组合整体上比 1－3－4 波段组合的分类效果要好。

与研究区冬小麦光谱可分性距离较小的主要是林地和草地。两时相组合（WI. HJ＋ALOS）条件下，冬小麦与林地的光谱可分性都显著提高，而冬小麦与草地的光谱可分性与波段组合有直接的关系，两时相组合中的最佳指标波段是 3－6－7，但冬小麦在此波段组合下，与草地的光谱可分性最差，3 种波段组合中小麦与草地光谱可分性最好的是 3－5－7 波段组合。由此说明，两时相组合的 3－5－7 波段组合是冬小麦种植面积信息提取的最佳指标和最佳分离性波段组合。

8.2.3　冬小麦种植面积监测

采用监督分类方法进行分类，提取冬小麦种植面积，结果统计信息如表 8－5 所示。

表 8－5　不同遥感数据的冬小麦种植面积信息提取结果

类型	WI. HJ	ALOS	WI. HJ + ALOS
像元数	5 127 039	4 234 865	4 104 712
面积/hm^2	51 270. 39	42 348. 65	41 047. 12

从表 8－5 中可以看出，WI. HJ 影像、ALOS 影像和二者的组合影像（WI. HJ + ALOS）提取的冬小麦种植面积呈依次减少的趋势。WI. HJ 影像中冬小麦与林地、草地等土地利用类型的光谱可分性差，部分存在光谱重叠现象，导致提取的冬小麦种植面积较大。ALOS 影像分类中冬小麦主要受到草地的影响，提取的冬小麦种植面积比 WI. HJ 影像大幅减小。时相组合影像（WI. HJ + ALOS）中，冬小麦与其他地物的光谱信息都具有很好的可分性，提取的种植面积进一步减少，提取结果更准确。

8. 2. 4　冬小麦种植面积监测精度评价

8. 2. 4. 1　精度评价指标

混淆矩阵（Confusion Matrix）是常用的分类精度评定方法。通过对比每个地表实测像元与分类图像中像元的位置和分类信息，计算各种统计量和参数建立混淆矩阵，该矩阵中显示了计算各种分类类型的精度值信息，主要包括：总体精度、Kappa 系数、生产者精度和用户精度等精度指标。

总体精度（Overall Accuracy）是指所有被正确分类的像元数占总像元数的比例，描述如下：

$$P_c = \sum P_{kk}/N$$

式中，P_c为总体精度，P_{kk}为第 k 类正确分类的样本数，N 为样本总数。

Kappa 系数是通过对分类影像和参考影像逐个像元统计，并建立误差矩阵，可以较准确地验证遥感影像分类的精度。即，通过把所有地表真实分类中的像元总数（N）乘以混淆矩阵对角线的和，再减去某一类地表真实像元总数与被误分成该类像元总数之积对所有类别求和的结果，再除以总像元数的平方差减去某一类中地表真实像元总数与该类中被分类像元总数之积对所有类别求和的结果所得到的。可作为较全面衡量和评价整个分类图精度的综合指标。描述如下：

$$Kappa = \frac{N\sum_{i=1}^{m} P_{ij} - \sum_{i=1}^{m}(P_{i+} \times P_{+j})}{N^2 - \sum_{i=1}^{m}(P_{i+} \times P_{+j})}$$

式中，N 为样本总数，m 为分类总数，P_{i+}、P_{+j}分别为某一类所在的行总数和列总数。

生产者精度又称制图精度，表示分类图像中像元被分到 A 类（假定地表真实类型为 A）的可能性算法描述如下：

$$P_j = P_{jj}/P_{+j}$$

在混淆矩阵中表示为主对角线上的像元数占该列像元总数的比例，与漏分误差互补。

用户精度是指分类器将像元归为地表真实类的可能性，算法描述如下：

$$P_i = P_{ii}/P_{i+}$$

在混淆矩阵中表示为主对角线上的像元数占该行像元总数的比例，用户精度与错分误差互补。

8.2.4.2　监测精度评价

对单时相 WI. HJ、ALOS 和两时相组合（WI. HJ + ALOS）的冬小麦种植面积监测效果进行精度评价。表 8 – 6 为利用 WI. HJ 影像的种植面积监测精度评价信息。

表 8 – 6　WI. HJ 影像种植面积监测精度评价

覆盖类型	验证样本数	训练样本数	正确分类数	生产者精度（%）	用户精度（%）
居民地	210	229	165	78.57	72.05
水体	203	253	157	77.64	62.06

（续表）

覆盖类型	验证样本数	训练样本数	正确分类数	生产者精度（%）	用户精度（%）
裸地	202	201	142	75.38	70.65
小麦	204	186	127	71.98	65.00
林地	129	156	83	64.71	53.21
草地	205	218	138	67.33	63.30
总精度：76.14%　Kappa 系数：0.60					

从表 8-6 中可以看出，WI. HJ 影像由于不同地物之间，尤其是冬小麦、林地和草地的光谱差异较小，分类总精度为 76.14%，Kappa 系数为 0.60，种植面积监测效果一般。

ALOS 影像本身的特点以及分类中采用了最佳指标和最佳分离性波段组合，使得 ALOS 影像中各地物的分类精度和影像的总体精度比 WI. HJ 影像提高很多（表 8-7），各地物的分类精度平均提高了 10%，冬小麦的分类精度为 83.17%，分类总精度为 89.41%，Kappa 系数为 0.81。

时相组合影像（WI. HJ + ALOS）综合了 WI. HJ 和 ALOS 影像的不同信息优势，以及冬小麦在两个生育期的生长差异特点，实现了信息之间的互补，使得冬小麦和其他植被的光谱差异性得到增强，各地物分类精度和总体分类精度都比单时相的分类效果显著提高（表 8-8），分类总精度达到 92.63%，Kappa 系数为 0.91，冬小麦种植面积监测精度为 91.75%，进一步定量地说明多时相组合有助于弥补单一影像的不足，增加数据信息的可应用性，实现优势互补，提高影像的分类精度。

表 8-7　ALOS 影像种植面积监测精度评价

覆盖类型	验证样本数	训练样本数	正确分类数	生产者精度（%）	用户精度（%）
居民地	210	205	200	95.3	97.56
水体	203	197	197	97.11	100
裸地	202	212	186	92.08	87.74
小麦	204	208	173	84.81	83.17

（续表）

覆盖类型	验证样本数	训练样本数	正确分类数	生产者精度（%）	用户精度（%）
林地	129	129	105	81.73	81.39
草地	205	202	159	78.04	78.71
总精度：89.41%　Kappa 系数：0.81					

表 8－8　WI. HJ＋ALOS 影像种植面积监测精度评价

覆盖类型	验证样本数	训练样本数	正确分类数	生产者精度（%）	用户精度（%）
居民地	210	206	201	95.71	97.57
水体	203	203	203	100	100
裸地	202	205	195	96.53	95.12
小麦	204	206	189	92.65	91.75
林地	129	129	117	90.70	90.70
草地	205	204	179	87.32	87.75
总精度：92.63%　Kappa 系数：0.91					

8.3　面向对象分类的农作物种植面积提取

TM 光学遥感影像包含从可见光到热红外共 7 个波段，光谱信息丰富，适合作为大中区域尺度提取农作物面积信息。ERS 雷达影像不受云雾干扰，穿透性强，具有较高的对比度和分辨率，有丰富细节和纹理信息，但缺乏光谱信息。将这两类遥感影像复合可获取良好光谱与空间信息，有利于农作物面积提取。

在受传感器自身条件与环境因素共同制约的情况下，遥感影像中“同物异谱”和“异物同谱”的现象十分普遍，传统的分类方法是基于像素的监督与非监督分类。近年来，国内外学者从图像分割出发对遥感分类方法进行了探索性的研究，提出了面向对象分类方法，该方法不再是基于单个像素，而是基于影像对象，即，首先把影像根据相邻像元的光谱异质性分割成多个对象特征，然后在对象的基础上加入空间、纹理等特征进行辅助分类。本节以江苏省宝应、高邮和兴化三市为研究区，将 Landsat/TM 多光谱影像与 ERS/SAR 影像进行融合，研究面向对象分类的农作物（冬小麦）种植面积提取方法。

8.3.1 试验数据与预处理

研究区位于江苏省中部宝应、高邮和兴化三市，春季作物以冬小麦、油菜为主。遥感数据选用 2009 年 3 月 9 日 Landsat/TM 多光谱影像和 2009 年 3 月 25 日 ERS/SAR 影像，坐标范围：33° 5′ 0″ ~ 32° 5′ 13″ N，119°1′36″ ~ 120°6′35″E。其中，TM 影像幅宽 185km，空间分辨率为 30m，共有 7 个波段，有良好的光谱特性；SAR 影像幅宽 100km，空间分辨率 30m，地物轮廓清晰，纹理丰富，有良好的空间特性。利用 GPS 接收机在研究区内各地物中选取样点，用于几何精校正和分类过程。种植面积提取前，将两幅影像分别进行大气校正与几何校正，几何校正的投影参数为 Krasovsky 参考椭球下的 Albers 投影，精度控制在一个像元内。然后叠加研究区的行政区划矢量图，将影像裁剪后并进行小波融合。

8.3.2 面向对象分类方法

面向对象分类以影像中结构相似的相邻像元组成的对象为处理单元，在分类过程中根据对象的特征信息和地物及其子类的定义以及地物与地物间的关系建立分类层次结构，共分为 3 个步骤：（a）影像分割；（b）特征选择；（c）建立分类规则并进行分类。首先，选择合适的尺度进行多尺度分割，将影像分为若干对象，然后利用归一化植被指数（NDVI）将植被与非植被区域分离出来；然后，在植被区中根据不同植被（冬小麦、油菜地、灌木丛与草地等）的光谱特征、NDVI 以及纹理信息的不同，分别建立不同类别的隶属度函数（规则），将冬小麦提取出来。

8.3.2.1　影像分割

影像分割使影像中同质像元相合并与异质像元相分离，将影像聚类划分为若干有意义的多边形对象，每个对象具有相同或相似的特征，如空间、光谱、纹理和形状等，分割结果直接影响特征提取与分类精度。

地物都具有特定空间尺度，影像分割应选择合适的操作尺度。分割尺度决定了分割对象所允许的最大异质性程度，需要考虑光谱异质性（h_{color}）和形状异质性（h_{shape}）两个因子，两者的权重（ω）之和为 1。表达式为：

$$f = \omega_{color} h_{color} + \omega_{shape} h_{shape}$$

$$\omega_{color} + \omega_{shape} = 1$$

上式中，光谱异质性是决定对象的首要条件，它与对象的像元数量（n）和对象合并前（$obj1$ 和 $obj2$）与合并后（$merge$）波段灰度值的标准差（σ）有关。表达式为：

$$h_{color} = \sum_c \omega_c (n_{merge} \sigma_c^{merge} - (n_{obj1} \sigma_c^{obj1} + n_{obj2} \sigma_c^{obj2}))$$

上式中，ω_c为波段 c 的权重。该式表现了合并前后对象光谱异质性的变化，并确定是否需要扩充对象或创建新的对象。分割过程中还需引入形状异质性因子，形状异质性由光滑度 h_{smooth} 和紧凑度 h_{cmpct} 两个指数计算：光滑度可平滑对象边界，减少边界的破碎度；紧凑度可优化对象的紧凑程度，两者权重之和也为 1。形状异质性的表达式为：

$$h_{shape} = \omega_{smooth} h_{smooth} + \omega_{cmpct} h_{cmpct}$$

$$\omega_{smooth} + \omega_{cmpct} = 1$$

h_{smooth}和 h_{cmpct}与对象的像元数量（n）、多边形周长（l）和多边形外接矩形的最小边长（b）有关。表达式为：

$$h_{smooth} = n_{merge} \frac{l_{merge}}{b_{merge}} - \left(n_{obj1} \frac{l_{obj1}}{b_{obj1}} + n_{obj2} \frac{l_{obj2}}{b_{obj2}} \right)$$

$$h_{cmpct} = n_{merge} \frac{l_{merge}}{\sqrt{n_{merge}}} - \left(n_{obj1} \frac{l_{obj1}}{\sqrt{n_{obj1}}} + n_{obj2} \frac{l_{obj2}}{\sqrt{n_{obj2}}} \right)$$

影像分割尺度一般凭经验选择，对面积较小、分布较为复杂的地物类别，用较小尺度进行分割；对面积较大、纹理规则、空间特征较为明显的地物类别，用较大尺度进行分割。选择分割参数时，往往要进行反复试验调整，确定最优分割参数。

8.3.2.2 植被指数提取

植被指数是利用红光波段和近红外波段反射率的多重组合而成的能反映作物长势、类型以及分布的植被参数。归一化植被指数（NDVI）是最常用的一种植被指数，可反映出作物群体生长状况。当 NDVI > 0.05 时，为植被区；当 NDVI < 0.05 时，为非植被区。在植被区中主要的植被类型为冬小麦、油菜和树木草地（以下简称其他植被地）等，NDVI 区间重叠范围较大，单纯利用植被指数进行作物分类是不够的，有必要引入纹理信息进行更为有效的分类。

8.3.2.3 纹理信息提取

纹理分析是对图像灰度值的空间分布模式的提取和分析，从而获得对纹理特征的定性或定量描述的过程。选用常用的 4 个参量，分别为逆差距、熵、角二阶距和对比度，在 3 × 3 的窗口下提取三类植被类别的纹理信息。

逆差距（f_{hom}）是反映纹理局部同质性的指标，其值越大表示局部区域纹理变化越小、越均匀。表达式为：

$$f_{Hom} = \sum_{i=0}^{N-1} \sum_{j=0}^{N-1} \frac{P(i,j)}{1 + (i - j)^2}$$

式中，P（i，j）为影像在像元（i，j）点的灰度值，N 为影像灰度级。

角二阶距（f_{Asm}）是反映图像灰度分布均匀性的度量，其值越大表示纹理越粗糙，越小表示纹理越细腻。它也反映了影像的匀质性。表达式为：

$$f_{Asm} = \sum_{i=0}^{N-1} \sum_{j=0}^{N-1} P(i,j)^2$$

熵（f_{Ent}）是反映影像信息量的指标，其值越大表示纹理信息量越大。

对比度（f_{Con}）是反映图像纹理的黑白反差与清晰度的指标，其值越大表示纹理越醒目，越清晰。表达式为：

$$f_{Con} = \sum_{i=0}^{N-1}\sum_{j=0}^{N-1} P(i,j)(i-j)^2$$

8.3.3　样本空间的确定

利用 GPS 接收机采集的各地物类别的样点，直接在 TM 影像上提取标准样本集。选取其中 95% 的样本作物训练样本参与分类，剩余 5% 的样本作为检验样本用于精度评价。将研究区分为水体、建筑和道路、冬小麦、油菜和其他植被地共 5 类地物类型。

8.3.4　遥感影像分割

利用 3－4－5 波段组合的 TM 与 SAR 的融合影像，在 eCognition 软件中，根据研究区不同地物的空间分布结合目视效果进行分割尺度的选择。由于影像分辨率中等，地物的光谱特征较为突出，形状与纹理特征不很明显，而研究区内植被种类较多，分布复杂。因此，以冬小麦田块分割为基础，通过反复试验确定分割尺度为 55，光谱异质性权重为 0.8，紧密度与光滑度均为 0.5。该尺度可将植被与非植被区完全分离出来，同时各类植被类别也能得到较好的区分。

8.3.5　不同植被特征提取

分类前，需要对样本进行特征提取。首先，利用 NDVI 将植被区与非植被区分开。然后分别提取三种植被类型——冬小麦、油菜地和其他植被地的 NDVI。取值范围分别为冬小麦 0.327 4 ~ 0.707 3、油菜地 0.239 4 ~ 0.405 4、其他植被 0.05 ~ 0.222 2。可以看出，冬小麦与其他植被地通过 NDVI 基本可以分开，但油菜地与其他两种类型的 NDVI 均有重叠区域，尤其与冬小麦重叠范围较大，单从 NDVI 上基本无法区分。因此，需要提取三种植被类型的纹理信息。以 3×3 的窗口计算影像的灰度共生矩阵，提取三种植被类型的纹理信息，将结果放入表 8－9。

表 8－9　不同地物纹理特征统计

类　别	f_{hom}	f_{Ent}	f_{Asm}	f_{Con}
冬小麦地	0. 53	2. 20	0. 14	9. 78
油菜地	0. 42	1. 89	0. 16	14. 00
其他植被地	0. 27	2. 04	0. 11	19. 33

由表 8－9 可知，f_{hom}由大到小依次为冬小麦 > 油菜地 > 其他植被地，说明冬小麦分布较为规则，田块较大，纹理结构单一，油菜地次之，其他植被地分布较为零散杂乱。f_{Ent}最大为冬小麦，为 2. 20，信息量最高，但其f_{Con}最低，为 9. 78，在影像上表现为细节不丰富，沟纹不明显。灌木丛与草地呈小片分布，形状不规则，f_{Con}最高，为 19. 33。油菜地的f_{Ent}最小，为 1. 89，但f_{Asm}最大，为 0. 16，田块较冬小麦稍小，纹理较为均匀细腻，但包含的信息量较少。可综合这四种指标进行辅助分类。

8. 3. 6　冬小麦面积提取与精度评价

为与基于像素分类的效果进行比较，同时采用支持向量机（SVM）方法对融合影像进行冬小麦面积提取，将其分类结果与面向对象分类结果进行对比分析，如图 8－5 所示。

从图 8－5 中可以看出，两种方法得到的分类结果有较大差异。面向对象分类结果（图 8－5a）比 SVM 分类（图 8－5b）更为细致，“异物同谱”和“同物异谱”现象得到了有效的改善。两种方法提取出来的冬小麦面积有较大差异，但分布状况基本一致。而油菜地与灌木丛和草地的面积与分布均相差较大，面向对象分类中居民地的分布状况也更为零散。两种方法提取的各类植被面积信息见表 8－10。

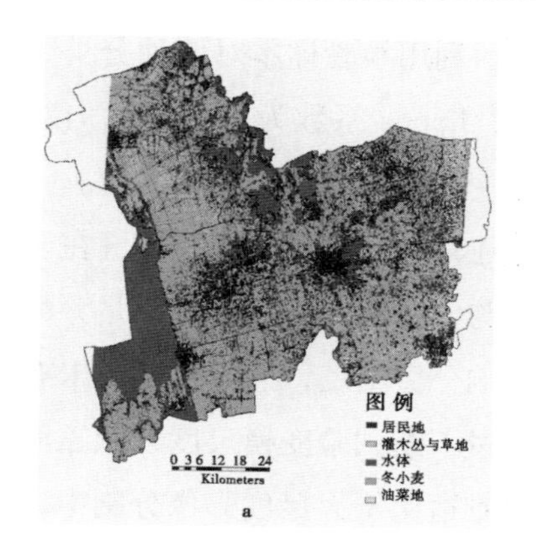

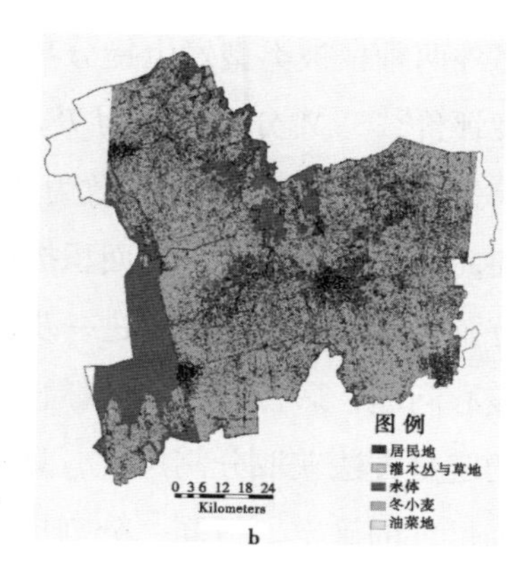

图 8－5　SVM 分类（a）和面向对象分类（b）结果

表 8－10　不同地物纹理特征（种植面积）统计

植被类型	SVM 分类（hm^2）				面向对象分类（hm^2）			
	宝应	高邮	兴化	总计	宝应	高邮	兴化	总计
冬小麦地	23 646	64 077	63 389	151 112	21 640	64 127	80 420	166 187
油菜地	3 003	12 931	46 940	62 844	7 940	11 412	22 962	42 314
其他植被地	45 208	12 671	7 046	64 925	39 414	21 248	23 902	84 564

从表 8－10 可以看出，SVM 分类提取的各类植被面积与面向对象分类结果相比较，总体来说冬小麦种植面积有所增大，三市共增大 15 075hm^2，其中，兴化市变化较大，面积从 63 389hm^2 增大到 80 420hm^2，其他两市变化不大；油菜地面积有较大程度的缩小，三市共减小 20 556hm^2，减小的面积主要在兴化市，从 46 940hm^2 减小到 33 962hm^2，但宝应市面积却有所增加，从 3 003hm^2 增加到 7 940hm^2；其他植被的面积有较大程度的增大，三市共增大 19 649hm^2，增大的面积主要在高邮、兴化二市，其中，兴化面积增加最多，从 7 046 hm^2 增加到 23 902 hm^2，高邮次之，从 12 671hm^2增加到 21 248hm^2，但宝应市 SVM 分类中大范围的其他植被却在面向对象分类中有所减小，从 45 208hm^2 减小到 39 414hm^2。

误差主要来源于油菜地与其他两种植被的光谱交叉范围较大，植被类型的细分造成混合像元严重，而大量的训练样本使得长势较差的冬小麦区域与另外两种植被类型发生错分与混淆。利用检验样本对两种分类结果进行精度评价，SVM 分类精度为 78. 59%，Kappa 系数为 0. 64；面向对象分类结果为 94. 16%，Kappa 系数为 0. 92，分类精度有了很大的提高。

面向对象分类在冬小麦面积提取中还存在一些不足，其关键在于影像最优分割尺度的选择，需要进一步改进与实验研究。影像分割是分类的基础与核心问题，影像分割的好坏直接影响分类精度，然而目前还未有广泛利用的定量方法获取分割尺度，只能通过不断试验变换尺度，依靠经验进行人工尺度的确定。但同一分割尺度很难适用于大尺度影像分割中，局部区域常常出现欠分割与过分割现象，分割尺度的自适应性也是下一步工作中需要研究与改进的。

参考文献

[1] 程乾．基于 MOD13 产品水稻遥感估产模型研究 [J]．农业工程学报，2006，22 (3)：79 ~ 83

[2] 邓媛媛，巫兆聪，易俐娜，等．面向对象的高分辨率影像农用地分类 [J]．国土资源遥感，2010，4：117 ~ 121

[3] 黄敬峰，王人潮，刘绍民，等．冬小麦遥感估产多种模型研究 [J]．浙江文学学报 1999，25 (5)：512 ~ 523

[4] 贾萍，李海涛，林卉，等．基于 SVM 的多源遥感影像分类研究 [J]．测绘科学，2008，33 (4)：21 ~ 22，7

[5] 李双成，郑度．人工神经网络模型在地学研究中的应用进展 [J]．地球科学展，2003，18 (1)：68 ~ 69

[6] 李卫国，王纪华，赵春江，等．利用遥感技术监测水稻群体长势 [J]．江苏农业科学，2008，5：288 ~ 289

[7] 李卫国，李花，王纪华，等．基于 Landsat/TM 遥感的冬小麦长势分级监测研究 [J]．麦类作物学报，2010，30 (1)：92 ~ 95

［8］李卫国，王纪华，赵春江，等．基于 TM 影像的冬小麦苗期长势与植株氮素遥感监测研究［J］．遥感信息，2007，2：12～15

［9］李卫国，王纪华，赵春江，等．基于遥感信息和产量形成过程的小麦估产模型［J］．麦类作物学报，2007，27（5）：904～907

［10］李卫国，李正金，王纪华，等．基于 ISODATA 的冬小麦籽粒蛋白质含量遥感分级监测［J］．江苏农业学报，2009，25（6）：1247～1251

［11］李卫国，石春林．基于模型和遥感的水稻长势监测研究进展［J］．中国农学通报，2006，22（9）：457～461

［12］李卫国，王纪华，赵春江．基于定量遥感反演与生长模型耦合的水稻产量估测研究［J］．农业工程学报，2008，24：128～131

［13］李正金，李卫国，申双和．基于优化 ISODATA 法的冬小麦长势分级监测［J］．江苏农业科学，2009，2：301～302

［14］李正金，李卫国，申双和．基于 ISODATA 法的冬小麦产量分级监测预报［J］．遥感信息，2009，8：30～32

［15］龙晓君，何政伟，刘严松，等．TM 与 SAR 图像融合多方法研究及其效果定量评价［J］．测绘科学，2010，35（5）：24～27

［16］齐腊，刘良云，赵春江，等．基于遥感影像时间序列的冬小麦种植监测最佳时相选择研究［J］．遥感技术与应用，2008，23（2）：154～160

［17］汤国安，张友顺，刘咏梅，等．遥感数字图像处理［M］．北京：科学出版社，2006

［18］张峰，吴炳芳．泰国水稻种植面积月变化的遥感监测［J］．遥感学报，2004，8（6）：664～671

［19］张海珍，马泽忠，周志跃，等．基于 MODIS 数据的成都市水稻遥感估产研究［J］．遥感信息，2008，5：63～67

［20］张建国，李宪文，吴延磊．面向对象的冬小麦种植面积遥感估算研究［J］．农业工程学报，2008，24（5）：156～160

［21］赵锐，汤君友，何隆华．江苏省水稻长势遥感监测与估产［J］．

国土资源遥感，2002，53（3）：9～11

［22］郑小波，陈娟，康为民，等．利用 MODIS 监测高原水稻生育期和长势的方法［J］．中国农业气象，2007，28（4）：453～456

［23］周春艳，王萍，张振勇，等．基于面向对象信息提取技术的城市用地分类［J］．遥感技术与应用，2008，23（1）：31～35

［24］Aaron K，Shackelford，Curt H. Davis. A combined fuzzy pixel-based and object-based approach for classification of high-resolution multi-spectral data over urban areas［J］．IEEE Trans. Geosci. Remote Sensing，2003，41（10）：2354～2363

［25］Abou-ismail O，Huang J F，Wang R C. Rice yield estimation by integrating remote sensing with rice growth simulation model［J］．Pedosphere，2004，14（4）：519～526

［26］Chen Jianyu，PAN Delu，Mao Zhihua. Optimum segmentation of simple objects in high-resolution remote sensing imagery in coastal areas［J］．Science in China Series D：Earth Sciences，2006，49（11）：1195～1203

［27］Hugo Carr o，Paulo Gon alves，Mário Caetano. Contribution of Multispectral and Multitemporal Information from MODIS Images to Land Cover Classification［J］．Remote Sensing of Environment，2008，112：986～997

［28］Michelson D B，Liljeberg B M，Pilesjo P. Comparison of Algorithms for Classifying Swedish Land cover Using Landsat TM and ERS-1 SAR Data［J］．Remote Sensing of Environment，2000，71（1）：1～15

［29］Thomas G，Van Niel，Tim R. McVicar. Determining temporal windows for crop discrimination with remote sensing：a case study in south-eastern Australia［J］．Computer and Electronics in Agriculture，2004（45）：91～108

［30］Xu H W，Wang K. Regionalization for rice yield estimation by remote sensing in Zhejiang Province［J］．Pedosphere，2001，11（2）：175～184

第9章　农作物遥感监测信息系统

我国的集成3S信息技术的农作物监测系统还处于研究和初级应用阶段，大多数的农作物模型和监测方法在实验室取得较好的效果，但在大规模实际生产监测中应用较少，究其主要原因：①常用的农作物监测模型多为回归模型，经验性较强，缺乏机制性；②一些机理模型虽监测预报精度较高，但参数较多，且不易获取；③模型缺乏应变机制，易受突发性的气候环境因素干扰，精度显著降低等。

“3S”技术的研究与应用对我国传统的农作科技和生产管理模式，产生了深刻和广泛的影响，显著地提高农作物监测与管理的科学性和定量化水平，取得较好的经济、社会和生态效益。随着计算机网络技术、环境和空间科学的发展，“3S”技术以其在管理空间数据方面的强大功能和处理资源与环境可持续发展问题上的突出能力，有着广阔的应用前景和强大的生命力，我国农业发展应顺应这一良好态势，立足农作物生产自身的特点，研制符合国情农作物生产管理的“3S”技术应用的理论体系和技术方法，使未来信息技术的发展既能满足农业管理部门和农田生产者的管理与技术要求，又能满足国家粮食安全和农业结构调整的信息需求。

9.1　基于模型的农作物生长预测系统

将系统科学和计算机技术引入稻作科学，以农作物（水稻）生长系统成分间的动态关系为主线，利用软构件的特点，将水稻生长发育过程概念模型转化成综合性问题求解的定量数学模型，构建基于 COM 标准的模型组件。在此基础上，依据软件工程的原理，建立基于 COM 模型组件的水稻生长预测系统，为在不同地点、不同土壤和不同环境条件下对水稻生长发育和生产力的动态模拟提供技术平台。

9.1.1 水稻生长预测系统结构

水稻生长预测系统（Rice Growth Prediction System，RGPS，以下简称系统）由数据库、方法库、生长模型组件、人机接口和用户界面等部分组成（图 9－1）。各部分既相互独立，又紧密衔接，形成有机的整体结构。用户从界面点击菜单便可运行生长模型组件，模型通过调用方法库中的数学方法和数据库中的数据（或人机接口读入数据）进行计算，其结果直接存入数据库或从人机接口输出（包括界面显示和打印输出）。

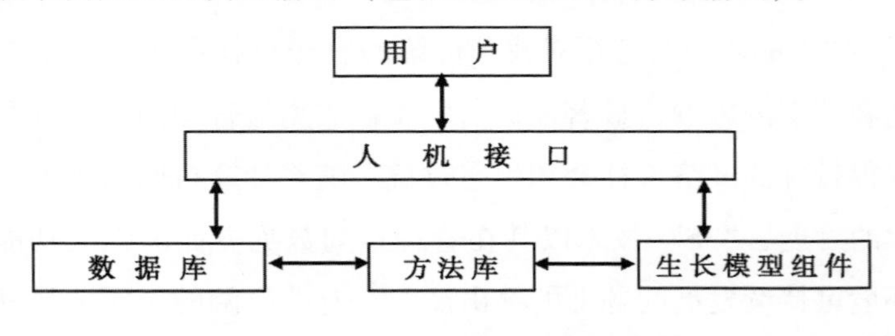

图 9－1　水稻生长预测系统结构图

9.1.2 系统数据库类型与特征

系统数据库包括三类数据。第一类是气象数据库，存储水稻生长季节的主要气象数据。包括日期（年/月/日）、日最高气温（℃）、日最低气温（℃）、日照时数（h）和日降水量（mm）。日期为字符串型（BSTR），其他气象数据为双精度实型（double）。

第二类是土壤数据，存储反映土壤物理性状的数据，包括 pH 值、有机质含量（%）、全氮含量（%）、速效氮含量（mg/kg）、速效磷含量

（mg/kg）、速效钾含量（mg/kg）、土壤类型、土壤含水量（%）、田间持水量（%）、耕层深度（cm）。除土壤类型为字符串型（BSTR）外，其他数据均为双精度实型（double）。

第三类是品种数据，为不同水稻品种的遗传特征参数。包括叶面积指数相对生长速率（℃/d）、品种基本早熟性、光周期敏感性、温度敏感性、灌浆期因子、总叶龄、比叶面积（m^2/g）、出苗时的叶面积指数初始值、千粒重（g）、伸长节间数、收获指数、品种分蘖能力、生育期天数（d）、籽粒淀粉含量（%）、籽粒蛋白质含量（%）、籽粒垩白度（%）、直链淀粉含量（%）。数据均为双精度实型（double）。

9.1.3　水稻生长预测模型功能与结构

水稻生长模型描述了气象、土壤等环境条件及品种特征与水稻生长发育的关系，包括光合同化、发育进程、生长呼吸、物质分配、器官建成、产量与品质形成、养分平衡、水分平衡等模块（图9-2），原则上能用于任何地点、任何土壤和环境条件以及任何品种类型下对水稻生长发育的动态模拟。为了达到能与不同软构件的衔接引用，系统封装了基于COM标准的自动接口函数，进而实现了模型软构件资源的可引用性。

9.1.3.1　水稻生长时期预测

水稻生长预测系统可对不同基因型水稻品种在不同环境条件下的阶段发育与物候发育期进行有效的预测。该功能主要通过系统组件中的发育类模块来实现。发育类模块集成有日均气温算法模型、积温算法模型、生理发育时间求解模型以及基于生理发育时间的预测水稻阶段发育与物候期的模拟模型。向发育类模块调入数据库中逐日最高气温度、最低气温和品种参数数据后，模块便可向外输出品种的主要生育期（图9-3）和逐日日均气温、积温、生理发育时间等数据变量（供其他模块调用）。

9.1.3.2　水稻光合生产预测

冠层光合作用与同化物积累预测主要通过系统组件中的冠层光合类模

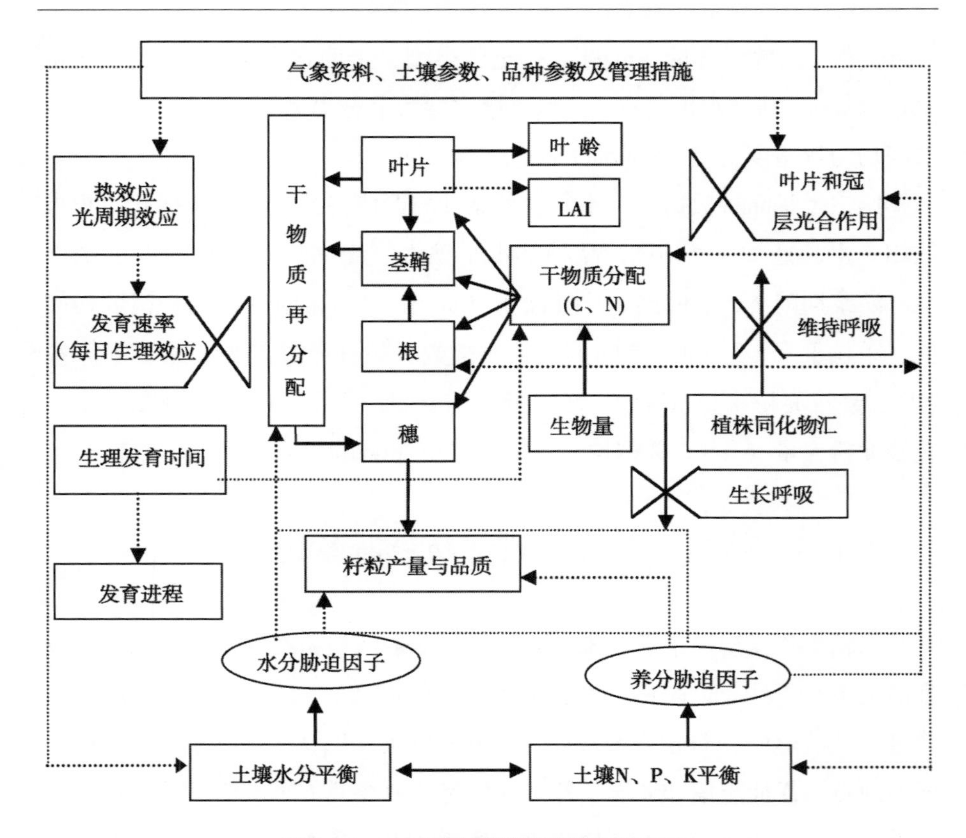

图9－2　水稻生长预测模型与系统结构

块和同化类模块实现。冠层光合类模块引入高斯积分法简单有效地计算冠层每日的光合量，并考虑了反射率随太阳高度角的日变化及群体削光系数随生理发育时间的变化；同化类模块充分考虑了植株生理年龄和各种环境因子对光合作用和呼吸作用的影响。输入日照、CO_2 和叶面积指数数据后，调用这两个模块可以输出水稻生长期间逐日的植株冠层总光合量、呼吸量以及总干物质积累量。

9.1.3.3　水稻干物质分配预测

干物质生产与分配预测依靠系统组件中的干物质分配模块实现。该模块主要集成了以基于生理发育时间的分配指数预测各器官干物质分配动态的预测模型，可以向外输出逐日植株地上部干物重、地下部干物重、茎

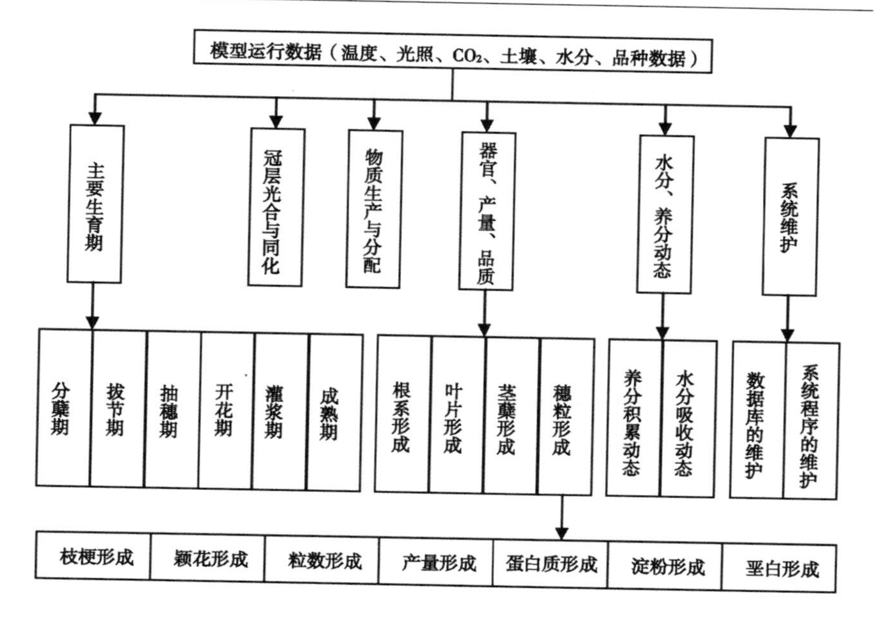

图9－3　水稻生长预测系统功能

重、叶重、穗重、根重等数据。

9.1.3.4　水稻器官建成预测

器官建成预测主要包括叶龄、叶面积指数、茎蘖、粒数、根长的动态预测，主要通过运行系统组件中的器官类模块实现。

9.1.3.5　水稻产量与品质预测

预测系统可以对水稻产量及其构成因素的形成过程进行动态预测，同时也可以预测水稻籽粒品质如蛋白质含量、淀粉含量、垩白度等指标。该功能通过运行系统组件中的产量与品质类模块实现。

9.1.3.6　水稻养分与水分动态预测

依据水稻生长的肥水需求规律，通过量化田间肥水平衡，预测水稻生长和生产力形成与养分动态和水分动态的综合关系。该模块不仅输出水分影响因子和氮素丰缺因子，而且输出植株N、P、K养分积累和水分吸收和利用动态数据。

9.1.4 水稻生长预测系统的实现

系统在 Intel Pentium 2160 CPU、1G 内存计算机、中文 Windows XP 操作平台上开发。采用 Visual C + +6.0 开发水稻生长模型部分并设计数据库管理系统和界面设计数据库管理系统和界面。系统由符合 COM 标准的以自动化形式封装的软构件组装而成，各大构件既能单独使用，又能方便地与其他构件进行衔接，具有较好的灵活性。系统可在 Intel Pentium 2160 CPU、1G，中文 Windows XP（或相似）版本运行。硬盘 100G 以上；显卡为真彩色。

水稻生长预测模型组件说明：组件名，Ricegrowthmodel. tlb；接口名，IRiceInoutput；接口函数，RiceInoutputfunction（VARIANT FAR* Meto，VARIANT FAR* Variety，VARIANT FAR* Soil，RIANT FAR* Interface，VARIANT FAR* Output,)。其中，RiceInoutputfunction 为函数名，VARIANT FAR* Meto、VARIANT FAR* Variety、VARIANT FAR* Soil、VARIANT FAR* Interface 和 VARIANT FAR* Output 分别为气象、品种、土壤、界面输入和结果输出变体。

9.1.5 水稻生长预测系统运行与验证

运行数据库可执行文件“Rundata. exe”，在出现的界面上，选择“Requery”命令键，在出现的“选择数据源”界面上选择数据库类型与数据库所在文件的路径，然后点击“确定”按钮，调用数据库成功；运行水稻生长模拟系统可执行文件“RGPS. exe”，在出现的界面上，点击菜单栏“生长预测”项，可以显示水稻生长预测系统运行结果数据表（图 9-4）；点击菜单栏“生育时期”项，可以显示主要生育时期的预测结果；点击菜单栏“图形显示”项，可以显示水稻生长主要指标的动成曲线图；点击菜单栏“退出”项，则退出本系统。

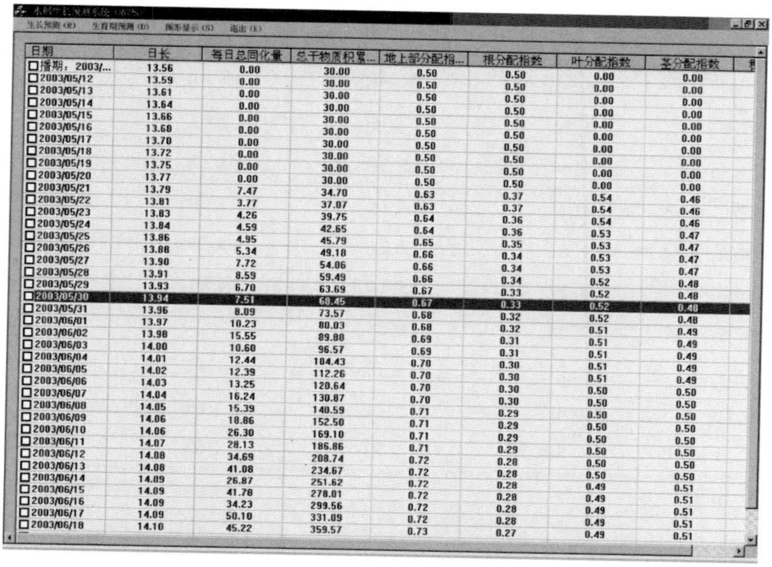

生长预测(R)　生育期预测(D)　图形显示(S)　退出(E)

日期	日长	每日总同化量	总干物质积累...	地上部分配指...	根分配指数	叶分配指数	茎分配指数
播期：2003/...	13.56	0.00	30.00	0.50	0.50	0.00	0.00
2003/05/12	13.59	0.00	30.00	0.50	0.50	0.00	0.00
2003/05/13	13.61	0.00	30.00	0.50	0.50	0.00	0.00
2003/05/14	13.64	0.00	30.00	0.50	0.50	0.00	0.00
2003/05/15	13.66	0.00	30.00	0.50	0.50	0.00	0.00
2003/05/16	13.68	0.00	30.00	0.50	0.50	0.00	0.00
2003/05/17	13.70	0.00	30.00	0.50	0.50	0.00	0.00
2003/05/18	13.72	0.00	30.00	0.50	0.50	0.00	0.00
2003/05/19	13.75	0.00	30.00	0.50	0.50	0.00	0.00
2003/05/20	13.77	0.00	30.00	0.50	0.50	0.00	0.00
2003/05/21	13.79	7.47	34.70	0.63	0.37	0.54	0.46
2003/05/22	13.81	3.77	37.07	0.63	0.37	0.54	0.46
2003/05/23	13.83	4.26	39.75	0.64	0.36	0.54	0.46
2003/05/24	13.84	4.59	42.65	0.64	0.36	0.53	0.47
2003/05/25	13.86	4.95	45.79	0.65	0.35	0.53	0.47
2003/05/26	13.88	5.34	49.18	0.66	0.34	0.53	0.47
2003/05/27	13.90	7.72	54.06	0.66	0.34	0.53	0.47
2003/05/28	13.91	8.59	59.49	0.66	0.34	0.52	0.48
2003/05/29	13.93	6.70	63.69	0.67	0.33	0.52	0.48
2003/05/30	13.94	7.51	68.45	0.67	0.33	0.52	0.48
2003/05/31	13.96	8.09	73.57	0.68	0.32	0.52	0.48
2003/06/01	13.97	10.23	80.03	0.68	0.32	0.51	0.49
2003/06/02	13.98	15.55	89.88	0.69	0.31	0.51	0.49
2003/06/03	14.00	10.60	96.57	0.69	0.31	0.51	0.49
2003/06/04	14.01	12.44	104.43	0.70	0.30	0.51	0.49
2003/06/05	14.02	12.39	112.26	0.70	0.30	0.51	0.49
2003/06/06	14.03	13.25	120.64	0.70	0.30	0.50	0.50
2003/06/07	14.04	16.24	130.87	0.70	0.30	0.50	0.50
2003/06/08	14.05	15.39	140.59	0.71	0.29	0.50	0.50
2003/06/09	14.06	18.86	152.50	0.71	0.29	0.50	0.50
2003/06/10	14.06	26.30	169.10	0.71	0.29	0.50	0.50
2003/06/11	14.07	28.13	186.86	0.71	0.29	0.50	0.50
2003/06/12	14.08	34.69	208.74	0.72	0.28	0.50	0.50
2003/06/13	14.08	41.08	234.67	0.72	0.28	0.50	0.50
2003/06/14	14.09	26.87	251.62	0.72	0.28	0.49	0.51
2003/06/15	14.09	41.78	278.01	0.72	0.28	0.49	0.51
2003/06/16	14.09	34.23	299.56	0.72	0.28	0.49	0.51
2003/06/17	14.09	50.10	331.09	0.72	0.28	0.49	0.51
2003/06/18	14.10	45.22	359.57	0.73	0.27	0.49	0.51

图9-4　水稻生长预测系统运行界面

水稻生长预测系统研制完成后，利用不同地点试验资料对系统进行了验证。表9-1为不同品种各器官干重及稻谷产量的RMSE，表明预测值与实测值之间的一致性均较好。表9-2为不同类型水稻品种主要生育期预测的RMSE，RMSE值显示出生育期的预测误差相对较小。总体上来看，模拟系统的预测精度较高。原则上能用于任何地点、任何土壤和环境条件下对水稻生长发育的动态预测。

表9-1　不同类型水稻品种器官重预测的RMSE

品　种	叶　重 (kg/hm^2)	茎　重 (kg/hm^2)	根　重 (kg/hm^2)	产　量 (kg/hm^2)
日本晴	43.21	431.1	41.01	401.8
高成	51.14	426.5	36.92	422.3
IR72	39.34	412.4	43.16	379.8
老来青	43.65	512.3	38.52	417.8
汕优63	39.14	453.1	34.23	352.1
粳9325	31.32	398.7	27.32	432.4
平　均	41.3	439.0	36.86	401.0

表 9－2　不同类型水稻品种主要生育期预测的 RMSE

品　种	出　苗	穗分化	抽　穗	成　熟
武香粳	1.34	3.45	2.63	3.37
扬稻 6 号	1.64	5.35	4.37	5.41
越光	1.24	4.15	3.29	3.17
日本晴	1.32	2.21	3.28	2.05
高成	1.57	5.14	4.01	3.87
老来青	1.44	6.38	5.21	3.38
RR109	1.21	4.13	4.12	4.42
汕优 63	1.43	5.21	3.69	3.69
平　均	1.40	4.50	3.83	3.67

9.2　基于 GIS 的农作物生产管理信息系统

地理信息系统（GIS）是集数据采集、数据库管理、空间数据分析和数据输出四大功能为一体的数据库管理系统，目前已被广泛用于城市规划、经济分析、交通管理等诸多方面。针对目前国内现有的农作物生产管理系统由于缺少 GIS 分析与显示功能、模拟预测与机理性解释或者软构件化技术的研究和应用现状，本节将 GIS 技术、作物模拟技术、软构件技术以及数据库技术引入农作物管理科学，综合农作物生理、生态、气象、土壤、农学等学科的研究成果，构建基于 GIS 的农作物（水稻）生产管理信息系统，以期为农业生产管提供较为直观的农作物生产管理与决策的信息平台。

9.2.1　管理信息系统的相关技术

9.2.1.1　计算机软构件技术

软件构件化，就是要让软件开发像机械制造工业一样，可以用各种标准和非标准的零件来进行组装，使应用系统的开发转变为构件的集成，提高领域软件的开发效率，降低开发成本。构件对象模型（COM）是以Dlls或Exes形式进行信息封装与发布的对象模型，它具有语言无关性、封装性、复用性、可扩展性等特征。借助于现代软件技术中的组件技术，利用了组件本身就是软件开发、部署、重用的基本模块这一特点，使开发过程更加高效经济、部署方式多样灵活、程序维护比以往更简单。

9.2.1.2　水稻生长模拟技术

农作物的生长模型是综合分析作物生长的机理过程，利用计算机模拟技术，对农作物生长过程与环境和技术动态关系的数学描述。它具有机理性、动态性、系统性、预测性等特点。水稻生产是一个受气候、土壤、基因型、栽培措施等多种因子综合影响的复杂生态系统，水稻生长模拟技术是综合水稻生理、生态、气象、土壤、农学等学科的研究成果，对水稻生长发育过程及其与环境和技术的动态关系进行定量描述和预测的计算机系统。

9.2.2　管理信息系统工作原理

基于GIS的水稻生产管理信息系统（ARCMIS）主要是在系统动力学基础上，利用面向对象的程序设计技术和基于构件的软件开发方法建成的。ArcGIS由用户界面、组件模块、数据库三部分组成（图9-5），组件模块包括ArcObjects组件、生长模型组件和通用方法组件，数据库包括地图库、基础数据库和知识库。各部分均为单独开发，最后综合集成。这种设计方法既保证了ArcGIS的独立性，又保证了其可升级性。

9.2.3　ARCMIS系统功能及实现原理

ARCMIS系统实现了不同地点、不同品种、不同气候与土壤条件下水稻的产前咨询、产中预测与管理的定量决策，主要包括地图文件、信息管

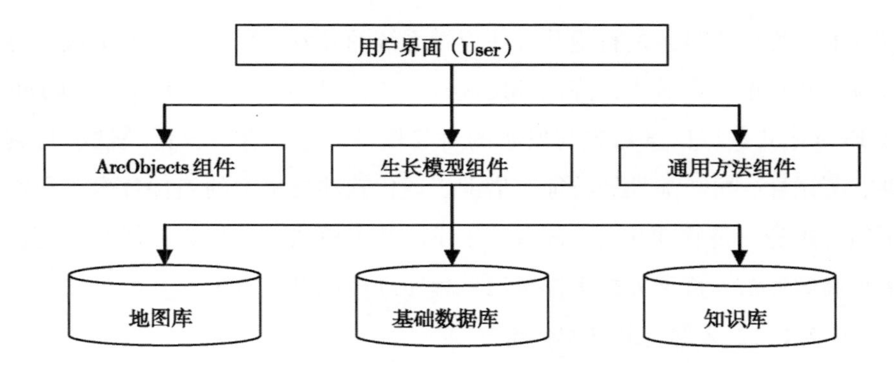

图9－5　基于GIS的农作物生产管理信息系统的组成结构

理、专家指导、生长模拟、评估决策以及系统帮助等主要功能（图9－6）。

9.2.3.1　图层文件

ARCMIS具备了基于GIS的对农情信息数据的加载、浏览、查询、分析、显示等空间信息管理功能。

9.2.3.2　数据信息管理

ARCMIS具有参数生成、数据查询和数据更新与维护三大功能，主要依靠调用数据库信息和方法库中的相关模型组件来实现。利用播期等试验数据可以调试水稻的品种参数。另外还可以生成不同年份的温度、日照、降水等气象资料数据。数据查询与维护包括品种参数、土壤数据、气象资料的查询与维护。

9.2.3.3　专家指导

专家指导功能主要依靠调用知识库中的相关技术信息来实现，可提供先进的水稻优质高产管理经验和专家知识咨询，包括播前水稻生长知识、秧田肥水管理以及大田管理知识三大类。其中，播前方案有品种选择、播期确定、育秧方式、种子处理等技术规程。大田管理有秧田期、返青期、拔节期、抽穗期、成熟期等不同时期的肥水管理和病虫草防治知识。

9.2.3.4　水稻生长模拟

ARCMIS不仅可对不同基因型水稻品种在不同环境条件下的生育期进

行有效的预测，同时可以利用气象资料和土壤数据进行器官形成、产量以及品质指标形成的动态模拟。该功能主要通过系统中水稻生长模型组件的调用来实现。水稻生长模型组件由功能各异的类模块集成，包括发育进程预测、光合同化、生长呼吸、物质分配、器官建成、产量与品质形成、养分平衡、水分平衡模块，基本上能为在不同地点、不同土壤和不同环境条件下对水稻生长发育进行动态模拟和预测提供技术支持（图9－6）。

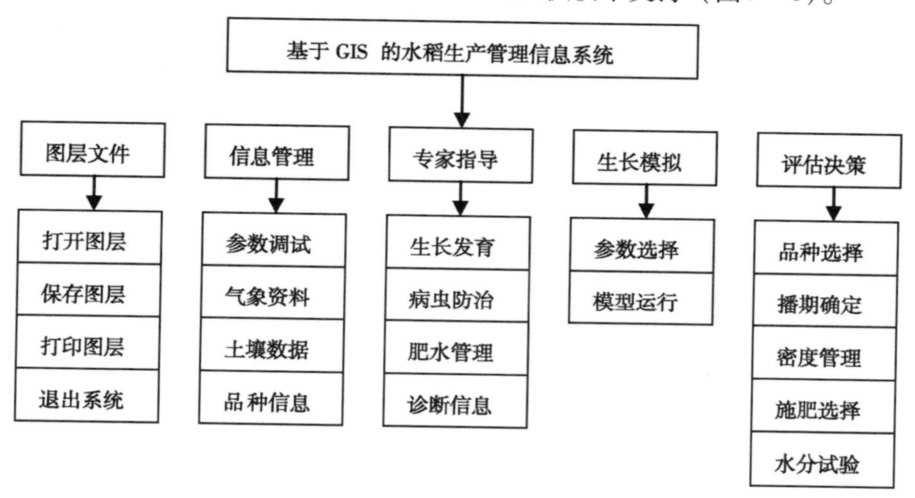

图9－6　ARCMIS 系统功能

9.2.3.5　评估决策

评估决策是针对水稻栽培中的决策问题，按照多种方案进行快速的计算机模拟运算，帮助用户从结果中作出适合当地条件的适宜方案。评估决策模块包括品种试验、播期试验、密度试验、氮肥试验、水分试验，通过相应的模拟试验可以提供最适品种选择、最适播期确定、最佳密度、最佳施肥量、最佳水分管理模式以及综合决策方案。

9.2.4　系统的 COM 构件化及调用

水稻生长模型组件是该系统的核心，也是实现水稻管理与决策的模拟推理器。系统的构件是指代码组件即通过属性、方法和事件组成的接口提供的服务应用程序，代码组件有 Active DLL 和 Active EXE 两种形式。DLL 进程内组件较 EXE 进程外组件执行速度快，本文采用自动化 DLL 组件形式，并简要介绍其在 Visual C + +6.0 中的构建方法。

9.2.4.1　创建自动化组件工程

利用 VC + +6.0 的 AppWizard 应用程序向导来创建一个进程外自动化工程，具体步骤如下：

（a）在 Visual Studio 中选择 New 命令，出现 New（新建）对话框。选择 Projects 标签，在出现的对话框中选择 MFC AppWizard（DLL）工程类型，并在 Project name（工程）处填写组件工程名（如 RiceGDLL），单击 OK（确定）按钮。

（b）出现的 MFC AppWizard—step 1 of 1 话框，依次在“创建 DLL 的类型?”处选“D 动态连接库使用共享 MFC DLL”——在“动态连接库的特点?”处选“U 自动操作”（Automation）——在“产生源文件备注?”处选“Y 是”——按“完成”（Finish）按钮。

（c）出现“新建工程信息”对话框，对话框介绍了新建工程的名称、属性、所在目录位置等信息。确认所建信息正确，按 OK 按钮，新的自动化组件工程就创建完成。

9.2.4.2　为自动化组件工程添加自动化类

（d）从 View（视图）菜单中选择 Class Wizard 命令，在出现的对话框中单击菜单按钮 Add Class，并选择 New 命令。

（e）在出现的 New Class 对话框的 Base Class 选择框中选择 CCmdTarget，并在 Name 编辑框中输入类名（如 RunModel），在对话框下部的 Automation 选项中选择 Created by type ID：按钮，并在其后的编辑框中输入 ID 标识符，此标识符一般为“工程名 . 类名”。连续两次单击 OK 按钮，则新的自动化类创建完成。

为自动化组件工程添加普通化类方法同自动化类的添加方法，只是不选对话框下部的 Automation 选项。

9.2.4.3　为自动化类添加方法（接口函数）

（f）从 View 菜单中选择 Class Wizard 命令，在出现的对话框中单击

Automation 标签，在工程名和类名选择框中分别选择需添加接口函数的工程名及类名，然后单击菜单按钮 Add Method。

（g）在出现的对话框中的 External name、Internal name 编辑框中分别填入接口对外所提供的函数名（如 RGMOutputfunction）和工程内部所使用的函数名，在 Return type 选择框中选择函数返回类型（如 BOOL），在 Parameter list 框中的 Name 编辑框中填入参数名（如 Meto），并在其对应的 Type 选择框中选择参数类型（VARIANT*）。连续两次单击 OK 按钮，则一个接口函数添加完成。

9.2.4.4　为自动化类添加属性（成员变量）

（h）从 View 菜单中选择 Class Wizard 命令，并在出现的对话框中单击 Automation 标签，在工程名和类名选择框中分别选择需添加属性的工程名及类名，然后单击菜单按钮 Add Property。

（i）在出现的对话框中的 External name、Variable name 编辑框中分别填入接口对外所提供的属性名和工程内部所使用的属性名，在 Type 选择框中选择属性类型。

（j）连续两次单击 OK 按钮，则一个属性添加完成。

9.2.4.5　组件程序调试

DLL 组件程序不能直接运行调试，需要使用远端过程调用。可以用 Visual Basic、Delphi、Visual C++等可运行程序调用，如用外部 VC++6.0 应用程序进行，过程简述如下：

（Ⅰ）首先创建一个自动化工程。

（Ⅱ）在 View 菜单中选择 ClassWizard 命令，出现 MFC ClassWizard 对话框，然后单击菜单按钮 Add Class，并选择 From a type library 命令，在出现的对话框中找到要引用的 DLL 文件（如 RiceGDLL.dll 文件），单击 Open 按钮，出现 Confirm Classes 对话框，选择你所需的接口类型，然后连续两次单击 OK 按钮就完成了引入。如 DLL 文件不能被调用时需要先注册。

（Ⅲ）在实际调用接口函数时，需首先创建接口函数，然后才能调用接口函数，并且注意在调用结束后释放接口。

9.2.4.6 生长模型组件工程说明

组件名：RiceGDLL.dll

接口名：IRunModel

接口函数：RGMOutputfunction（[in] VARIANT FAR* Meto，[in] VARIANT FAR* Variety，[in] VARIANT FAR* Soil，[in] VARIANT FAR* Interface，[out] VARIANT FAR* Output，[out] VARIANT FAR* OutputGrowthDate）

其中，RGMOutputfunction 为函数名，VARIANT FAR* Meto、VARIANT FAR* Variety、VARIANT FAR* Soil、VARIANT FAR* Interface、VARIANT FAR* Output 和 VARIANT FAR* OutputGrowthDate 分别为气象、品种、土壤、界面输入、数据结果和生育期结果输出变体。

9.2.4.7 数组在接口上的传递

在 Visual Basic 6.0 中，接口不支持变量的直接传递，而只能采用变体的方式进行。变体也称为可变类型变量，其定义方式有默认类型说明 AS 子句和变量名不带类型符两种形式。

假设有一 Double 型数组 DInterface（12），传入接口函数 RGMOutputfunction（...，Interface，...）中，其具体过程如下：

Dim Interface As Variant　　‘或 Dim Interface　‘定义变体

Interface = DInterface　　‘将数组付给变体

RiceGM.RGMOutputfunction（...，Interface，...）　’RiceGM 为指向接口函数的对象

接口函数内运算结果的传出也要使用变体。假设有一 Double 型二数组 ArrOutput（,）需传出，其过程如下：

Dim Output As Variant　　‘或 Dim Output ‘定义变体 内部运算

Output = ArrOutput　　‘将数组付给变体

RGMOutputfunction（...，...，Output）　　‘接口函数

外部调用接口函数时，如何取出接口上带出变体中的数组元素？在调

用接口函数前，先定义一个空变体（如 Output），然后直接调用接口函数就可以，具体过程如下：

Dim Output As Variant ‘或 Dim Output ‘定义变体

RiceGM. RGMOutputfunction（...，…，...，Output） ‘调用接口函数

Dim ArrOutput（,） As Double

Dim arrLbound As Long，arrUbound As Long

Dim arrdim2LB As Long，arrdim2UB As Long

If IsArray（Output） Then

arrLbound = LBound（Output，1）

arrUbound = UBound（Output，1）

arrdim2LB = LBound（Output，2）

arrdim2UB = UBound（Output，2）

Dim ArrOutput（arrUbound-arrLbound + 1，arrdim2UB- arrdim2LB + 1） As Double

For i = arrLbound To arrUbound

For j = arrdim2LB To arrdim2UB

ArrOutput（i，j） = Output（i，j）； ‘将变体付给数组

Next

Next i

9.2.4.8 模型组件的调用

本系统采用 Visual Basic 6.0 应用程序进行调用，过程简述如下：

（1）首先创建一个自动化工程。

（2）在 Project（工程）菜单中选择 References（引用）命令，出现 References—Project（引用—工程）对话框，在出现的对话框中找到要引用的 DLL 文件（如 RiceGDLL. dll 文件），单击 OK 按钮就完成了引入。注意在引用 DLL 文件时需要先注册。

（3）在实际调用接口函数时，需首先创建接口函数，然后才能调用接口函数，并且注意在调用结束后释放接口。

```
Dim obj As Object                                          ‘申明对象
Set obj = CreateObject（" RiceGDLL. RunModel"）            ‘创建接口
Dim LResult As Long
LResult = obj. RGMOutputfunction（Meto, Variety, InterFace, Soil, Output, outputDate）   ‘调用接口函数
------------
Set RiceGM = Nothing                                       ‘释放空间
```

9.2.5 系统的实现与运行

系统在 Pentium4 CPU、1G 内存计算机、中文 Windows XP 操作平台上开发。采用 ArcObjects 组件开发地图显示与管理模块，Access 设计数据库，Visual Basic6. 0 设计系统界面。系统由符合 COM 标准的以自动化形式封装的软构件组装而成，各大构件既能单独使用，又能方便地与其他构件衔接，具有较好的灵活性。系统可在 Pentium4 CPU、1G 内存，硬盘 100G，显卡为真彩色，中文 Windows XP 版本运行。

系统运行：先安装 ArcGIS 9 Desktop 中的 ArcObjects 组件文件。运行 Setup. EXE 文件，安装“基于 GIS 的水稻生产管理信息系统”。安装完成后，即可运行“基于 GIS 的水稻生产管理信息系统”。

点击计算机［开始］按钮—［程序］—［ARCMIS］菜单，点击［ARCMIS］，即可运行系统。系统运行后，显示欢迎界面，加载系统数据。在首次运行时，系统将自动建立相关数据文档，数据加载完毕后，显示主控制台界面（图 9 –7）。用户根据工作需要点击菜单。

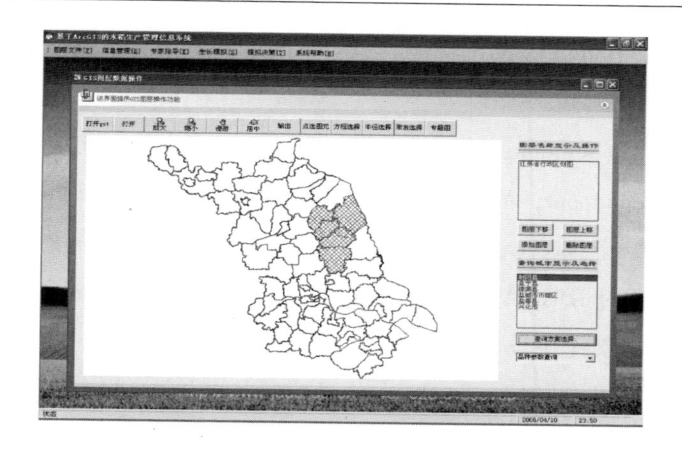

图9-7　ARCMIS系统运行界面

9.3　基于GIS的农作物遥感估产信息系统

针对目前国内现有的农作物生产缺少管理信息系统支持，基于GIS分析与显示功能以及软构件化技术的集成应用，将组件式GIS开发技术、农作物生长模拟以及空间数据技术引入农作物管理科学，综合现有的遥感技术和农学研究成果，构建基于GIS的农作物（冬小麦）遥感估产信息系统，旨在为农业管理部门和农作物生产者提供较为科学的信息依据。

9.3.1　系统相关技术

组件式GIS，目前地理信息系统发展的潮流之一，是指基于组件对象平台，以一组具有某种标准通信接口的允许跨语言应用的组件提供的GIS，实现不同需要的GIS专业应用。组件式GIS将原有GIS功能适当的抽象，以组件的方式提供，不需要专门的GIS二次开发语言，只需要按照Microsoft的ActiveX控件标准接口设计，大大方便了开发者在不同语言环境下对该技术的应用。目前可供选择的开发环境很多，如Visual C++、

Visual Basic、Delphi 等都可直接成为 GIS 的优秀开发工具，它们各自的优点都能够得到充分发挥。

Delphi，是 Windows 平台下著名的快速应用程序开发工具（Rapid Application Development，简称 RAD）。它是一个集成开发环境（IDE），使用的核心是由传统 Pascal 语言发展而来的 Object Pascal，以图形用户界面为开发环境，透过 IDE、VCL 工具与编译器，配合连结数据库的功能，构成一个以面向对象程序设计为中心的应用程序开发工具，具有高速的编译器，强大的数据库支持，与 Windows 编程紧密结合，强大而成熟的组件技术。

9.3.2 系统分析与设计

9.3.2.1 系统目标分析

系统依据国内外大型地理信息系统的实现方式和实现功能，采用软构件技术，基于目前比较流行的组件式 GIS 技术，运用通用编程软件、面向对象的可视化语言 Delphi 进行集成开发，研制一套能够综合处理基础地理信息、基础资源信息以及遥感影像信息，并集空间信息查询、统计分析、产品输出等功能于一体的冬小麦长势监测和产量预报信息系统，实现通用的地理信息系统功能，结合作物生理生态模拟模型的专业应用功能，如冬小麦实时的长势分级、产量分级评估等。

9.3.2.2 系统结构设计（图 9－8）

按照软件工程设计规范，以地理信息技术和数据库管理技术为基础，充分发挥组件式 GIS 技术、作物模拟模型技术等优势，同时通过系统结构和界面的优化，进而实现系统内不同关键技术的动态耦合与高效集成。整个系统采用传统的 C/S 模式，即 Client/GIS App Server/DBMS 3 层结构。在数据库基础平台统一的数据库接口系统控制下，通过 ArcSDE + MS SQL Server 实现数据存储；利用 Delphi 和 ARC GIS 组件进行二次开发，可以通过 ActivrX 等接口将操作请求发送应用服务器上，实现空间查询分析、专

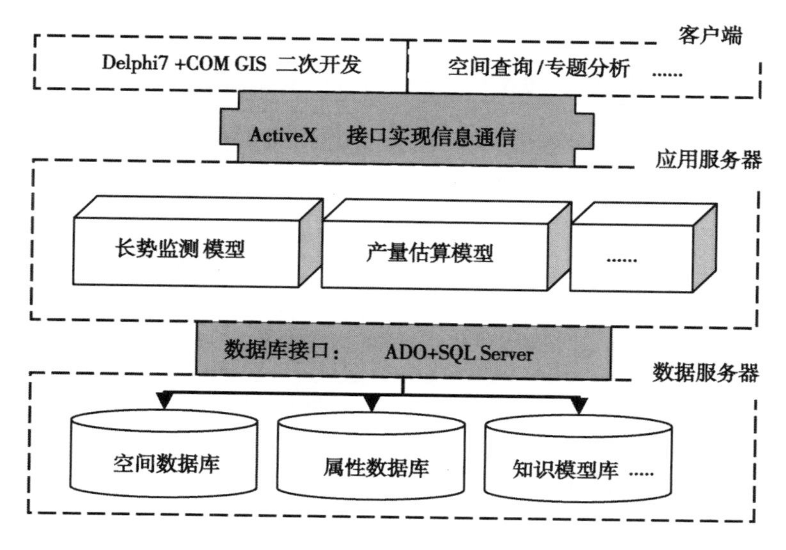

图9-8　冬小麦估产系统的结构简图

题处理等功能的信息响应；再经过数据库接口，实现对空间属性一体化数据进行编程等操作。本系统体系结构如图9-8所示。

9.3.3　系统的功能设计

系统包括数据管理、基础地理信息功能、冬小麦长势监测、冬小麦产量估算、信息统计与分析、专题图制作和系统帮助7大模块。系统功能结构如图9-9所示。

9.3.3.1　数据管理功能模块

系统所用的基础数据来源较广，且多以数据库的形式提供，所以该系统提供一定的数据库管理功能。系统的数据库主要包括矢量文件自带的属性数据库（.dbf）和外部输入的Microsoft Access数据库（.mdb）。两个相关数据库之间有关键字链接，可以根据查询需要，选择只查询属性信息和联合查询，同时也可对其中认一个数据库的属性进行增删和保存操作。数据库管理分为普通用户和管理员两种权限类型。普通用户只能进行数据查

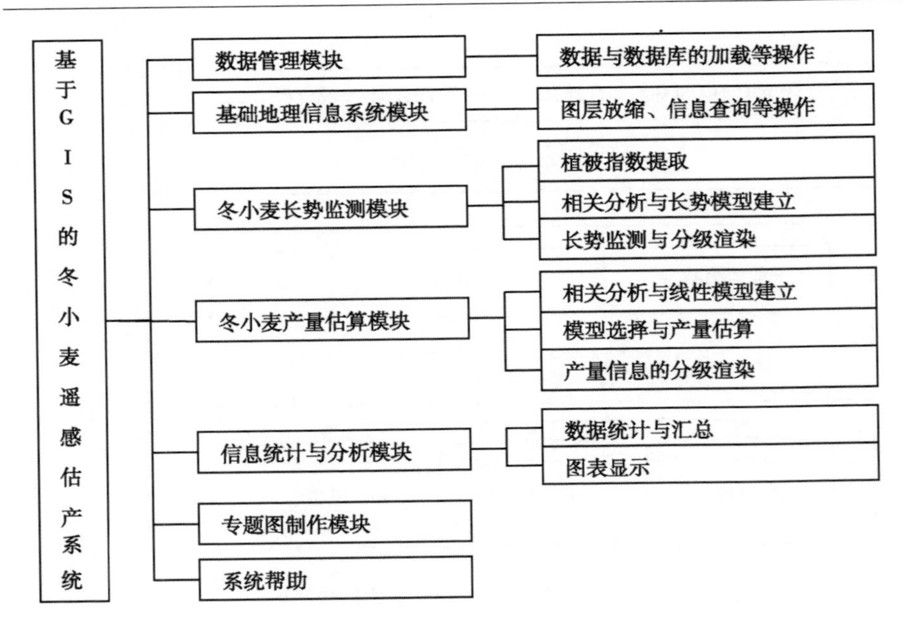

图 9-9　冬小麦估产信息系统功能结构图

询和显示操作；管理员用户可以进入该模块核心部分，实现对整个系统的数据库的维护和管理（包括增添、删除、修改等多项操作），进行多个数据库或不同数据库之间的数据关联，还可以对数据库进行实时更新，通过反映小麦不同生育期的一些指标参量更新频繁，所以需要对数据库提供方便快捷的后台更新方法。

9.3.3.2　基础地理信息模块

基于成熟的 ARC GIS 组件，结合系统的数据信息特点，实现基础地理信息的操作。可以通过菜单工具栏或者快捷工具，实现栅格图像、矢量图层的显示叠加，图层的放大、缩小、移动、漫游以及对象的空间信息和属性数据的查询与显示等基础地理信息系统的操作。

9.3.3.3　冬小麦长势监测模块

该模块为系统最为核心的部分，需要有较强的信息综合运算能力，在获得实时的遥感影像和相关农田基本信息的基础上，对遥感图像进行处理，得到该区域的植被指数（Vegetation Index，VI）信息。根据植被指数数据和冬小麦长势的农学参数以及产量的样点数据进行回归分型，筛选出相关性最好的一组，建立冬小麦长势监测模型和产量预测模型，进而计算得到冬小麦长势监测和产量预测的数据，然后进行参数设置，依据目前通行的冬小麦长势和产量的等级划分方法，设定具体的数值域范围为相应的等级，赋予各等级不同的颜色区分，通过线性转换，就可以获得以不同的颜色分布显示各等级分布区域的冬小麦长势监测分级图和产量预报分级图，进而进行冬小麦的长势状况评估、产量预测等方面的应用，提高冬小麦生产和管理效益。

9.3.3.3.1　VI 计算和样点 VI 提取模块

计算 VI 模块是对输入的遥感影像进行波段计算，如归一化植被指数，获得常用的 VI 数据（也称之为遥感参量）如 NDVI、RVI 等，根据样点数据和农学经验，通过设置 NDVI 的区间，可以提取出小麦的种植面积，而屏蔽其他非小麦区域，可以减少后续运算，大大节省系统运行时间。样点植被指数提取模块通过样点的地理坐标，遥感影像上对应样点的 NDVI、RVI 数据，为后续的长势监测模块和产量估测模块提供数据服务。

9.3.3.3.2　长势模型建模与长势分级模块

该模块是长势监测和估产子系统的核心组成之一。该模块通过：①将从样点实测获取的可以表征冬小麦长势状况的农学参数（叶面积指数 LAI 和生物量）与来自“样点遥感指数提取模块”提取的相应的遥感指数进行相关分析（图 9 -9），在系统界面中以表格形式列出，提供保存至本地磁盘的功能；②筛选出敏感农学参数和遥感指数，将各个农学参数与遥感指数逐个进行相关分析，找出相关性最好的一组，从而确定敏感农学参数和遥感指数；③以敏感农学参数为因变量，敏感遥感指数为自变量，建立线性方程模型，选择拟合系数最好的方程，确定长势模型；④依据模型所确定的敏感遥感指数形式，输入遥感指数影像，计算生成表征长势的农学参量空间分布图，然后再结合农学参量与长势等级相应的分级标准，生成长势等级分布图，达到监测作物长势的目的。

9.3.3.4　冬小麦产量估算模型建模与分级模块

该模块用于生成单产估算模型并计算冬小麦的单产，结合产量分级参数，实现冬小麦产量预报与产量分级功能。

（1）样点实测单产数据与农学参数（如 LAI 和生物量）关联，在系统界面中以表格形式列出，提供保存至本地磁盘的功能。

（2）遥感单产模型的建立，是将实测单产与农学参数进行相关分析，如果相关系数验证达到显著即可建立基于农学参数二元回归方程的估产模型：

$$y = m_0 + m_1 a + m_2 b$$

其中，y 为产量；a，b 分别为 LAI 和生物量，m_0，m_1，m_2 分别为经验参数。

（3）将区域的 LAI 和生物量数据输入冬小麦估产模型，计算整个区域的冬小麦产量，得到的冬小麦产量空间分布图，叠加行政矢量图和小麦面积信息，按照样点产量数据和农学经验，确定产量分级标准参数，形成最终的冬小麦产量分级预报图（图 9－10）。

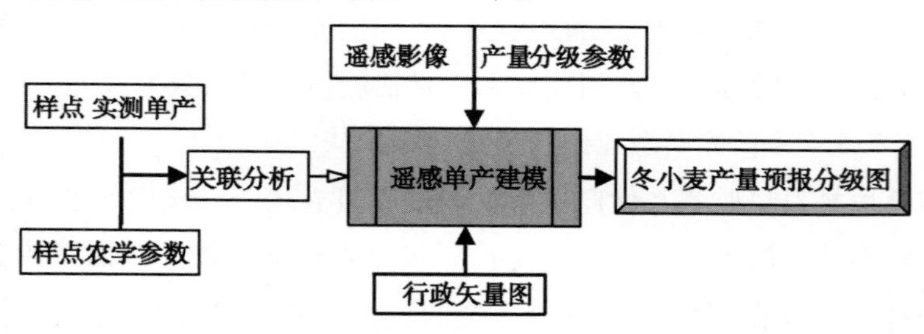

图 9－10　冬小麦产量估算模块信息流程

9.3.3.5　数据统计分析和图表显示功能

庞大的数据量，多源的数据来源，以及不同数据库之间的数据综合，使得数据统计和分析功能显得尤为重要。系统根据用户的需求，设计了基本的数据统计和图表分析功能模块。可以根据用户查询的多个区域或对象的属性数据集，选择具体的项目进行统计分析，并可选择柱状、饼状或点密度等方式予以显示，使用户能直观快捷地掌握制定目标参量的一些对比情况。

9.3.3.6　专题图制作与输出模块

系统计算和分析的数据和图像，需要进过一定的后期处理整饬，最终输出通读美观的专题图产品。该模块包括了出图分辨率设定、题头和制图单位编辑、地理坐标的标注、比例尺和图例的添加等功能。

9.3.4　系统的实现

9.3.4.1　系统的关键技术

基于 Delphi7.0 语言环境的组件式 GIS 的开发，利用 GIS 二次开发搭建系统的框架，实现对多波段遥感影像、矢量数据图形以及其他多种数据的输入显示、波段组合形成假彩色图等。数据库管理，利用波段计算合成植被指数、数据分析、模型建立等功能，由符合 COM 标准的以自动化形式封装的软构件组装而成，通过组件式 GIS 技术与系统框架实现无缝连接，通过系统框架上的 Command 实现各组件的功能。例如通过提取样点的 NDVI 值与 LAI 值进行回归分析，自动提取相关参数，进行叶面积参数反演。简要的算法如下：

```
var
    pworkspace: IWorkspace;
    pRWS: IRasterWorkspace;
    pWSF: IWorkspaceFactory;        ......  //定义参数类型
begin
    pWSF: =coRasterWorkspaceFactory.create as IWorkspaceFactory;
    pWSF.IsWorkspace (ippath, wb);
    if not wb then exit;
    pWSF.OpenFromFile (ippath, 0, pworkspace);
    pRWS: = pworkspace as IRasterWorkspace;
    pRWS.OpenRasterDataset (ipname, pInputRasterDS);
    pWSF: =nil;
```

```
pRWS: =nil;
pworkspace: =nil;        //获取 NDVI 数据
pAlgebraOp: =coRasterMapAlgebraOp. Create as IMapAlgebraOp;
pAlgebraOp. BindRaster (pInputRasterDS as Igeodataset,'叶面积指数');
pAlgebraOp. Execute ('[叶面积指数] * '+Lb+''+'+'+''+La, pGeoDataset);
pRasterlai: =GetZone ('0.0', pGeoDataset as IRaster);
pRasterLayer1: =coRasterLayer. create as IRasterLayer;
pRasterLayer1. CreateFromraster (pRasterlai);
pRasterLayer1. Set_ Name ('LAI');
ZSmap. Map. Get_ LayerCount (n);
classified (3, pRasterLayer1);          //计算 LAI
end;    ......
```

9.3.4.2 系统运行环境

该系统由于设计数据量大，处理分析功能较为复杂，同时对输出显示要求较高，所以对硬件和软件配置要求也相对较高。

硬件环境：系统开发基础为中高档 PC 机，内存 1G，CPU 为 1.8G，硬盘 80G，并配备扫描仪、打印机等输入输出设备。

软件环境：系统需 WINDOWS XP 或更高版本，系统开发语言 Delphi，系统平台包括 ArcGIS Engine 9.2 Runtime，MicroSoft Office2000 及以上配套软件。

9.3.5 系统的运行

以江苏省中部地区冬小麦主要种植区泰兴市为例，利用 2007 年 5 月 2 日该区域的 Landsat/TM 影像以及对应小麦生长期的田间基础数据对系统进行测试，实现了系统的主要功能。通过输入相关参数，进行植被指数计算（图 9－11）。

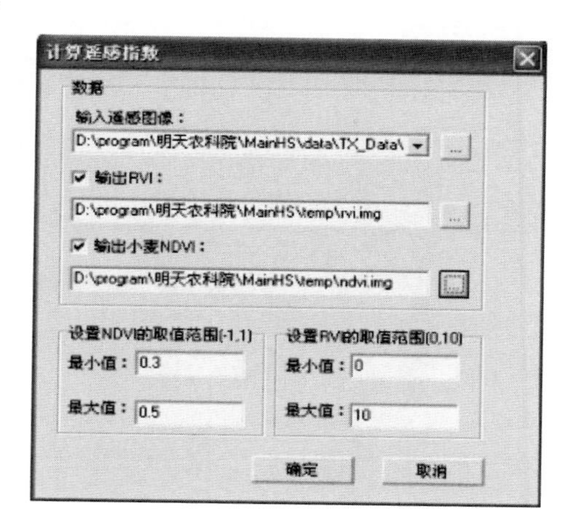

图 9－11　植被指数提取模块

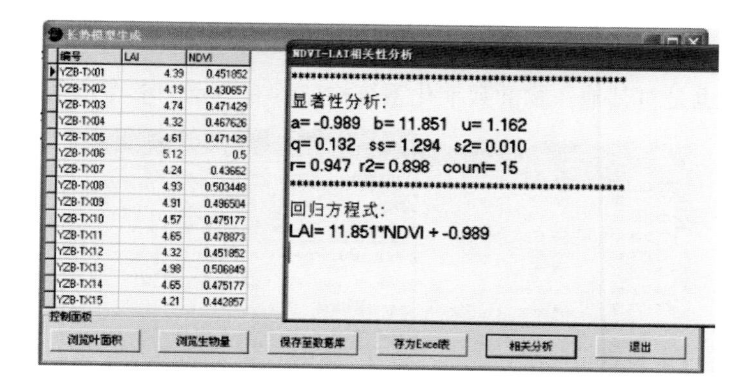

图 9－12　长势相关分析模块

提取出的植被指数与实测 LAI 和生物量数据进行相关分析，生成长势监测模型（图 9－12）；根据生成的长势模型，计算 LAI 等，形成分级监测图（图 9－13）。

根据实测产量数据与 LAI、生物量建立产量估算模型（图 9－14），结果表明，该模型的拟合精度较高；利用产量数据与行政边界图，可以进行数据分析显示（图 9－15）。在测试过程中，系统运行稳定，输出结果可靠，为基于组件式 GIS 技术的冬小麦估产信息系统的推广应用奠定了基

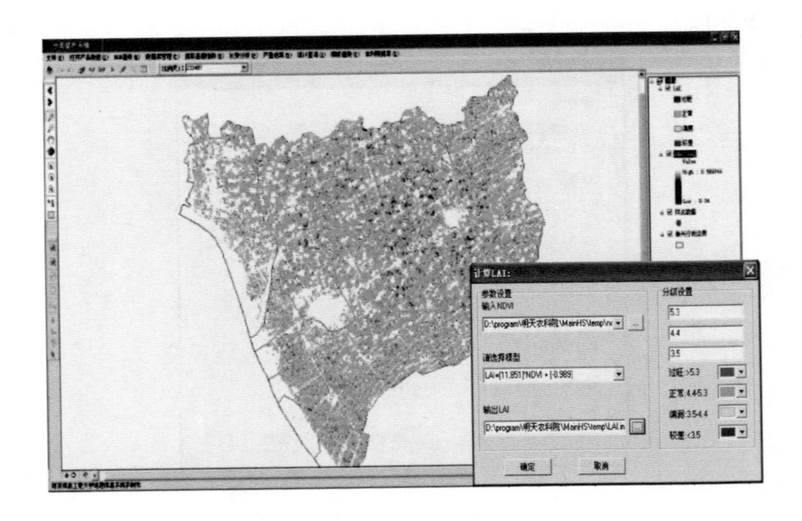

图 9－13　长势监测模块

础，同时也是对其他作物的数字化系统构建具有一定的参考价值。

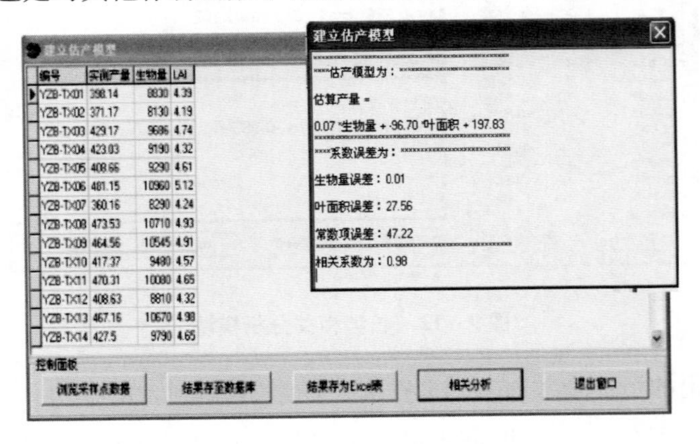

图 9－14　估产模型建立模块

系统作为一个初始版本，已经具备了基础地理信息的查询和显示、多元化大容量的数据库管理、基本的遥感图像处理和分析，数据分析和简单模型建立以及图像计算等功能，基本实现了系统目标。但是在系统开发过程中还是遇到一些问题和需要改进的地方，如在冬小麦与非麦区的区分上，系统采用了根据设定 NDVI 域值的方法，这样具有较强的经验性，对

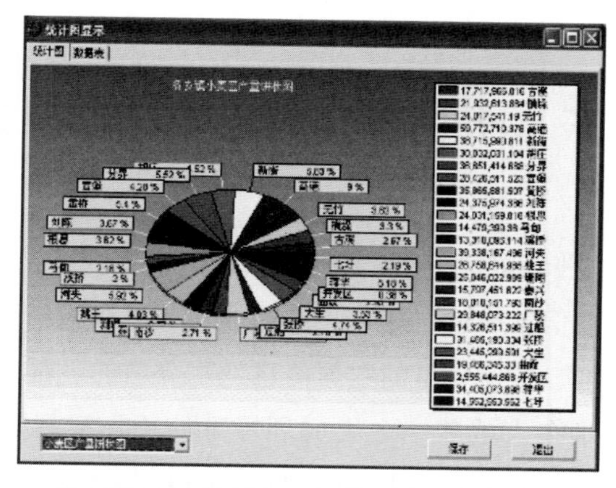

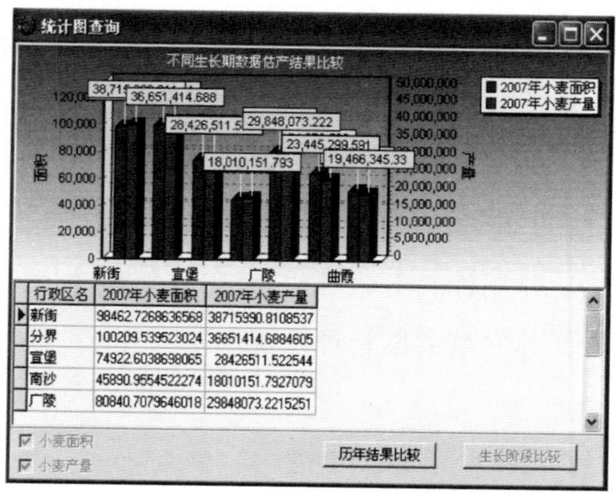

行政区名	2007年小麦面积	2007年小麦产量
新街	98462.7268636568	38715990.8108537
分界	100209.539523024	36651414.6884605
宣堡	74922.6038698065	28426511.522544
南沙	45890.9554522274	18010151.7927079
广陵	80840.7079646018	29848073.2215251

图 9－15　数据统计分析模块

最终的结果精度影响也较大，下一步对系统升级时需要考虑更多的因素来判断小麦和非麦区；目前采用的估产模型是基于样点数据和相关农学参量的线性回归模型，考虑在将来的系统中添加更具机理性和解释性的生长模型和产量形成模型模块，用户可以根据不同的需要选择不同的模型，便于提高最终产量估算的精度，提供更加可靠的数据信息和决策支持。

9.4 基于 web 的农情数据管理信息系统

农业领域经过长期的科研和生产实践，积累了大量的农业数据信息。然而，由于对农业信息描述、定义、获取、表示形式和信息应用环境等尚未形成统一的标准，致使大量的数据信息处于分散的、部门所有的和各自为政的状态，很难在广域和一个集成环境下使用，实现全社会的数据共享。一方面造成大量人力、物力和财力形成的数据信息资源浪费，而另一方面可用的信息资源严重不足。因此，只有开展农情数据管理工作，对农业信息活动的各个环节都实行管理，将信息获取、传递、存储、分析和利用等不同活动阶段有效地衔接在一起，才能切实、有效地开发和利用农业信息资源，扩大信息共享范围，满足农业对于信息的需求。本节利用 . NET技术和 SQL 数据库，开发出了能在因特网上运行的，可进行查询、修改和更新的江苏农情数据管理系统。

9.4.1 ACDMIS 系统结构

基于 ASP. NET 的农情数据管理系统（ACDMIS，以下简称系统）采用当前比较流行的 B/S/S 结构模式，由客户层、应用层和数据层（库）组成（图 9 – 16）。各部分既相互独立，又相互衔接，形成有机的整体结构。

9.4.2 ACDMIS 系统功能

为实现系统的目标，系统必须具有各种功能，可以用功能图来描述从系统目标到各项功能的层次关系，农情数据管理信息系统（简称 ACDMIS 系统）功能如图 9 – 17 所示。

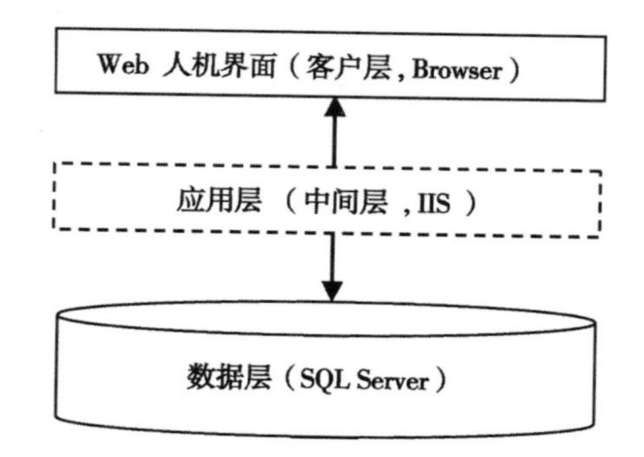

图9－16　ACDMIS 系统结构图

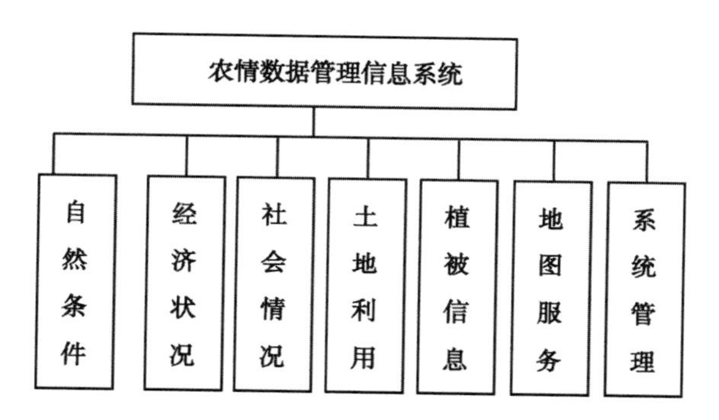

图9－17　ACDMIS 系统服务功能

9.4.3　ACDMIS 系统实现

借助 Visual Studio. NET 2003 开发平台，使用 C#编程语言，数据库为 SQL Server 2000，实现江苏农情数据信息管理系统。在此，主要讲述了部分典型模块的实现。

9.4.3.1　登录页面（图9－18）

登录页面在浏览器上运行的界面如图9－18 所示，该页面的核心代码用户登录验证实现代码如下：

```
private void login _ Click ( object sender, System. Web. UI. ImageClickEventArgs e) {
    SqlConnection myConnection = new SqlConnection (strConn);
```

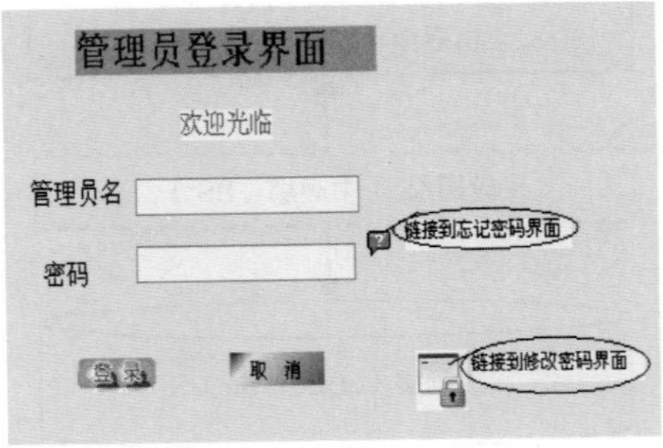

图 9－18　ACDMIS 系统登录页面

```
string getsh1Password; string getPassword; string getmanager; string sh1Password;
getmanager = Manager. Text; getPassword = Password. Text; getsh1Password = FormsAuthentication. HashPasswordForStoringInConfigFile (getPassword," SHA1");
string sqlstr = " select * from users where UserName ='" + getmanager + "'";
Manager. Text = ""; Password. Text = "";
SqlDataAdapter myCmd = new SqlDataAdapter (sqlstr, myConnection);
DataSet ds = new DataSet (); DataTable mytable = new DataTable ();
DataRow myrow; myCmd. Fill (ds); mytable = ds. Tables [0];
try {myrow = mytable. Rows [0];} catch {inform. Text = " 没有此用户"; return;}
sh1Password = myrow [1]. ToString (); //取得密码
if (getsh1Password. Trim () = = sh1Password. Trim ())
 {Response. Redirect (" choose. aspx");}
else inform. Text = myrow [0]. ToString () + " 的密码" + getPassword + " 登录失败";
```

9.4.3.2　数据查询

下面以自然条件查询为主，介绍该页面的关键代码如下：

```
public ArrayList GetDistrictNameList ( ) {
myConnection. ConnectionString = strConn;
ArrayList alDistrictNameList = new ArrayList ( );
alDistrictNameList. Add (cityName + " 所有区县");
SqlCommand cmd = new SqlCommand (" select name from district
where cityNO ='" + Request [" id"] + "'", myConnection); /* Request
[" id"] 是指菜单中点击的市的 id */
try {myConnection. Open ( );} catch (Exception e)
{ throw new Exception (" Failed to Close connection. ", e);}
SqlDataReader reader = cmd. ExecuteReader ( );
while (reader. Read ( )) {alDistrictNameList. Add (reader. GetString
(0));}
reader. Close ( ); myConnection. Close ( ); return alDistrictNameL-
ist;}
private void AddCityList ( ) {
ArrayList alDistrict = GetDistrictNameList ( );
DistrictDropDownList. DataSource = alDistrict; DistrictDropDown-
List. DataBind ( );}
```

9.4.3.3　数据显示

以经济状况菜单中的数据显示为主，介绍一下如何图形显示代码设计。经济状况菜单中，“乡镇企业及农村经济收入分配”链接中，如选择企业个数，运行结果如图9-18所示，其图形化的代码如下：

```
string showpic = showlist. SelectedItem. ToString ( ); //showpic 为下拉列
表中列的所选
Chart1. Series. Add (showpic);
Chart1. Series [showpic]. Color = System. Drawing. Color. Blue;
```

Chart1. Series [showpic]. BorderWidth = 3;

Chart1. Series [showpic]. ShowLabelAsValue = true; //显示具体数值

foreach (DataRow dr in ds. Tables [" corp"]. Rows) {switch (showpic) {

case " 企业个数": break; case " 从业人员数": i = 2; break;

case " [增加值 (万元)]": i = 3; break; case " [现价总产值 (万元)]": i = 4; break;

case " [工资总额 (万元)]": i = 5; break; case " [固定资产原值 (万元)]": i = 6; break;

case " [营业收入 (万元)]": i = 7; break; case " [净利润 (万元)]": i = 8; break;}

Chart1. Series [showpic]. Points. AddXY (ds. Tables [" corp "]. Rows [j + +] [0]. ToString ( ), dr [i]); //增加每一个柱形的的 X 坐标和 Y 坐标的值。}

9.4.3.4 地图显示

系统的地图显示采用了 ArcIMS 的 HTML Viewer 浏览方式。HTML-Viewer 的文件主要分为三个部分：html 文件、JavaScript 文件和 Image 文件。Html 文件用来显示页面，JavaScrip 文件用来完成 HTML Viewer 的各项配置和功能，Image 文件主要用来作为各种按钮、图标、标题还有进度条等。系统只是采用了 ArcIMS 的地图显示功能，其他功能模块有待进一步完善，在此不再赘述。

9.4.3.5 系统配置

ASP. NET 中的配置是通过 XML 配置文件进行管理的。配置 ASP. NET 应用程序的基本设置以及与自己应用程序相关的一些自定义设置需要的所有信息都保存在 XML 配置文件中。ASP. NET 配置文件 (Web. config) 中的所有配置信息都处于 < configuration > 和 </configuration > XML 标记之间。

系统的配置文件中进行了以下数据库连接的配置：在 Web. config 中的

<configuraition> 后加入：<appSettings>　<add key = " SqlConnection-String"

value = " data source = dingding；uid = sa；pwd = ；database = jsnatural" > </add> </appSettings>

农情基础数据是一种宝贵的信息资源，信息化技术在我国农业领域的应用虽起步较晚，对农情数据的信息化管理是现代农业的必然要求。采用面向对象、结构化和模块化程序设计方法，SQL Server 2000 设计数据库，Visual C#. NET 设计系统界面，构建了江苏省农情数据管理系统，较好地实现了农情数据的有效和网络化管理，不但可以为农业生产管理和政府部门制定决策提供良好的共享信息平台，同时也为农情数据的信息化管理探索了新的模式。

参考文献

［1］曹卫星，罗卫红．作物系统模拟及智能管理．北京：高等教育出版社，2003：44～47

［2］池宏康．冬小麦单位面积产量的光谱数据估产模型研究［J］．遥感信息，1995（3）：15～18

［3］东方人华．ASP. NET 数据库开发入门与提高［M］．北京：清华大学出版社，2004

［4］高亮之，金之庆，黄耀，等．水稻栽培计算机模拟优化决策系统［M］．北京：中国农业科技出版社，1992：21～40

［5］郝炎炎，吕新．基于 Delphi 的加工番茄施肥推荐及决策管理系统的构建［J］．中国农学通报，2006（8）：544～548

［6］黄敬峰，王人潮，刘绍民，等．冬小麦遥感估产多种模型研究［J］．浙江文学学报，1999，25（5）：512～523

［7］冀文慧．基于组建式 GIS 技术的开发建设项目水土保持监测信息

系统设计［J］. 水土保持研究，2004，11（2）：22～23

［8］李卫国，姜海燕，王旭. 基于 ArcGIS 的水稻生产管理信息系统的设计与实现［J］. 江苏农业学报，2006，22（4）：477～478

［9］李卫国，王纪华，赵春江，等. 基于遥感信息和产量形成过程的小麦估产模型［J］. 麦类作物学报，2007，27（5）：904～907

［10］李卫国，赵春江，王纪华，等. 基于卫星遥感的冬小麦拔节期长势监测［J］. 麦类作物学报，2007，27（3）：523～527

［11］李卫国. 水稻生长模拟与决策支持系统研究［D］. 南京农业大学博士学位论文，2005

［12］李正希，胡万霞，陈发吉. ASP. NET 案例开发［M］. 北京：中国水利水电出版社，2005

［13］梁寒冬，陈卫兵，陈超，等. 基于组件式 GIS 的城市环保信息系统的研制与应用［J］. 遥感学报，2006，10（3）：319～325

［14］林忠辉，莫兴国，项月琴. 作物生长模型研究综述. 作物学报，2003，29（5）：750～758

［15］孟亚利，曹卫星，柳新伟，等. 水稻地上部干物质分配动态模拟的初步研究［J］. 作物学报，2004，30（4）：376～381

［16］孟亚利，曹卫星，周治国，等. 基于生长过程的水稻阶段发育与物候期模拟模型［J］. 中国农业科学，2003，36（11）：1362～1367

［17］米湘成，邹应斌. 水稻高产栽培专家决策系统地研制［J］. 湖南农业大学学报，2002，28（3）：188～191

［18］戚昌瀚，殷新佑，刘桃菊，等. 水稻生长日历模拟模型（RICOS）的调控决策系统（RICAM）研究［J］. 江西农业大学学报，1994，16（4）：323～327

［19］任建强，陈仲新，唐华俊. 基于 MODIS-NDVI 的区域冬小麦遥感估产——以山东省济宁市为例［J］. 应用生态学报，2006，17（12）：2371～2375

[20] 石志国，陈上，刘冬梅．ASP. NET 应用教程 [M]．北京：清华大学出版社，2005

[21] 宋关福．组件式地理信息系统研究 [M]．北京：中国科学院地理所，1998

[22] 孙波，严浩，施建平，等．基于组件式 GIS 的施肥专家决策支持系统开发和应用 [J]．农业工程学报，2006，22（4）：75～79

[23] 孙治贵，黎贞发，李杰，等．基于组件式 GIS 技术的水稻生产管理信息系统开发研究 [J]．农业工程学报，2004，20（3）：137～140

[24] 王晟．Visual C#. NET 数据库开发经典案例解析 [M]．北京：清华大学出版社，2005

[25] 王力．基于 AO 和面向对象思想的 GIS 图形编辑的设计与实现 [J]．测绘信息与工程，2005，30（1）：10～12

[26] 王华杰，黄山．精通 C#数据库编程 [M]．北京：科学出版社，2003

[27] 王庆华，郝伟．地理信息系统的发展趋势 [J]．资源开发与市场，2005，21（1）：28～30

[28] 严力蛟，周煦朝，沈秀芬，等．水稻生产的计算机模拟研究进展 [J]．浙江农业学报，1999，11（5）：260～265

[29] 杨京平，王兆骞．作物生长模拟模型及其应用 [J]．应用生态学报，1999，10（4）：501～505

[30] 杨旭，黄家柱，许建军，等．基于组件式 GIS 的地下水动态管理系统设计与开发 [J]．地理与地理信息科学，2004，20（1）：47～50

[31] 周明耀，冯小忠，夏继红．基于组件式 GIS 的管道输水灌溉系统规划设计软件研制 [J]．农业工程学报，2006，22（4）：208～211

[32] 庄恒杨，曹卫星，蒋思霞，等．作物氮吸收与分配模拟 [J]．农业系统科学与综合研究，2004，20（1）：5～8

[33] 左仁广，汪新庆．ArcObjects 在资源评价基础数据库系统中的应

用［J］. 地理空间信息，2005，3（1）：31～36

［34］Qi Hong，Yu Sufang，Fan Wenyi. Development of component geographic information systems applying in forest resources management［J］. Journal of Forestry Research，2005，16（1）：47～51

第 10 章　农作物遥感监测应用图景

前人研究多数是在小范围内对农作物进行遥感监测，且重在开展机理性与基本方法监测研究。遥感技术以其可宏观、快速、准确地获取农情空间信息优势，已被学术界广泛认可。如何将农作物遥感监测技术应用于农业生产的实际需求，成为近年来各级政府普遍关注的首要问题。笔者借助前人研究成果，在开展农业遥感监测理论研究的同时，将研究形成的遥感监测技术与物化成果及时应用于县级农作物生产管理之中，在为农业部门管理和生产者提供可靠信息的同时，力求探寻农业遥感技术应用的最佳模式与方法。

本章主要以图例的形式介绍农业遥感监测的一些实地工作场景、农作物遥感技术交流与培训的画面以及通过网络等媒体进行宣传与应用的实例，旨在增强对农作物遥感监测的感知性和互动性，以携力实现农业遥感研究与应用的更好、更快地可持续发展。

10.1　农作物遥感监测信息实地采集、技术交流与培训

10.2 农作物遥感监测技术网络宣传与推广应用

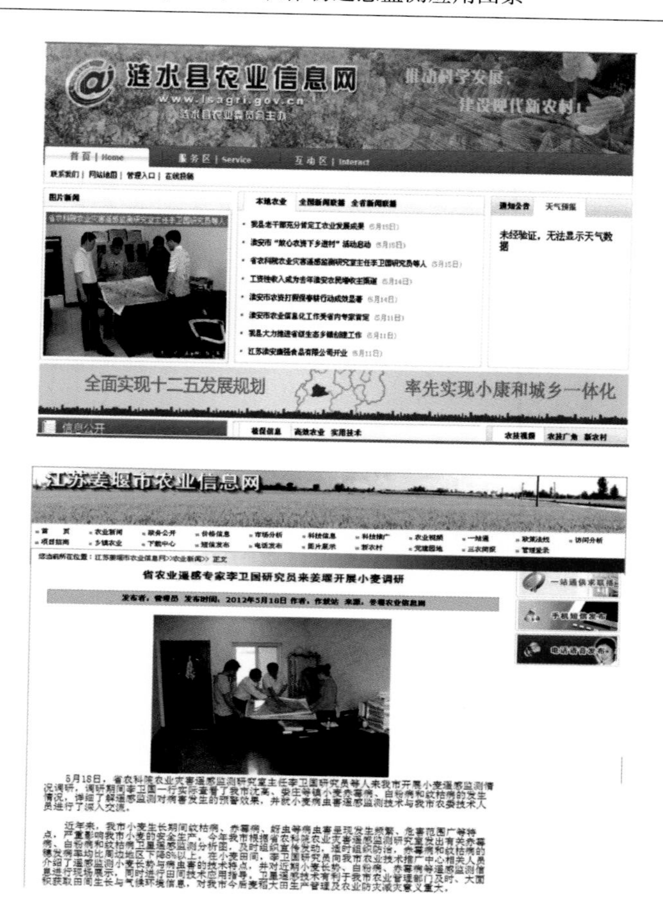
涟水县农业信息网
www.lsagri.gov.cn
推动科学发展，建设现代新农村
首页 | Home
服务区 | Service
互动区 | Interact
图片新闻
本地农业
通知公告
天气预报
未经验证，无法显示天气数据
全面实现十二五发展规划
率先实现小康和城乡一体化
信息公开
江苏姜堰市农业信息网
省农业遥感专家李卫国研究员来姜堰开展小麦调研

绿色大丰农业
江苏省大丰农业委员会
建设新农村 服务新农民
省"利用多源遥感监测小麦主要病虫害关键技术研究"首席专家来我市指导工作
农委主任信箱
走进新农村

邳州农业网
www.pzagri.gov.cn

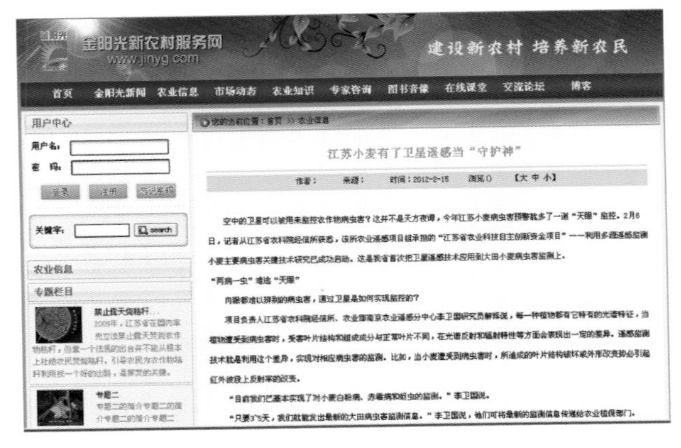
金阳光新农村服务网
www.jinyg.com
建设新农村 培养新农民
首页
金阳光新闻
农业信息
市场动态
农业知识
专家咨询
图书音像
在线课堂
交流论坛
博客
用户中心
江苏小麦有了卫星遥感当“守护神”
作者： 来源： 时间：2012-2-15 浏览0 【大 中 小】
空中的卫星可以被用来监控农作物病虫害？这并不是天方夜谭，今年江苏小麦病虫害预警就多了一道“天眼”监控。2月6日，记者从江苏省农科院经信所获悉，该所农业遥感项目组承担的“江苏省农业科技自主创新资金项目”——利用多源遥感监测小麦主要病虫害关键技术研究已成功启动。这是我省首次把卫星遥感技术应用到大田小麦病虫害监测上。
“两病一虫”难逃“天眼”
肉眼都难以辨别的病虫害，通过卫星是如何实现监控的？
项目负责人江苏省农科院经信所、农业部南京农业遥感分中心李卫国研究员解释说，每一种植物都有它特有的光谱特征，当植物遭受到病虫害时，受害叶片结构和组成成分与正常叶片不同，在光谱反射和辐射特性等方面会表现出一定的差异。遥感监测技术就是利用这个差异，实现对相应病虫害的监测。比如，当小麦遭受到病虫害时，所造成的叶片结构破坏或外形改变势必引起红外波段上反射率的改变。
“目前我们已基本实现了对小麦白粉病、赤霉病和蚜虫的监测。”李卫国说。
“只要3~5天，我们就能发出最新的大田病虫害监测信息。”李卫国说，他们可将最新的监测信息传递给农业植保部门。

宿迁农业网
http://www.sqagri.gov.cn
领导活动
图片新闻
天气预报
通知公告
市内新闻
综合新闻
政务信息公开
专题信息
网上办事
宿迁市农业龙头企业展播
农产品价格行情